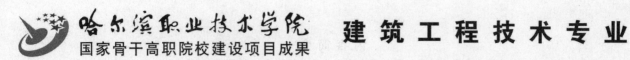

哈尔滨职业技术学院
国家骨干高职院校建设项目成果

建筑工程技术专业

建筑施工测量

JIANZHU SHIGONG CELIANG

王天成　王剑英　主编
马利耕　魏敬辉　主审

中国铁道出版社
CHINA RAILWAY PUBLISHING HOUSE

内 容 简 介

本教材依据高职高专建筑工程技术专业人才培养目标和定位要求,结合工业与民用建筑工程施工工作过程编写。主要内容包括4个学习情境:高程控制网的布设、施工平面控制网的布设、大比例尺地形图的应用与测量及建筑施工测量;共10个工作任务,包括四等水准控制测量、三角高程控制测量、建筑基线及建筑方格网的布设、导线网的布设、大比例尺地形图的工程应用、经纬仪测绘法测图、数字化测图、民用建筑施工测量、工业建筑施工测量及建筑物变形观测。

本教材适合作为高职高专建筑工程技术专业学习用书,也可作为职业技能培训教材,还可供从事建筑工程施工管理的技术人员参考使用。

图书在版编目(CIP)数据

建筑施工测量/王天成,王剑英主编 . — 北京:中国
铁道出版社,2017.1
国家骨干高职院校建设项目成果·建筑工程技术专业
ISBN 978-7-113-22541-4

Ⅰ. ①建… Ⅱ. ①王… ②王… Ⅲ. ①建筑测量 – 高等
职业教育 – 教材 Ⅳ. ①TU198

中国版本图书馆 CIP 数据核字(2016)第 325188 号

书　　名:建筑施工测量

作　　者:王天成　王剑英　主编

策　　划:左婷婷　　　　　　　　　　读者热线:(010) 63550836

责任编辑:左婷婷　徐盼欣

封面设计:刘　颖

封面制作:白　雪

责任校对:张玉华

责任印制:郭向伟

出版发行:中国铁道出版社(100054,北京市西城区右安门西街 8 号)

网　　址:http://www.51eds.com

印　　刷:三河市宏盛印务有限公司

版　　次:2017 年 1 月第 1 版　　　2017 年 1 月第 1 次印刷

开　　本:880 mm×1 230 mm　1/16　印张:20.25　字数:493 千

书　　号:ISBN 978-7-113-22541-4

定　　价:55.00 元

哈尔滨职业技术学院建筑工程技术专业
教材编审委员会

主　　任：刘　敏　哈尔滨职业技术学院
副 主 任：孙百鸣　哈尔滨职业技术学院
　　　　　李晓琳　哈尔滨职业技术学院
　　　　　夏　暎　哈尔滨职业技术学院
委　　员：雍丽英　哈尔滨职业技术学院
　　　　　王莉力　哈尔滨职业技术学院
　　　　　王天成　哈尔滨职业技术学院
　　　　　程　桢　哈尔滨职业技术学院
　　　　　鲁春梅　哈尔滨职业技术学院
　　　　　马利耕　哈尔滨职业技术学院
　　　　　董志强　中强测绘有限责任公司
　　　　　魏敬辉　黑龙江东方天地房地产开发有限公司

本 书 编 写 组

主　　编：王天成（哈尔滨职业技术学院）

　　　　　王剑英（黑龙江工程学院）

副 主 编：李　昂、李晓琳（哈尔滨职业技术学院）

参　　编：鲁春梅（哈尔滨职业技术学院）

　　　　　刘　红（哈尔滨职业技术学院）

　　　　　刘任峰（哈尔滨职业技术学院）

　　　　　王丕嘉（哈尔滨职业技术学院）

　　　　　董志强（中强测绘有限责任公司）

主　　审：马利耕（哈尔滨职业技术学院）

　　　　　魏敬辉（黑龙江东方天地房地产开发有限公司）

　　"建筑施工测量"是高职院校建筑工程技术专业的核心课程。本课程根据高职院校的培养目标,按照高职院校教学改革和课程改革的要求,以企业调研为基础,确定工作任务,明确课程目标,制定课程设计的标准,以能力培养为主线,与企业合作,共同进行课程的开发和设计。本课程的教学目的是以培养学生具有测量员岗位的职业能力为目标,在掌握基本操作技能的基础上,着重培养学生测量方法的运用,以解决施工现场的复杂施工问题。在教学中,以理论够用为度,以全面掌握测量仪器的操作使用为基础,侧重培养学生的测量方法运用能力以及现场的分析解决问题能力。

　　课程设计的理念与思路是按照学生职业能力成长的过程进行培养,选择真实的建筑工程测量工作任务进行教学。以行动任务为导向,以任务驱动为手段,注重理论联系实际,在教学中以培养学生的测量方法运用能力为重点,以使学生全面掌握仪器的操作使用为基础,以培养学生现场的分析解决问题的能力为终极目标,在校内教学过程中尽量实现实训环境与实际工作的全面结合,使学生在真实的工作过程中得到锻炼,为学生的生产实习及顶岗实习打下良好的基础,实现学生毕业时就能直接顶岗工作。

　　本教材共设 4 个学习情境,10 个工作任务,参考教学学时数为 90～120。其中,学习情境一高程控制网的布设包括工作任务 1 四等水准控制测量、工作任务 2 三角高程控制测量;学习情境二施工平面控制网的布设包括工作任务 3 建筑基线及建筑方格网的布设、工作任务 4 导线网的布设;学习情境三大比例尺地形图的应用与测量包括任务工作任务 5 大比例尺地形图的工程应用、工作任务 6 经纬仪测绘法测图、工作任务 7 数字化测图;学习情境四建筑工程施工测量包括工作任务 8 民用建筑施工测量、工作任务 9 工业建筑施工测量、工作任务 10 建筑物变形观测,本书还将《工程测量规范》中有关建筑施工测量的摘要以二维码的形式放于目录后,供大家参考。

　　本教材由哈尔滨职业技术学院王天成同志和黑龙江工程学院王剑英同志担任主编,其中王天成同志负责确定教材编制的体例及统稿工作,并负责工作任务 1 和工作任务 2 的信息单内容的编写工作,王剑英同志负责辅助教材统稿工作,并负责工作任务 4 和工作任务 7 的信息单内容的编写工作;由哈尔滨职业技术学院李昂及李晓琳同志任副主编,其中李昂老师负责各个任务的实施单与作业单的制定及工作任务 3、工作任务 5 信息单内容的编写工作,李晓琳同志负责工作任务 6 和工作任务 10 信息单内容的编写工作及制定任务的计划单、评价单及反馈单工作;哈尔滨职业技术学院鲁春梅同志负责工作任务 9 信息单内容的编写工作；哈尔滨职业技术学院刘红同志负责工作任务8信息单内容的编写工作；哈尔滨职业技术学院刘任峰同志负责编写附录内容；哈尔滨职业技术学院的王丕嘉同志负责编写实施单及决策单工作，同时对于任务单进行制作；中强测绘有限责任公司的董志强同志负责教材的实践性及任务设置的操作性审核，新测量仪器电子水准仪及动态RTK内容的整理，配合主编完成材料工具清单、任务单的编制工作。

本教材由哈尔滨职业技术学院马利耕教授及黑龙江东方天地房地产开发有限公司魏敬辉同志任主审，给予编者提出了很多修改建议。在此特别感谢哈尔滨职业技术学院教务处处长孙百鸣教授给予教材编写以指导和大力帮助。

由于编写组的业务水平和教学经验之限，书中难免有不妥之处，恳请指正。

编　者

2016 年 4 月

目 录
CONTENTS

◦学习情境三　大比例尺地形图的应用与测量

◦学习情境四　建筑工程施工测量

工程测量规范摘要

扫一扫

学习情境 一

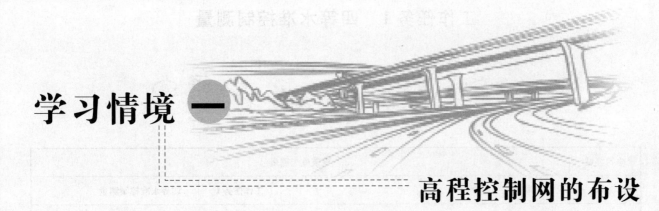

高程控制网的布设

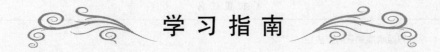

学习指南

🔍 学习目标

学生在任务单和资讯问题的引导下,通过自学及咨询教师,明确工作任务的目的和实施中的关键要素(工具、材料、方法),通过学习掌握普通水准测量、四等水准控制测量及三角高程控制测量等知识,根据设计单位给定的高程控制点和建筑工程图纸完成现场所需要高程控制网的布设工作任务,并在学习的工作中锻炼专业能力、方法能力和社会能力等综合职业能力。

🛒 工作任务

工作任务1　四等水准控制测量
工作任务2　三角高程控制测量

⬇ 学习情境描述

在假定模拟的工程施工现场,测量人员首先通过学习"普通水准测量",掌握水准测量的原理、各种水准仪的操作方法及水准路线的测量、内业计算、平差计算等,然后进行"水准点加密与高程控制测量"的学习,利用四等水准控制测量的方法完成布设高程控制网的全部工作;接着利用全站仪三角高程控制测量的方法完成上述高程控制网的全部工作,最后得到"水准点高程成果表"的成果。

工作任务1 四等水准控制测量

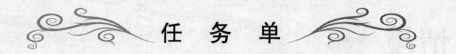 任 务 单

学习领域	建筑施工测量				
学习情境一	高程控制网的布设		工作任务1	四等水准控制测量	
任务学时	18				
布 置 任 务					
工作目标	1. 掌握普通水准测量的方法； 2. 学会水准仪的基本操作技能； 3. 能够根据交接桩给定的水准点和工程图纸完成水准网的布设； 4. 掌握水准控制测量的方法； 5. 能够熟练使用PA2005软件进行水准网平差； 6. 能够编制水准点高程成果表。				
任务描述	根据交接桩给定的高级水准点、指定的项目场地及施工图纸，测量人员根据设计图纸所拟定的构造物形状要求布设能够指导施工放样的高程控制点，使用水准仪测量由该若干控制点形成的水准路线。 　1. 外业工作，主要内容包括：踏勘选点及建立标志，用水准测量方法外业观测并进行测站检核及计算检核，全部测量完成后进行成果检核； 　2. 内业计算工作，主要内容包括：计算高差闭合差及容许高差闭合差，调整高差闭合差，计算改正后高差，计算各待定点的高程； 　3. 编制水准点高程成果表。				
学时安排	资讯	计划	决策或分工	实施	检查	评价
	8学时	1学时	1学时	6学时	1学时	1学时
提供资料	1. 建筑场地平面布置总图； 2. 工程测量规范； 3. 测量员岗位技术标准。				
对学生的要求	1. 具备建筑工程识图与绘图的基础知识； 2. 具备建筑工程构造的知识； 3. 具备几何方面的基础知识； 4. 具备一定的自学能力、数据计算能力、沟通协调能力、语言表达能力和团队意识； 5. 严格遵守课堂纪律，不迟到、不早退；学习态度认真、端正； 6. 每位同学必须积极参与小组讨论； 7. 每组均完成"四等水准控制测量"工作的报告单。				

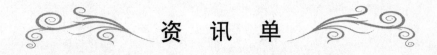

资　讯　单

学习领域	建筑施工测量		
学习情境一	高程控制网的布设	**工作任务1**	四等水准控制测量
资讯学时	8		
资讯方式	在图书馆杂志、教材、互联网及信息单中查询问题;咨询任课教师		
资讯问题	问题一:描述测定与测设的具体含义。		
	问题二:描述水准面和大地水准面,说明其区别。		
	问题三:描述地面上点的定位方式。		
	问题四:描述高程的分类及用途说明,简述高差的含义。		
	问题五:用数据说明用水平面代替水准面对高程的影响程度。		
	问题六:什么是水准点? 水准点的类型有哪些?		
	问题七:我国的水准原点在哪里? 高程是多少? 作用是什么?		
	问题八:绘图说明点之记。		
	问题九:交接桩点有哪些? 其程序如何? 报告包括哪些内容?		
	问题十:水准测量的原理是什么?		
	问题十一:常用水准仪有哪些? 请说出其差异。		
	问题十二:描述水准仪的操作使用方法及步骤。		
	问题十三:关于水准点加密的规定有哪些?		
	问题十四:水准点加密的测设方案有哪些? 各有什么特点?		
	问题十五:水准点加密方案如何确定? 需要准备哪些仪器工具?		
	问题十六:普通(五等)水准测量的作业是如何组织的?		
	问题十七:普通(五等)水准测量的外业实施过程是什么?		
	问题十八:如何进行普通(五等)水准测量的内业计算?		
	问题十九:四等水准测量如何实施?		
	问题二十:如何编制水准点高程成果表?		
	学生需要单独资讯的问题……		
资讯引导	1.在本教材信息单中查找; 2.在《测量员岗位技术标准》中查找。		

信 息 单

活动一　工程测量的理论基础

一、工程测量的分类

工程测量工作可分为两类。

（1）依照规定的符号和比例尺,把工程建设区域内的地貌和各种物体的几何形状及其空间位置绘制成图(见图1-1),并把工程所需的数据用数字表示出来,为施工建设提供图纸和资料。如测绘地形图、线路恢复定线及纵横断面的测量、竣工测量、建筑物变形观测等,这类工作称为测定。

（2）将图纸上坐标已知的点在实地上标定出来或将拟建建筑物的位置和大小按设计图纸的要求在现场标定出来,作为施工的依据(见图1-2),如施工放样、高程测设、边坡放样、建筑物基础定位、建筑物轴线放样等,这类工作称为测设。

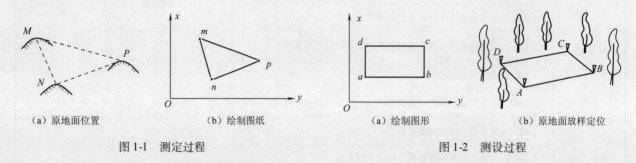

（a）原地面位置　　　　（b）绘制图纸　　　　　（a）绘制图形　　　　　（b）原地面放样定位

图1-1　测定过程　　　　　　　　　　　　　图1-2　测设过程

二、测量工作的基准面和基准线

（一）地球的形状和大小

测量工作是在地球表面上进行的。我们知道,地面点是相对于地球定位的,所以必须了解地球的形状和大小。地球表面约71%的面积被海洋覆盖,虽有高山和深海,但这些高低起伏与地球半径相比是很微小的,可以忽略不计。所以,人们设想有一个不受风浪和潮汐影响的静止海水面,向陆地和岛屿延伸形成一个封闭的形体,用这个形体代表地球的形状和大小,这个形体称为大地体。长期测量实践表明,大地体近似于一个旋转的椭球体(见图1-3)。为了便于用数学模型来描述地球的形状和大小,测绘工作取大小与大地体非常接近的旋转椭球体作为地球的参考形状和大小,因此旋转椭球体又称参考椭球体,它的外表面称为参考椭球面。我国目前采用的参考椭球体的参数为:

长半径 $a = 6\ 378\ 140$ m;

短半径 $b = 6\ 356\ 755$ m;

扁率 $a = (a - b)/a = 1/298.257$。

由于参考椭球体的扁率很小,所以在测量精度要求不高的情况下,可以把地球看作圆球,其平均半径 $R = 6\ 371$ km。

（二）铅垂线、水平面和水准面

1.铅垂线

铅垂线就是重力方向线,可用悬挂垂球的细线方向来表示(见图1-4),细线的延长线通过垂球 G 尖端。

图1-3　大地体　　　　　　　图1-4　铅垂线

2.水平面

与铅垂线正交的直线称为水平线,与铅垂线正交的平面称为水平面。

3. 水准面

处处与重力方向垂直的连续曲线称为水准面。任何自由静止的水面都是水准面。水准面因其高度不同而有无数个，其中与不受风浪和潮汐影响的静止海水面相吻合的水准面称为大地水准面（见图1-5）。大地水准面只有一个，其特点是该面上的绝对高程为零。由于地球内部质量分布不均

图1-5　大地水准面

匀，所以地面上各点的铅垂线方向随之产生不规则变化，致使大地水准面成为有微小起伏的不规则曲面。

确定地面点的位置需要有一个坐标系，测量工作的坐标系通常建立在参考椭球面上，因此参考椭面就是测量工作的基准面。土建工程测量地域面积一般不大，对参考椭球面与大地水准面之间的差距可以忽略不计。测量仪器均用垂球和水准器来安置，仪器观测的数据建立在水准面上，这易于将测量数据沿铅垂线方向投影到大地水准面上，因此在实际测量中将大地水准面作为测量工作的基准面。即使在精密测量时不能忽略参考椭球面与大地水准面之间的差异，也是经由以大地水准面为依据获得的数据通过计算改正转换到参考椭球面上。

由于铅垂线与水准面垂直，知道了铅垂线方向也就知道了水准面方向，而铅垂线又是很容易求得的，所以铅垂线便成为测量工作的基准线。

三、地面上点的定位方式

如图1-6所示，设想将地面上高度不同的 A,B,C 三个点分别沿铅垂线方向投影到大地水准面 P' 上，得到相应的投影点 a',b',c'，这些点分别表示地面点在球面上的相应位置。

如果在测区的中央作水平面 P 并与水准面 P' 相切，过 A,B,C 各点的铅垂线与水平面相交于 a,b,c，这些点便代表地面点在水平面上的相应位置。

由此可见，地面点的空间位置可以用点在一定坐标系下的三维坐标，或该点在水准面或水平面上的二维平面坐标及点到大地水准面的铅垂距离（即点的平面位置和高程）来确定，其中点的平面位置就是点在水准面或水平面上的平面坐标。

四、地面点的高程及水准点

（一）地面点的高程

1. 绝对高程

地面点到大地水准面的铅垂距离称为该点的绝对高程，又称海拔，在工程测量中习惯称为高程，用 H 表示。如图1-7所示，H_A，H_B 分别表示 A 点和 B 点的高程。

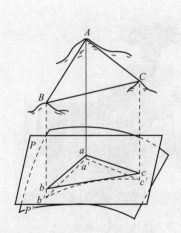

图1-6　地面点在水准面投影

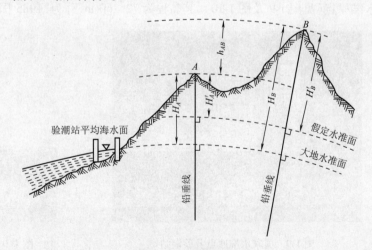

图1-7　高程及高差

2. 相对高程

局部地区采用国家高程基准有困难时，也可以假定一个水准面作为高程起算面，地面点到假定水准面的铅垂距离成为该点的相对高程。如图1-7所示，H'_A，H'_B 分别表示 A，B 两点的相对高程。

3. 高差

地面两点之间的高程差称为高差,用 h 表示,即为 A,B 两点到同一个水准面的铅垂距离的差值。A,B 两点之间的高差 h_{AB}(见图1-7)为

$$h_{AB} = H_B - H_A \tag{1-1}$$

或

$$h_{AB} = H'_B - H'_A \tag{1-2}$$

B,A 两点之间的高差为

$$h_{BA} = H_A - H_B \tag{1-3}$$

或

$$h_{BA} = H'_A - H'_B \tag{1-4}$$

可见

$$h_{AB} = -h_{BA} \tag{1-5}$$

4. 用水平面代替水准面对高程的影响

大地水准面是一个近似的椭球面,测量中用水平面代替大地水准面必然对距离、高程的测量产生影响。当测区范围小,用水平面代替水准面所产生的误差不超过测量误差的容许范围时,可以用水平面代替水准面。但是,有必要对在多大面积范围才容许这种代替加以讨论。为讨论方便,假定大地水准面为圆球面。

在图1-8中,以大地水准面为基准的 B 点绝对高程 $H_B = B_b$,用水平面代替大地水准面时,B 点的高程 $H'_B = B'_b$,两者之差 Δh 就是对高程的影响,也称为地球曲率的影响。在 $\triangle Oab'$ 中,有

$$(R + \Delta h)^2 = R^2 + D'^2$$

$$\Delta h = \frac{D'^2}{2R + \Delta h}$$

D 与 D' 相差很小,可用 D 代替 D',Δh 与 $2R$ 相比可忽略不计,则

$$\Delta h = \frac{D^2}{2R} \tag{1-6}$$

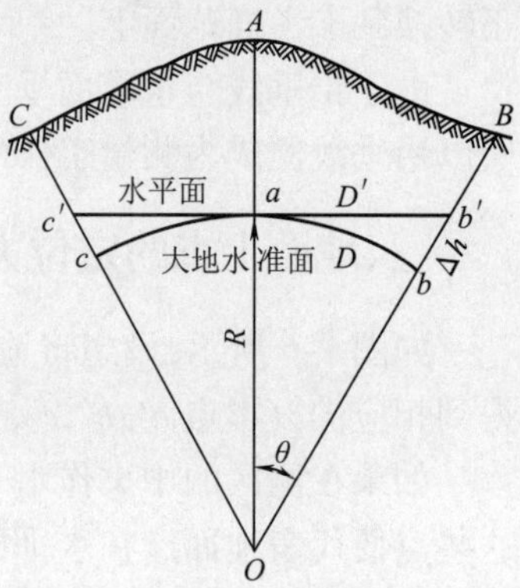

图1-8 用水平面代替水准面

对于不同 D 值,产生的高程影响见表1-1。

计算表明,地球曲率对高程的影响较大,进行高程测量时,应考虑地球曲率对高程的影响。

表1-1 地球曲率对高程的影响

D/km	0.05	0.1	0.2	1	10
h/mm	0.2	0.8	3.1	78.5	7 850

(二)水准点

1. 水准原点

为了适用于我国工程建设需要,我国的高程以山东省青岛市验潮站自1953年至1979年长期观测和记录黄海海水面的高低变化的验潮资料确定的黄海平均海水面为基准(其高程为零),并在青岛建立了国家水准原点(见图1-9及图1-10),其高程为72.260 m,称为"1985国家高程基准"。

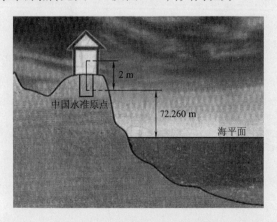

图1-9 国家水准原点及验潮站

图1-10 中华人民共和国水准原点地址

曾经使用过的"1956年黄海高程基准"是指:在1954年,由中国人民解放军总参测绘局在青岛观象山山顶处建成了中华人民共和国永久性水准原点,作为中国的海拔起点,国内各地的海拔高度都是由此起算。以1950—1956年间青岛验潮站获得的平均海水面作为高程基准面,测得国家水准原点的高程为72.289 m。

由以上可知,1985年高程基准面高出1956年黄海平均海平面0.029 m。

2. 水准点及分类

为了统一全国的高程系统,满足各种地形图的测绘、工程建设和科学研究的需要,测绘部门在全国各地埋设了许多固定的测量标志,并用水准测量的方法测定了它们的高程,这些标志称为水准点,即用水准测量方法测定时,高程达到一定精度的高程控制点称为水准点。水准点以 BM 为代号。至于工矿地区、建筑工地、水利工程工地、林业工程及桥梁工程等所需埋设的水准点,其位置应选择在土质坚硬、便于长期保存和使用方便的地方。

水准点分为永久性和临时性两种。永久性水准点的标石一般用混凝土预制而成,顶面嵌入半球形的金属标志(见图 1-11)表示该水准点的点位。临时性水准点可选在地面突出的坚硬岩石或房屋勒脚、台阶上,用红漆做标记;也可用大木桩打入地下,桩顶上钉一半球形钉子作为标志(见图 1-12)。临时性水准点一般都为等外水准测量的水准点。

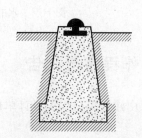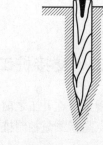

图 1-11　永久性水准点　　　图 1-12　临时性水准点

3. 水准网

国家水准网是指在全国范围内由国家专门的测量机构建立的高程控制网,用于全国各种测绘和工程建设以及施工的基本控制工作。为了方便工程建设人员引用国家水准原点的高程,开展测量工作,国家测绘部门在全国范围内,从国家水准原点出发,逐级建立起了国家高程控制网,将水准原点的高程数据通过该网引测到全国各地。

国家高程控制网按其精度分为一、二、三、四等高程控制网。

一等水准网是国家最高级的高程控制的骨干,沿地质构造稳定和坡度平缓的交通线布满全国,构成网状。一等水准网路线全长为 93 000 多千米,包括 100 个闭合环,每个环的周长为 800～1 500 km。

二等水准网是国家高程控制网的全面基础,一般沿铁路、公路和河流布设。二等水准网环线布设在一等水准网环内,每个环的周长为 300～700 km,全长为 137 000 多千米,包括 822 个闭合环。

三、四等水准网在二等水准网的基础上进一步加密,直接为测绘地形图和各项工程建设提供必要的高程控制。三等水准网环不超过 300 km;四等水准网一般布设为附合在高等级水准点上的附合路线,其长度不超过 80 km。图 1-13 为水准网的布设示意图。

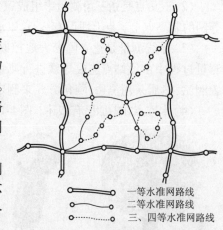

──●── 一等水准网路线
──○── 二等水准网路线
┈┈○┈┈ 三、四等水准网路线

图 1-13　水准网的布设示意图

4. 水准点的设置

为了满足土建工程在勘测设计阶段和施工阶段工程建设的需要,施工测量人员要在建筑物附近适当的位置,在给定的国家高程控制网的基础上,进行水准点的设置和加密。

1)水准点位置选定要求

(1)水准点应选在能长期保存,便于施测,坚实、稳固的地方;

(2)水准路线应尽可能沿坡度小的道路布设,尽量避免跨越河流、湖泊、沼泽等障碍物;

(3)在选择水准点时,应考虑到高程控制网的进一步加密;

(4)应考虑到便于与国家水准点进行联测;

(5)水准网应布设成附合路线网或闭合网。

2)水准点设置要求

(1)水准点间的距离。对于土建工程专用水准点,应选择建筑物群附近两侧距建筑轴线 50～100 m 的范围内,水准点间距一般 1～1.5 km,山岭重丘区可适当加密;大型构造物附近亦应增设水准点。

(2)水准点埋设基本要求。水准点应埋设在不易损毁的坚实土质内。在冻土地带,水准点基石底部应埋设在冻深线以下 0.5 m,称为地下水准点。水准点的高程可向当地测量主管部门索要,作为地形图的测绘、工程建设和科学研究引测高程的依据。

为方便以后的寻找和使用,埋设水准点后,应绘出能标记水准点位置的草图(称点之记),图上要注明水准点的编号、定位尺寸及高程(见图 1-14,4 代表该建筑物是 4 层民用建筑)。

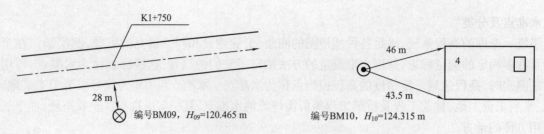

图 1-14　水准点点之记示意图

活动二　交接桩工作程序与报告

工程项目在开工之前,由建设单位组织设计单位对监理单位、施工单位进行测量桩点的交接工作,交接的桩点是指测量控制桩。

一、交接的测量控制桩点

测量控制桩点包括用于控制测量的 GPS 点、三角点、导线点、水准点以及特大型桥隧控制桩等。

(1) GPS 点是指利用卫星坐标定位,接收卫星信号,接收完毕后经过数据处理,得到观测点的 WGS-84 坐标。其标志如图 1-15 所示。

(2) 三角点是指三角测量中组成三角锁(网)的各三角形的顶点。点位宜设置在通视良好、易于扩展低等网的制高点上。点上埋设有标石,以示点位;点的地面上架设有觇标,以供观测。其标志如图 1-16 所示。

(3) 导线测量是建立国家大地控制网的一种方法,也是工程测量中建立控制点的常用方法。在导线测量过程中由设站点连成导线进行测量,其中设站点称为导线点,其标志如图 1-16 所示。在导线点上设置测站,然后采用测边、测角方式来测定这些点的水平位置。

(4) 水准点在前面已有叙述。图 1-17 所示为地面水准点标志,图 1-18 所示为墙脚及侧墙水准点标志所示。

图 1-15　GPS 点标志　　图 1-16　三角点及导　　图 1-17　地面水准点标志　　图 1-18　墙脚及侧墙水
　　　　　　　　　　　　　　　线点标志　　　　　　　　　　　　　　　　　　　　　准点标志

二、交接桩工作程序

(1) 准备工作。了解并熟悉工程施工图纸,掌握设计意图后,提前准备并携带工程施工图纸、路线平面图或简图、拟需要交接的控制桩的名称,以及笔、本、照相机等。

(2) 记录并现场绘制简图。到达交接现场后,通过现场与设计单位代表人员的指示、交流,仔细记录交桩的点号、数据、护桩或拴桩数据,观察现场的特征,定向并复核量取数据、绘制现场简图,拍摄桩点附近的特征照片,以备查找。

(3) 核对工作。与准备好的需要桩点数据进行核对,检查是否有漏掉的重要控制桩点。

(4) 整理资料。把交接桩的具体时间、地点、参加人员、点位照片、数据、护桩或拴桩形成的点之记整理完整,形成报告存档。

三、交接桩工作报告

交接桩工作报告是对交接桩点工作的一个完整、系统的总结,是测量人员记录并确定该项工作完成情况的一个重要文件,属于公路工程内业资料的组成部分,同时也是进行下一步恢复定线工作的书面依据,是进行工程施工放样的重要参考资料。其主要内容包括以下部分：

（一）工程概况介绍

（1）工程建设概况：介绍工程名称、规模及投资额；工程建设单位、施工总包单位、分包单位、监理单位、设计院及质量监督站名称；工程的工期要求及工程的质量要求（如达到省优或市优质量要求）；施工图纸情况及施工合同的签订情况等。

（2）工程设计情况：介绍工程的结构形式及各部位层次的分配形式，长度、高度、宽度等，水准点及控制点的分布情况、保护情况。

（3）工程自然条件：主要介绍工程所处位置及工程的地理、地形、地质、不同深度的土质分析、冰冻期和冰冻层厚度、地下水位、水质情况、气温及冬（冬期施工）雨期的起止时间、主导风向、风力及地震烈度等。

（二）交接桩前的准备情况介绍

交接桩前的准备情况介绍包括工程施工图纸中的控制点介绍（导线成果表）、所施工路段的路线平面图、拟需要交接的控制桩的名称以及大致位置介绍。

（三）现场交接情况记录

交接桩的具体时间、地点、参加人员，记录并现场绘制简图，点位数据、数量核对工作。

（四）总结

主要描述交接桩完成结果是否全面，是否能够指导进行恢复定位桩点及施工放样，是否需要与设计单位进行进一步沟通以得到更多的测量控制点位或导线成果等，是否存在其他问题，应一一列出。

活动三　普通水准测量的方法

一、水准测量原理

水准测量的原理是利用水准仪所提供的水平视线，通过读取竖立在两点上水准尺的读数，测定两点间的高差，从而由已知点高程推求未知高程。测定待测点高程的方法主要有两种：高差法和视线高程法。

（一）高差法

如图 1-19 所示，欲测定 B 点的高程，需先测定 A，B 两点间的高差 h_{AB}。为此，可在 A，B 两点上竖立水准尺，并在其间安置水准仪，利用水准仪的水平视线分别在 A，B 点水准尺上读数 a，b。由图可知，A，B 两点间的高差公式为

$$h_{AB} = a - b \tag{1-7}$$

如果水准测量方向是由已知点 A 到待定点 B 进行的，则 A 点为后视，a 为后视读数；B 点为前视，b 为前视读数。A，B 两点间的高差等于后视读数减去前视读数。当读数 $a > b$ 时，高差为正值，说明 B 点高于 A 点；反之，当读数 $a < b$ 时，高差为负值，说明 B 点低于 A 点。

如果已知 A 点高程为 H_A 和测得高差为 h_{AB}，则 B 点高程为

$$H_B = H_A + h_{AB} \tag{1-8}$$

以上利用高差计算高程的方法称为高差法。

（二）视线高程法

通常把水准仪望远镜水平视线的高程称为视线高程或仪器高程，用 H_i 表示。

由图 1-19 可知，B 点高程可以通过仪器的视线高 H_i 计算：

$$\left.\begin{array}{l} H_i = H_A + a \\ H_B = H_i - b \end{array}\right\} \tag{1-9}$$

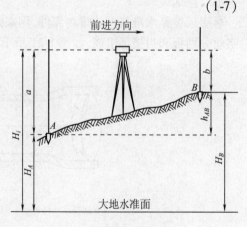

图 1-19　水准测量原理

由式（1-9）用视线高程计算 B 点高程的方法称为视线高程法，也叫仪器高法。当需要安置一次仪器测多个前视点高程时，利用视线高程法比较方便。

需要注意的是，前视与后视的概念一定要弄清楚，其实质是依据观测路线前进方向而确定，不能误解

为往前看或往后看所得的尺读数。另外,在实测过程中,水准仪的安置高度对测算地面点高程并无影响。

二、水准仪的构造和配套工具

水准测量所使用的仪器为水准仪,其他工具有与水准仪对应的水准尺和尺垫。我国光学水准仪按其精度分为 $DS_{0.5}$,DS_1,DS_3,DS_{10},DS_{20} 五个等级。其中,"D"和"S"是"大地"和"水准仪"的汉语拼音的第一个字母,其下标数字 0.5,1,3,10,20 表示该类仪器的精度,即每千米往、返测得高差中数的中误差,以毫米计。数字越小,精度越高。$DS_{0.5}$ 和 DS_1 为精密水准仪,主要用于国家一、二等精密水准测量和精密工程测量;DS_3 主要用于国家三、四等水准测量和常规工程测量;一般精度仪器 DS_{10} 主要用于图根水准测量。工程测量中常用 DS_3 型光学水准仪,使用该仪器进行水准测量,每千米可达 ±3 mm 的精度。按构造分类,水准仪可分为微倾式水准仪、自动安平水准仪和电子水准仪。本工作任务重点介绍微倾式水准仪和自动安平水准仪。电子水准仪属于高精度仪器设备,在建筑工程测量中多用于钢构件的拼装及建筑物的变形观测,在工作任务 10 中进行详细介绍。

(一)DS_3 微倾式水准仪的构造

在水准测量中,水准仪的主要作用是提供一条水平视线,并能照准水准尺进行读数。图 1-20 所示为我国生产的 DS_3(简称 S_3)微倾式水准仪的构造。水准仪主要由望远镜、水准器及基座三部分组成。

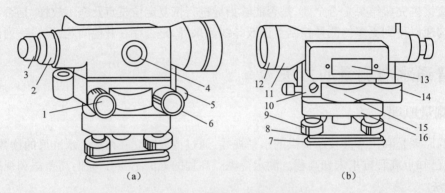

（a） （b）

图 1-20 DS_3 微倾式水准仪的构造

1—微倾螺旋;2—分划板护罩;3—目镜;4—物镜调焦螺旋;5—制动螺旋;6—微动螺旋;7—底板;8—三角压板;
9—脚螺旋;10—弹簧帽;11—望远镜;12—物镜;13—管水准器;14—圆水准器;15—连接小螺钉;16—轴座

1. 望远镜

望远镜是水准仪上的重要部件,用来瞄准远处的水准尺进行读数,它由物镜、调焦透镜、调焦螺旋、十字丝分划板和目镜等组成,如图 1-21 所示。

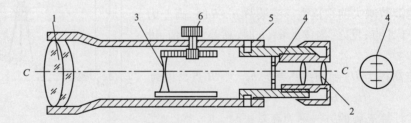

图 1-21 望远镜的构造

1—物镜;2—目镜;3—调焦透镜;4—十字丝分划板;5—连接螺钉;6—调焦螺旋

物镜由两片以上的透镜组成,作用是与调焦透镜一起使远处的目标成像在十字丝平面上,形成缩小的实像。旋转调焦螺旋,可使不同距离目标的成像清晰地落在十字丝分划板上,称为调焦或物镜对光。目镜也是由一组复合透镜组成,其作用是将物镜所成的实像连同十字丝一起放大成虚像,转动目镜螺旋,可使十字丝影像清晰,称目镜对光。

十字丝分划板是安装在镜筒内的一块光学玻璃板,上面刻有两条互相垂直的十字丝,竖直的一条称为纵丝,水平的一条称为横丝或中丝,与横丝平行的上、下两条对称的短丝称为视距丝,用以测定距离。水准测量时,用十字丝交叉点和中丝瞄准目标并读数。

物镜光心与十字丝交点的连线称望远镜的视准轴。合理操作水准仪后,视准轴的延长线即成为水准测量所需要的水平视线。从望远镜内所看到的目标放大虚像的视角 β 与眼睛直接观察该目标的视角 α 的比值,称望远镜的放大率,一般用 γ 表示:

$$\gamma = \frac{\beta}{\alpha} \tag{1-10}$$

DS$_3$型水准仪望远镜的放大率一般为 $25 \sim 30$ 倍。

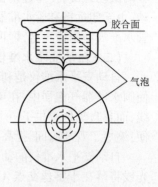

图 1-22　圆水准器外形

2. 水准器

水准器主要用来整平仪器、指示视准轴是否处于水平位置,是操作人员判定水准仪是否置平正确的重要部件。普通水准仪上通常有圆水准器和管水准器两种。

1)圆水准器

圆水准器外形如图 1-22 所示,顶部玻璃的内表面为球面,内装有乙醚溶液,密封后留有气泡。球面中心刻有圆圈,其圆心即为圆水准器零点。通过零点与球面曲率中心连线,称为圆水准轴。当气泡居中时,该轴线处于铅垂位置;气泡偏离零点,轴线呈倾斜状态。气泡中心偏离零点 2 mm 所倾斜的角值,称为圆水准器的分划值。DS$_3$型水准仪圆水准器分划值一般为 $8' \sim 10'$。圆水准器的精度较低,用于仪器的粗略整平。

2)管水准器

管水准器又称水准管,它是一个管状玻璃管,其纵向内壁磨成一定半径的圆弧,管内装乙醚溶液,加热融封冷却后在管内形成一个气泡(见图 1-23)。由于气泡较液体轻,气泡恒处于管内最高位置。水准管内壁圆弧的中心点(最高点)为水准点的零点,过零点与圆弧相切的切线称水准管轴(图中 L—L)。当气泡中点处于零点位置时,称气泡居中,这时水准管轴处于水平位置。在水准管上,一般由零点向两侧刻有数条间隔 2 mm 的分划线,相邻分划线 2 mm 圆弧所对的圆心角,称为水准管的分划值,用 τ 表示。

$$\tau = \frac{2\rho}{R} \tag{1-11}$$

式中:R——水准管圆弧半径;

ρ——弧度的秒值,$\rho = 206\ 265''$。

水准管分化值越小,灵敏度越高。DS$_3$水准仪水准管的分划值为 $20''$,记作 $20''/2$ mm。由于水准管的精度较高,因而适用于仪器的精确整平。

为了便于观测和提高水准管的居中精度,DS$_3$微倾式水准仪水准管的上方装有符合棱镜系统,如图 1-24(a)所示。通过棱镜组的反射折光作用,将气泡两端的影像同时反映到望远镜旁的观察窗内。通过观察窗观察,当气泡两端半边气泡的影像符合时,表明气泡居中,如图 1-24(b)所示;若两影像错开,表明气泡不居中,如图 1-24(c)所示,此时应转动微倾螺旋使气泡影像符合。

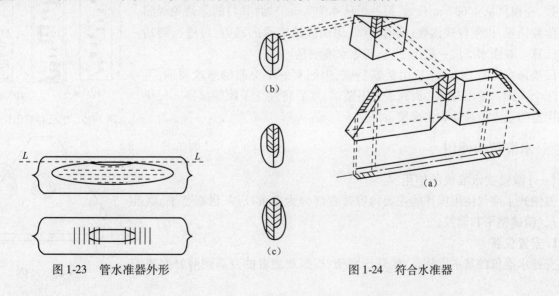

图 1-23　管水准器外形　　　　　　图 1-24　符合水准器

3. 基座

基座位于仪器下部,主要由轴座、三个脚螺旋和连接板等组成。仪器上部通过竖轴插入轴座内,由基座承托。脚螺旋用于调节圆水准气泡,使气泡居中。连接板通过连接螺旋与三脚架相连接。

水准仪除上述部分外,还装有制动螺旋、微动螺旋和微倾螺旋。拧紧制动螺旋时,仪器固定不动,此时转动微动螺旋,使望远镜在水平方向作微小转动,用以精确瞄准目标。微倾螺旋可使望远镜在竖直面内微动,由于望远镜和管水准器连为一体,且视准轴与管水准轴平行,所以圆水准气泡居中后,转动微倾螺旋使管水准气泡影像符合,即可利用水平视线读数。

(二)自动安平水准仪的构造

自动安平水准仪是利用安装在望远镜内的自动补偿器,自动获得水平视线的一种仪器。使用时只要使圆水准器气泡居中,在望远镜中就能读出视线水平时的尺上读数,它不仅在一个方向上提供了水平视线,而且自动地提供了一个水平面,在任何一个方向上都能读出视线水平时的读数。这种水准仪操作方便,缩短了观测时间,提高了观测读数精度。

自动安平水准仪的动安平原理如图 1-25 所示,当水准轴水平时,从水准尺 a_0 点通过物镜光心的水平光线将落在十字丝交点 A 处,从而得到正确读数。当视线倾斜一微小的角度 α 时,十字丝交点从 A 移至 A',从而产生偏距 AA'。为了补偿这段偏距,可在十字丝之前 s 处的光路上安置一个光学补偿器,水平线经过补偿器偏转一 β 角,恰好通过视准轴倾斜时十字丝交点 A' 处,所以补偿器满足下列条件:

$$f \cdot \alpha = s \cdot \beta \tag{1-12}$$

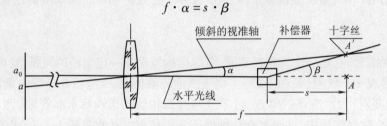

图 1-25 自动安平水准仪的测量原理

从而达到补偿的目的。

(三)水准测量配套工具——水准尺和尺垫

水准尺是水准测量时与水准仪配套使用的必备工具,其用伸缩性小、不易变形的优质材料制成,如优质木材、玻璃钢、铝合金等。常用的水准尺有塔尺和双面尺两种。

塔尺如图 1-26(a)所示,一般由两节或三节组成,可以伸缩,其全长有 3 m 或 5 m 两种,尺的底部为零,以厘米进行分划,分米上的圆点表示米数,数字有正字和倒字两种。塔尺仅用于等外水准测量。

双面尺如图 1-26(b)所示。其长度为 3 m,两根尺为一对。黑面底部起点都为零,每隔 1 cm 涂以黑白相间的分格,每分米处注有数字;红面底部为一常数,一根尺从 4.687 m 开始,另一根从 4.787 m 开始,其目的是避免观测时的读数错误,以便校核读数;同时用红、黑面读数求得的高差,可进行测站检核计算。双面水准尺一般用于三、四等水准测量。

尺垫如图 1-27 所示,一般由铸铁制成,中间有一个突起的球状圆顶,下部有三个尖脚。使用时将尖脚踩入地下踏实,然后将尺立于圆球顶部。尺垫的作用是防止点位移动和水准尺下沉。

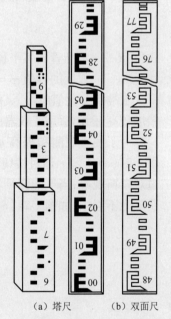

(a)塔尺 (b)双面尺

图 1-26 塔尺和双面尺

三、水准仪的使用

(一)微倾式水准仪的使用

微倾式水准仪使用操作的主要内容按程序分为安置仪器、粗略整平、瞄准水准尺、精确整平和读数。

1. 安置仪器

安置水准仪的基本方法是:张开三脚架,根据观测者的身高调节好架腿的

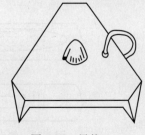

图 1-27 尺垫

长度,使其高度适中,目估架头大致水平,取出仪器,用连接螺旋将水准仪固连在架头上。地面松软时,应将三脚架腿踩入土中,在踩脚架时应注意使圆水准气泡尽量靠近中心。

2. 粗略整平

粗略整平(简称粗平)就是通过调节仪器的脚螺旋使圆水准气泡居中,以达到仪器纵轴铅直、视准轴粗略水平的目的。基本方法是:如图 1-28(a)所示,设气泡偏离中心于 a 处时,可先选择一对脚螺旋①、②,用双手以相对方向转动两个脚螺旋,使气泡移至两脚螺旋连线的中间 b 处,如图 1-28(b)所示;然后,转动脚螺旋③使气泡居中,如图 1-28(c)所示。此项工作应反复进行,直至在任意位置气泡都居中。气泡的移动规律是:其移动方向与左手大拇指转动脚螺旋的方向相同。

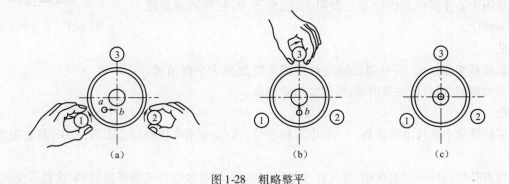

图 1-28 粗略整平

3. 瞄准水准尺

瞄准水准尺就是使望远镜对准水准尺,清晰地看到目标和十字丝成像,以便准确地进行水准尺读数。基本方法如下:

(1)初步瞄准。松开制动螺旋,转动望远镜,利用镜筒上的照门和准星连线对准水准尺,然后拧紧制动螺旋。

(2)目镜调焦。转动目镜调焦螺旋,直至清晰看到十字丝。

(3)物镜调焦。转动物镜调焦螺旋,使水准尺成像清晰。

(4)精确瞄准。转动微动螺旋,使十字丝的纵丝对准水准尺像。

(5)瞄准时应注意清除视差。所谓视差,就是当目镜、物镜对光不够精细时,目标的影像不在十字丝平面上(见图 1-29),以致两者不能被同时看清。视差的存在会影响瞄准和读数精度,必须加以检查并消除。检查有无视差,可用眼睛在目镜端上、下微微地移动,若发现十字丝和水准尺成像有相对移动现象,说明有视差存在。消除视差的方法是仔细地进行目镜调焦和物镜调焦,直至眼睛上下移动读数不变为止。

4. 精确整平和读数

精确整平(简称精平)就是在读数前转动微倾螺旋使水准管气泡居中(气泡影像符合),从而达到视准轴精确水平的目的。图 1-30 所示为微倾螺旋转动方向与两侧气泡移动方向的关系。精确整平时,应徐徐转动微倾螺旋,直至气泡影像稳定符合。

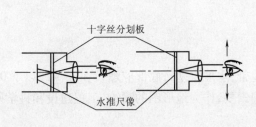

图 1-29 视差

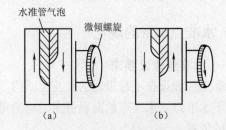

图 1-30 微倾螺旋转动方向与气泡移动方向的关系

必须指出,由于水准仪粗略整平后,竖轴不是严格铅直,当望远镜由一个目标(后视)转到另一目标(前视)时,气泡不一定复合,应重新精确整平,气泡居中复合后才能读数。

当确认气泡复合后,应立即用十字丝横丝在水准尺上读数。读数前要认清水准尺的注记特征,读数时要按由小到大的方向,读取米、分米、厘米、毫米四位数字,最后一位毫米为估读数。图 1-31 所示的读数为 1.337 m。

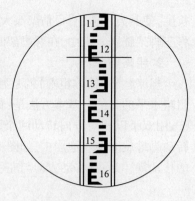

图 1-31　水准尺读数

精确整平和读数虽是两项不同的操作步骤,但在水准测量过程中,应把两项操作视为一个整体,即精确整平后立即读数,读数后还要检查水准管气泡是否符合,若未符合,应重新符合居中后再读数。这样,才能保证水准测量的精度。

(二)自动安平水准仪的使用

1. 粗略整平

将仪器用中心连接螺旋固定在三脚架上,高度适中,转动脚螺旋使圆水准气泡居中。

2. 瞄准

通过瞄准器瞄准标尺,转动望远镜的目镜调焦螺旋使十字丝清晰。转动物镜调焦螺旋,使目标成像清晰,注意要消除视差。

3. 读数

用中横丝读出水准尺上的读数。一般中等精度的自动安平水准仪补偿范围为 ±10′,只要粗略整平就可以读数。

为了检查补偿机构是否起作用,可先在水准尺上读数,然后微微转动脚螺旋,如果读数不变,说明补偿性能良好。否则该仪器不能使用,需要进行检修。

自动安平水准仪的检验校正与微倾水准仪基本相同。

(三)注意事项

(1)每次作业时,须检查仪器箱是否扣好或锁好,提手和背带是否牢固。

(2)取出仪器时,应先看清楚仪器在箱内的安放位置,以便使用完毕照原样装箱,仪器取出后,要盖好仪器箱。

(3)安置仪器时,注意拧紧架腿螺旋和中心连接螺旋;作业员在测量过程中不得离开仪器,特别是在建筑工地等处工作时,更须防止意外事故发生。

(4)操作仪器时,制动螺旋不要拧得过紧,仪器制动后,不得用力转动仪器,转动仪器时必须先松开制动螺旋。

(5)仪器在工作时,应撑伞遮住仪器,以避免仪器被暴晒或雨淋,影响观测精度。

(6)迁站时,若距离较近,可将仪器各制动螺旋固紧,收拢三脚架,一手持脚架,一手托住仪器搬移。若距离较远,应装箱搬运。

(7)仪器装箱前,先清除仪器外部灰尘,松开制动螺旋,将其他螺旋旋至中部位置。按仪器在箱内的原安放位置装箱。

(8)仪器装箱后,应放在干燥通风处保存,注意防盗、防潮、防霉和防碰撞。

活动四　水准点的加密

一、水准点加密的规定

(一)水准点埋设要求

水准点应埋设在不易损毁的坚实土质内。在冻土地带,水准点基石底部应埋设在冻深线以下 0.5 m,称为地下水准点。水准点的高程可向当地测量主管部门索要,作为地形图的测绘、工程建设和科学研究引测高程的依据。

为方便以后的寻找和使用,埋设水准点后,应绘出能标记水准点位置的草图(称点之记),如前图 1-14,图上要注明水准点的编号、定位尺寸及高程。

(二)关于水准点加密的规定

(1)水准点测量精度应符合表 1-2 的规定。

表1-2　水准点测量精度要求

等级	每千米高差中数中误差/mm		往返较差、附和或环线闭合差/mm		检测已测测段高差之差/mm
	偶然中误差	全中误差	平原微丘区	山岭重丘区	
三等	±3	±6	$±12\sqrt{L}$	$±3.5\sqrt{n}$、$±15\sqrt{L}$	$±20\sqrt{L_i}$
四等	±5	±10	$±20\sqrt{L}$	$±6.0\sqrt{n}$、$±25\sqrt{L}$	$±30\sqrt{L_i}$
五等	±8	±16	$±30\sqrt{L}$	$±45\sqrt{L}$	$±40\sqrt{L_i}$

注:①计算往返较差时,L 为水准点间的路线长度(km)。

②计算附和或环线闭合差时,L 为附和或环线的路线长度(km)。

③n 为测站数,L_i 为检测测段长度(km)。

(2)沿路线或建筑物红线附近每 500 m 宜有一个水准点。在结构物附近、高填深挖路段、工程量集中及地形复杂路段,宜增设水准点。临时水准点应符合相应等级的精度要求,并与相邻水准点闭合。

(3)当水准点有可能受到施工影响时,应进行处理。

二、水准点加密的测设方案

水准测量时,一般将已知水准点和待测水准点组成一条水准路线,适用于土建工程水准点加密的测设方案有闭合水准路线、附合水准路线和支水准路线。

(一)闭合水准路线

如图 1-32(a)所示,从一个已知高程的水准点 BM_A 出发,沿新建的各待定高程的点 1,2,3 进行水准测量,最后又回到原始出发的水准点 BM_A,这种形成闭合的水准路线称为闭合水准路线。

(二)附合水准路线

如图 1-32(b)所示,从已知高程的水准点 BM_A 出发,沿各待定高程的点 1,2,3 进行水准测量,最后附合到另一个已知高程的水准点 BM_B,这种在两个已知水准点之间布设的路线称为附合水准路线。

(三)支水准路线

如图 1-32(c)所示,从已知高程的水准点 BM_A 出发,沿各待定高程的点 1,2,3 进行水准测量,这种从一个已知高程的水准点出发,而另一端为未知点的路线,该路线既不自行闭合,也不附合到其他水准点上,称为支水准路线。为了进行成果的检核和提高测量精度,对于支水准路线应该进行往返观测。

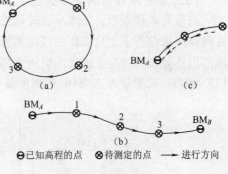

三、水准点加密方案的确定

(一)选择水准点加密方案的条件

(1)当施工现场有两个已知水准点时,可考虑选用附合水准路线。

(2)当施工现场只有一个已知水准点时,可考虑选用闭合水准路线。

图 1-32　水准路线

(3)当有特殊需要(例如构造物的高程放样)时,可考虑选用支水准路线,但须往返测量。

(4)选用已知水准点时,可将相邻标段的高级控制点就近的一个已知水准点一并考虑。

(二)选择水准点加密方案的原则

(1)加密的水准点的高程系统必须采用业主、设计单位提供的原水准点的高程系统,施工单位不得擅自采用其他高程系统。

(2)加密水准点的起、终点必须是业主、设计单位移交的原水准点。

(3)加密水准的等级应与业主、设计单位原水准点同精度。应使用不低于 DS_3 型的水准仪,四等水准应用 3 m 双面水准标尺,五等水准可用塔尺。

(4)水准方案必须考虑和相邻施工段的水准点联测。

(5)加密施工水准点必须从业主、设计单位提供的水准点开始,遵循由高级到低级的原则。

（6）加密施工水准点的精度必须满足高程放样精度。

（7）加密水准点的密度应能满足高程放样的需要。应一站就能放出所需点位的高程,测量视距宜控制在80 m以内,施工水准点间距宜在160 m以内。

（三）加密水准点的仪器和工具

1.加密水准点的仪器设备

（1）精度不低于 DS₃ 的水准仪;

（2）与水准仪配套的脚架;

（3）水准尺。四等水准测量使用双面尺,五等水准测量或高程施工放样则使用塔尺。

2.工具

（1）尺垫,用于转点;

（2）计算器,用于计算;

（3）对讲机,用于联络。

四、普通（五等）加密水准点的实施工作

（一）加密水准点的作业组织

加密水准点外业工作由水准测量小组来完成。水准测量小组一般由三或四人组成。

四等水准四人:观测员一人,记录员一人,立尺员二人。

五等水准三或四人:观测员（兼记录员）一人或观测员和记录员各一人,立尺员二人。

水准小组成员分工:

（1）观测员:摆站（架设仪器）、看仪器（照准水准尺）、读数（读取水准尺分划数）。

（2）记录员:听取观测员读数、记录、计算各种限差、计算测站高差。若计算符合规范限差要求,则通知观测员搬站;若超限,则通知观测员重测。

（3）立尺员:将水准尺垂直立于测点上,听命于观测员的指挥而行动。

水准测量工作是一项集体性质的合作工作,小组成员只有分工协作、各尽其责才能测出优秀的成果。

（二）加密水准点的测量实施

当待测高程点距已知水准点较远或坡度较大时,不可能安置一次仪器测定两点间的高差。这时,必须在两点间加设若干立尺点作为传递高程的过渡点,称为转点（TP）。这些转点将测量路线分成若干段,依次测出各分段间的高差进而求出所需高差,计算待定点的高程。如图1-33所示,设 A 为已知高程点,$H_A = 123.446$ m,欲测量 B 点高程,观测步骤如下:

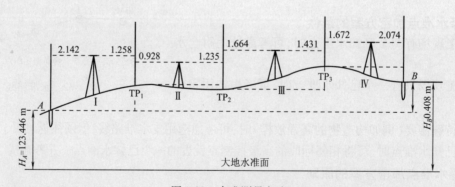

图1-33　水准测量方法

置仪器距已知 A 点适当距离处（一般不超过100 m,根据水准测量等级而定）,水准仪粗平后,瞄准后视点 A 的水准尺,精平、读数为2.142 m,记入水准测量记录手簿（见表1-3）后视栏内。在路线前进方向且与后视等距离处,选择转点 TP_1 立尺,转动水准仪瞄准前视点 TP_1 的水准尺,精平、读数为1.258 m,记入水准测量记录手簿前视读数栏内,此为一测站工作。后视读数减前视读数即为 A,TP_1 两点间的高差 $h_1 = +0.844$ m,填入水准测量记录手簿中相应位置。

表1-3　水准测量记录手簿

日期：_____　　仪器：_____　　观测人：_____

天气：_____　　地点：_____　　记录人：_____

测站	测点	水准尺读数		高差/m	高程/m	备　注
		后视读数/m	前视读数/m			
1	BM$_A$	2.142		+0.884	123.446	已知高程
2	TP$_1$	0.928	1.258	−0.307	124.330	
	TP$_2$	1.664	1.235		124.023	
3	TP$_3$	1.672	1.431	+0.233	124.256	
4	BM$_B$		2.074	−0.402	123.854	
计算校核		$\sum$后=6.406	$\sum$前=5.998	$\sum h$=0.408	H_B-H_A=0.408	计算无误
		$\sum$后 − $\sum$前=0.408				

第一站测完后，转点 TP$_1$ 的水准尺不动，将 A 点水准尺移至 TP$_2$ 点，安置仪器于 TP$_1$，TP$_2$ 两点间等距离处，按第一站观测顺序进行观测与计算，依此类推，测至终点 B。

显然，每安置一次仪器，便测得一个高差，根据高差计算公式(1-7)可得

$$h_1 = a_1 - b_1 = +0.844 \text{ m}$$
$$h_2 = a_2 - b_2 = -0.307 \text{ m}$$
$$h_3 = a_3 - b_3 = +0.233 \text{ m}$$
$$h_4 = a_4 - b_4 = -0.402 \text{ m}$$

将各式相加可得

$$h_{AB} = \sum h = \sum a - \sum b$$

B 点的高程为

$$H_B = H_A + h_{AB} \tag{1-13}$$

若逐站推算高程，则

$$H_{TP1} = H_A + h_1 = 123.446 + (+0.884) = 124.330 \text{ m}$$
$$H_{TP2} = H_{TP1} + h_2 = 124.330 + (-0.307) = 124.023 \text{ m}$$
$$H_{TP3} = H_{TP2} + h_3 = 124.023 + (+0.233) = 124.256 \text{ m}$$
$$H_B = H_{TP3} + h_4 = 124.256 + (-0.402) = 123.854 \text{ m}$$

表1-3是水准测量的记录手簿和有关计算，通过计算可得 B 点的高程为

$$H_B = H_A + h_{AB} = (123.446 + 0.408)\text{m} = 123.854(\text{m})$$

为保证观测的精度和计算的准确性，在水准测量过程中，必须进行测站检核和计算检核，两种检核的方法分别如下：

1. 测站检核

在每一测站上，为了保证前、后视读数的正确性，通常要进行测站检核。测站检核常采用变动仪器高法和双面尺法。

（1）变动仪高法。在每一测站上用不同的仪器高度（相差大于 10 cm）两次测出高差。两次所测高差之差的绝对值不大于容许误差（例如等外水准容许误差为 6 mm），则认为符合要求，取其平均值作为最后结果，否则须重测。只有满足条件后，才允许迁站。

（2）双面尺法。仪器高度不变，分别以水准尺红、黑面测得高差计算检核，两次高差之差不大于容许误差，取其平均值作为最后结果。

2. 计算检核

计算检核是对记录表中每一页高差和高程计算进行的检核。计算检核的条件是满足以下等式：

$$\sum a - \sum b = \sum h = H_B - H_A \tag{1-14}$$

否则，说明计算有误。例如，表1-3中：

$$\sum a - \sum b = (6.406 - 5.998)\text{m} = 0.408 \text{ m}$$

$$\sum h = 0.408 \text{ m}$$

$$H_B - H_A = (123.854 - 123.446)\text{m} = 0.408 \text{ m}$$

等式条件成立,说明高差和高程计算正确。

(三)加密水准点的成果检核

在水准测量的实施过程中,测站检核只能检核一个测站上是否存在错误,计算检核只能发现每页计算是否有误。对于一条水准路线来说,测站检核和计算检核都不能发现立尺点变动的错误,更不能说明整个水准路线测量的精度是否符合要求。同时,由于受温度、风力、大气折射和水准尺下沉等外界条件的影响,以及水准仪和观测者本身的原因,测量不可避免会存在误差。这些误差很小,在一个测站上反映不很明显,但随着测站数的增多使误差积累,有时也会超过规定的限差。因此,还必须对整个水准线路的成果进行检核。

1. 附合水准路线的成果检核

理论上,附合水准路线中各待定高程点间高差的代数和,应等于始、终两个已知水准点的高程之差,即

$$\sum h_{理} = H_{终} - H_{始} \tag{1-15}$$

如果实测的高差与理论的高差不相等,那么两者之差称为高差闭合差,用 f_h 表示为

$$f_h = \sum h_{测} - (H_{终} - H_{始}) \tag{1-16}$$

2. 闭合水准路线的成果检核

理论上,闭合水准路线的高差总和应等于零,即

$$\sum h_{理} = 0 \tag{1-17}$$

但实际上总会有误差,致使高差闭合差不等于零,则高差闭合差为

$$f_h = \sum h_{测} \tag{1-18}$$

3. 支水准路线的成果检核

支水准路线要进行往返观测,往测高差与返测高差值的代数和 $\sum h_{往} + \sum h_{返}$ 理论上应为零,并以此作为支水准路线测量正确性与否的检验条件。如不等于零,则高差闭合差为

$$f_h = \sum h_{往} + \sum h_{往} \tag{1-19}$$

各种路线形式的水准测量,其高差闭合差均不应超过规定容许值,否则即认为水准测量结果不符合要求。高差闭合差容许值的大小,与测量等级有关。测量规范中,对不同等级的水准测量作了高差闭合差容许值的规定。

四等水准测量的高差闭合差容许值规定为

$$平地 \quad f_{h容} = \pm 20\sqrt{L} \text{ mm} \tag{1-20}$$
$$山地 \quad f_{h容} = \pm 6\sqrt{n} \text{ mm}$$

等外水准测量的高差闭合差容许值规定为

$$平地 \quad f_{h容} = \pm 40\sqrt{L} \text{ mm} \tag{1-21}$$
$$山地 \quad f_{h容} = \pm 12\sqrt{n} \text{ mm}$$

式中:L——水准路线长度,以 km 计;

n——测站数,当每千米测站数大于 15 时采用山地。

五、普通水准测量的内业计算

水准测量的外业测量数据,如经检核无误,满足了规定等级的精度要求,就可以进行内业成果计算,即计算出 f_h 以后,才可进行高差闭合差 f_h 与容许高差闭合差 $f_{h容}$ 的比较,若 $|f_h| \leqslant |f_{h容}|$,则精度合格,在精度合格的情况下,可以进行水准路线成果计算。内业计算工作的主要内容是:计算高差闭合差及容许高差闭合差,调整高差闭合差,计算改正后高差,最后计算出各待定点的高程。以下分别介绍各种水准路线的内业计算方法。

（一）附合水准路线的内业计算

图1-34为一附合水准路线，A，B为已知水准点，A点高程为65.376 m，B点高程为68.623 m，点1，2，3为待测水准点，各测段高差、测站数、距离如图所示。现以此为例，介绍附合水准路线的内业计算步骤（参见表1-4）。

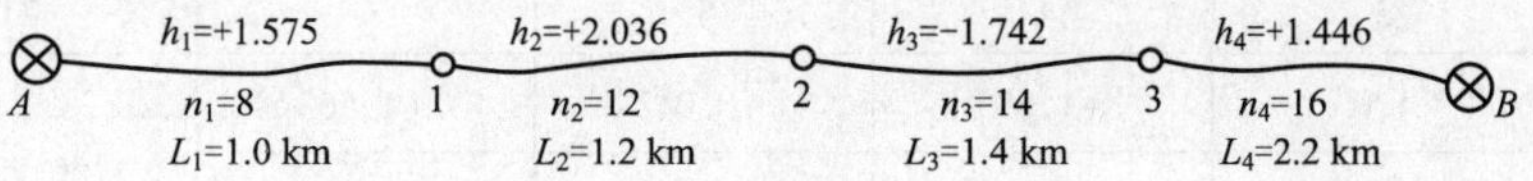

图1-34　附和水准路线

1. 闭合差的计算

$$f_h = \sum h - (H_B - H_A) = 3.315 \text{ m} - (68.623 - 65.376)\text{m} = +0.068 \text{ m}$$

因是平地，闭合差容许值为

$$f_{h容} = \pm 40\sqrt{L} \text{ mm} = \pm 40\sqrt{5.8} \text{ mm} = \pm 96 \text{ mm}$$

$|f_h| < |f_{h容}|$，故其精度符合要求。

2. 闭合差的调整

对同一条水准路线，假设观测条件是相同的，可认为每个测站产生误差的机会是相等的。因此，闭合差调整的原则和方法是：按与测段距离（或测站数）成正比例、并反其符号改正到各相应的高差上，得改正后高差，即

$$\left. \begin{array}{ll} \text{按距离} & \nu_i = \dfrac{f_k}{\sum l} \times l_i \\[3mm] \text{按测站数} & \nu_i = -\dfrac{f_k}{\sum n} \times n_i \end{array} \right\} \tag{1-22}$$

改正后高差

$$h_{i改} = h_{i测} + \nu_i$$

式中：ν_i，$h_{i改}$——第i测段的高差改正数与改正后高差；

$\sum n$，$\sum l$——路线总测站数与总长度；

n_i，l_i——第i测段的测站数与长度。

以第1和第2测段为例，第1和第2测段高差的改正数为

$$\nu_1 = -\frac{f_h}{\sum l} \times l_1 = -(0.068/5.8) \times 1.0 \text{ m} = -0.012 \text{ m}$$

$$\nu_2 = -\frac{f_h}{\sum l} \times l_2 = -(0.068/5.8) \times 1.2 \text{ m} = -0.014 \text{ m}$$

检核：$\sum \nu = -f_h = -0.068$ m，列于表1-4中的第5栏中。

第1和第2测段改正后的高差为

$$h_{1改} = h_{1测} + \nu_1 = +1.575 \text{ m} - 0.012 \text{ m} = +1.563 \text{ m}$$

$$h_{2改} = h_{2测} + \nu_2 = +2.036 \text{ m} - 0.014 \text{ m} = +2.022 \text{ m}$$

检核：

$$\sum h_{i改} = H_B - H_A = +3.247 \text{ m}$$

各测段改正后高差列入表1-4中的第6栏。

3. 高程的计算

根据检核过的改正后高差，由起点A开始，逐点推算出各点的高程，如：

$$H_1 = H_A + h_{1改} = 65.376 \text{ m} + 1.563 \text{ m} = 66.939 \text{ m}$$

$$H_2 = H_1 + h_{2改} = 66.939 \text{ m} + 2.022 \text{ m} = 68.961 \text{ m}$$

各点高程列入表1-4第7栏中。

逐点计算，最后算得的B点高程应与已知高程H_B相等，即

$$H_{B(算)} = H_{B(已知)} = 68.623 \text{ m}$$

否则说明高程计算有误。

表1-4　附合水准测量成果计算表

测段	点名	距离 L /km	实测高差 /m	改正数 /m	改正后的高差 /m	高　程 /m	备　注
1	2	3	4	5	6	7	8
1	A	1.0	+1.575	-0.012	+1.563	65.376	
2	1	1.2	+2.036	-0.014	+2.022	66.939	
3	2	1.4	-1.742	-0.016	-1.758	68.961	
4	3	2.2	+1.446	-0.026	+1.420	67.203	
Σ	B	5.8	+3.315	-0.068	+3.247	68.623	

辅助计算

$f_h = +68$ mm　　　　　$L = 5.8$ km

$f_{h容} = \pm 40\sqrt{5.8}$ mm $= \pm 96$ mm　　　$-f_h/L = 12$ mm

（二）闭合水准路线成果计算

闭合水准路线各测段高差的代数和应等于零。如果不等于零,其代数和即为闭合水准路线的闭合差 f_h,即 $f_h = \sum h_{测}$。$f_h \leqslant f_{h容}$ 时,可进行闭合水准路线的计算调整,其步骤与附合水准路线相同;$f_h > f_{h容}$ 时,说明闭合差不符合要求,必须进行重新测量。

（三）支水准路线成果计算

对于支水准路线取其往返测高差的平均值作为成果,高差的符号应以往测为准,最后推算出待测点的高程。

以图1-35为例,已知水准点 A 的高程为 186.785 m,往、返测站共16站。高差闭合差为

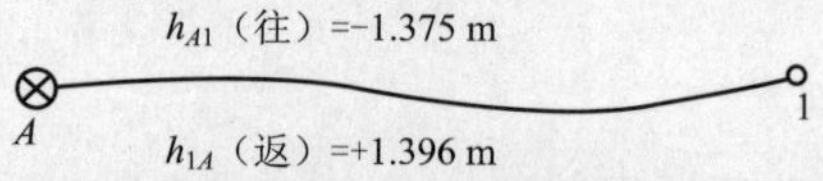

$$f_h = h_{往} + h_{返} = -1.375 \text{ m} + 1.396 \text{ m} = 0.021 \text{ m}$$

闭合差容许值为

图1-35　支水准路线

$$f_{h容} = \pm 12\sqrt{n} \text{ mm} = \pm 12 \times \sqrt{16} \text{ mm} = \pm 48 \text{ mm}$$

$|f_h| < |f_{h容}|$,说明符合普通水准测量的要求。经检核符合精度要求后,可取往测和返测高差绝对值的平均值作为 A,1 两点间的高差,其符号与往测高差符号相同,即

$$h_{A1} = (-1.375 - 1.396) \text{ m}/2 = -1.386 \text{ m}$$

$$H_1 = 186.785 \text{ m} - 1.386 \text{ m} = 185.399 \text{ m}$$

六、水准测量的误差及注意事项

由于测量成果中不可避免地含有误差,因此,需要通过分析水准测量误差产生的原因,找出测量人员在施测过程中防止和减少各类误差的方法,以提高水准测量观测成果的质量。水准测量的误差主要来源于三个方面:仪器误差(仪器结构的不完善)、观测误差(观测者感觉器官的鉴别能力有限)、外界条件误差(外界自然条件的影响)。测量人员应根据误差产生的原因,采取相应措施,尽量减少或消除各种误差的影响。

（一）仪器误差

1. 仪器校正后的残余误差

在水准测量前虽然经过严格的检验校正,但仍然存在着残余误差。而这种误差大多数是系统性的,可以在测量中采取一定的方法加以减弱或消除。

解决方法:在观测时使前后视距相等,便可消除或减弱此项误差的影响。

2. 水准尺误差

水准尺误差包括分划不准确、尺长变化、尺身弯曲等,都会影响水准测量的精度。

解决方法:水准尺必须经过检验才能使用,不合格的水准尺不能用于测量作业。

3. 水准尺零点误差

由于水准尺长期使用而使底端磨损,或由于水准尺使用过程中粘上泥土,这些相当于改变了水准尺的

零点位置,引起的误差称为水准尺零点误差。它会给测量成果的精度带来影响。

解决方法:在测量过程中,以两支水准尺交替作为后视尺和前视尺,并使每一测段的测站数为偶数,即可消除此项误差。

(二)观测误差

1. 视差影响

水准测量时,如果存在视差,由于十字丝平面与水准尺影像不重合,眼睛的位置不同,读出的数据不同,会给观测结果带来较大的误差。

解决方法:在观测时,应仔细地进行调焦,严格消除视差。

2. 读数误差

读数时,在水准尺上估读毫米数的误差与水准尺的基本分划、望远镜的放大率以及到水准尺的距离有关。这项误差可以用下式计算:

$$m_v = \pm \frac{60''}{v} \times \frac{D}{\rho} \tag{1-23}$$

式中:v——望远镜的放大率;

　　$60''$——人眼的极限分辨能力;

　　D——水准仪到水准尺的距离。

解决方法:为减少此项误差,水准测量过程中视线长度要控制在100 m以内。

3. 水准管气泡居中误差

水准管气泡居中误差会使视线偏离水平位置,从而带来读数误差。采用符合式水准器时,气泡居中精度可提高一倍,操作中应使符合气泡严格居中,并在气泡居中后立即读数。

解决方法:严格操作,迅速读数。

4. 水准尺倾斜的影响

水准尺不论向前还是向后倾斜,都将使读数增大(见图1-36)。误差大小与在尺上的视线高度以及尺子的倾斜程度有关。此项误差尤其在山区测量中影响较大。

解决方法:为减少此项误差,观测时立尺员要认真扶尺,有的水准尺上装有圆水准器,扶尺时应使气泡居中。没有水准器的尺,通常扶尺者要对着观测者前后缓慢摆动水准尺,观测者迅速读取最小值,即为观测读数。

(三)外界条件的影响

1. 仪器下沉

当水准仪安置在软松的地方时,仪器会产生下沉现象,由后视转为前视时视线降低,前视读数减小,从而引起高差误差。为减少此项误差的影响,应将测站选定在坚实的地面上,并将脚架踏实。尽可能减少一个测站的观测时间,也能消除或减少此项误差。

解决方法:每站采用"后—前—前—后"的观测程序。

2. 尺垫下沉

如果转点选在松软的地面,转站时,尺垫发生下沉现象,使下一站后视读数增大,引起高差误差。因此,转点应选在土质坚硬处,并将尺垫踩实。

解决方法:采取往返测取中数等办法,可减少此项误差的影响。

3. 地球曲率及大气折光的影响

在前述水准测量原理时把大地水准面看作水平面,但大地水准面并不是水平面,而是一个曲面,如图1-37所示。

水准测量时,用水平视线代替大地水准面在水准尺上的读数,产生的影响为

图1-36 水准尺倾斜影响

$$c = \frac{D^2}{2R}$$

图1-37 地球曲率和大气折光的影响

式中:D——仪器至水准尺距离;

    R——地球平均半径。

另外,由于地面大气层密度的不同,使仪器的水平视线因折光而弯曲,弯曲的半径大约为地球半径的 6～7 倍,且折射量与距离有关。它对读数产生的影响为

$$r = \frac{D^2}{2 \times 7R}$$

地球曲率和大气折光两项影响之和为

$$f = c - r = 0.43\frac{D^2}{R} \tag{1-24}$$

解决方法:前、后视距离相等时,通过高差计算可消除或减弱此两项误差的影响。

4. 大气温度和风力的影响

大气温度的变化会引起大气折光的变化,以及水准管气泡居中的不稳定。尤其是当强阳光直射仪器时,会使仪器各部件因温度的急剧变化而发生变形,水准管气泡会因烈日照射而缩短,从而产生气泡居中误差。另外,大风可使水准尺竖直不稳,水准仪难以置平。

解决方法:在水准测量时,应随时注意撑伞,以遮挡强烈阳光的照射,并应避免在大风天气观测。

活动五　四等水准控制测量

四等水准控制测量除用于国家高程控制网的加密外,还可用于建立小地区首级高程控制。四等水准路线的布设过程中,在加密国家控制点时,多布设为附合水准路线、结点网的形式;在独立测区作为首级高程控制时,应布设成闭合水准路线形式;而在山区、带状工程测区,可布设为水准支线。四等水准测量的主要技术要求详见表 1-5 和表 1-6。

表 1-5　等级水准测量的主要技术要求(1)

等级	水准仪型号	视线长度 /m	前后视距差 /m	前后视距累积差 /m	视线离地面最低高度 /m	基本分划、辅助分划(黑红面)读数差 /mm	基本分划、辅助分划(黑红面)高差之差 /mm
四	DS$_3$	100	5	10	0.2	3.0	5.0
五	DS$_3$	100	大致相等				
图根	DS$_{10}$	≤100					

注:进行四等水准观测过程中,采用单面标尺变更仪器高度时,所测两高差应与黑红面所测高差之差的要求相同。

表 1-6　等级水准测量的主要技术要求(2)

等级	水准仪型号	水准尺	线路长度 /km	观测次数 与已知点联测	观测次数 附合或环线	每千米高差中误差 /mm	往返较差、附合或环线闭合差 平地 /mm	往返较差、附合或环线闭合差 山地 /mm
四	DS$_3$	双面	≤16	往返各一次	往一次	10	$20\sqrt{L}$	$6\sqrt{n}$
五	DS$_3$	单面		往返各一次	往一次	15	$30\sqrt{L}$	
图根	DS$_{10}$	单面	≤5	往返各一次	往一次	20	$40\sqrt{L}$	$12\sqrt{n}$

注:①结点之间或结点与高级点之间,其路线的长度,不应大于表中规定的0.7。
    ②L 为往返测段、附合或环绕的水准路线长度(单位为 km),n 为测站数。

一、四等水准控制测量的实施方法

(一)四等水准控制测量的观测与记录方法

1. 双面尺法

采用水准尺为配对的双面尺,在测站按以下顺序观测读数,读数应填入记录表的相应位置(见表 1-7)。

表1-7 四等水准测量记录(双面尺法)

测站	点号	后尺 下丝 上丝	前尺 下丝 上丝	方向及尺号	水准尺读数/m		K+黑−红 /mm	平均高差 /m	备注
		后视距	前视距		黑面	红面			
		视距差 d/m	视距差之和 ∑d/m						
		(1)	(4)	后	(3)	(8)	(14)		
		(2)	(5)	前	(6)	(7)	(13)	(18)	
		(9)	(10)	后−前	(15)	(16)	(17)		
		(11)	(12)						K为尺常数
1	BM$_5$-TP$_1$	1.536	1.030	后5	1.242	6.030	−1		K$_5$=4.787
		0.947	0.442	前6	0.736	5.422	+1	+0.5070	K$_6$=4.687
		58.9	58.8	后−前	+0.506	+0.608	−2		
		+0.1	+0.1						
...	...	...	...	...	...	...	...	...	...

A. 后视黑面,读取下、上、中丝读数,以米为单位记入(1),(2),(3)中;

B. 前视黑面,读取下、上、中丝读数,以米为单位记入(4),(5),(6)中;

C. 前视红面,读取中丝读数,以米为单位记入(7);

D. 后视红面,读取中丝读数,以米为单位记入(8)。

以上(1),(2),…,(8)表示观测与记录的顺序。这样的观测顺序简称为"后—前—前—后",其优点是可以大大减弱仪器下沉误差的影响。四等水准测量测站观测顺序也可为"后—后—前—前"的顺序观测。

2. 单面尺法

四等水准测量时,如果采用单面尺观测,则可按变更仪器高法进行检核。观测顺序为"后—前—变仪器高—前—后",变高前按三丝读数,以后按中丝读数。在每一测站上需变动仪器高10 cm以上,记录格式见表1.8。

表1-8 四等水准测量记录表(单面尺法)

测站编号	后尺 下丝 上丝	前尺 下丝 上丝	水准尺读数(中丝)		高差		平均高差	备注
	后视距	前视距	后视	前视	+	−		
	视距差 d/m	∑d/m						
1	1.681(1)	0.849(4)	1.494(3)	0.661(6)	0.833(13)			
	1.307(2)	0.473(5)					+0.832(5)	
	37.4(9)	37.6(10)	1.372(8)	0.541(7)	0.831(14)			
	−0.2(11)	−0.2(12)						
...	...	...	...	...	...	...	...	...

表中(1),(2),(3),…表示观测记录与计算的顺序。其中(1),(2),(3),(4),(5),(6)为变高前水准尺读数;(7),(8)为变高后水准尺中丝读数;其他均为计算值。

(二)测站计算与检核

1. 双面尺法计算与检核技术要求

(1)在每一测站,应进行以下计算与检核工作:

①视距计算。

后视距离:(9)={(1)−(2)}×100,视距长度应≤100 m;

前视距离:(10)={(4)−(5)}×100,视距长度应≤100 m;

前、后视距离差：(11) = (9) - (10)。该值在四等水准测量时,不得超过 5 m;

视距累积差 = 前站累积差 + 本站视距差,应≤10 m。

②同一水准尺黑、红面中丝读数的检核。同一水准尺红、黑面中丝读数之差应等于该尺红、黑面的常数 K(4.687 或 4.787),其差值为

前视尺:(13) = (6) + K - (7);

后视尺:(14) = (3) + K - (8)。

(13),(14)的大小在四等水准测量时,不得超过 3 mm。

③高差计算及检核。

黑面所测高差:(15) = (3) - (6);

红面所测高差:(16) = (8) - (7);

黑、红面所测高差之差:(17) = (15) - (16) ±0.100 = (14) - (13)。

该值在四等水准测量不得超过 5 mm。式中,0.100 为单、双号两根水准尺红面底部注记之差,以米为单位。

平均高差:(18) = $\frac{1}{2}$ {(15) + [(16) ±0.100]}。

(2)记录手簿每页应进行的计算与检核:

①视距计算检核。后视距离总和减前视距离总和应等于末站视距累积差,即

$$\sum (9) - \sum (10) = 末站(12)$$

检核无误后,算出总视距为

$$总视距 = \sum (9) + \sum (10)$$

②高差计算检核。红、黑面后视总和减红、黑面前视总和应等于红、黑面高差总和,还应等于平均高差总和的两倍。

对于测站数为偶数

$$\sum [(3) + (8)] - \sum [(6) + (7)] = \sum [(15) + (16)] = 2\sum (18)$$

对于测站数为奇数

$$\sum [(3) + (8)] - \sum [(6) + (7)] = \sum [(15) + (16)] = 2\sum (18) ±0.100$$

2. 单面尺法的计算检核

单面尺法的计算除了变更仪器高所测量的两次高差之差不得超过 5 mm,其他要求与双面尺相同,合格时取两次高差的平均值作为测站高差。

(三)内业平差

外业成果经验核无误后,按前面活动四所述水准测量成果计算的方法,要求高差闭合差≤20$\sqrt{L}$ 或 6$\sqrt{n}$ mm,经高差闭合差的调整后,计算各水准点的高程,这里不再赘述。

随着目前计算机办公软件的开发使用,出现很多利用 Office 办公软件的 Excel 文件制作的平差小程序,简便快捷,使用方便不妨选用。

目前,市面上可以用于水准网平差计算的软件非常丰富,有业余软件,也有专业软件;有收费软件,也有免费软件。总之,总能找到一款软件适合我们平差使用。目前业界较常用的平差软件有 PA2005(南方平差易 2005)、NASEW2003、COSA 等。下面以 PA2005 为例进行水准网平差介绍。

(四)使用 PA2005 进行水准网平差

1. PA2005 简介

PA2005(Power Adjust 2005,中文名为平差易 2005)是在 Windows 系统下用 VC 开发的控制测量数据处理软件,也是南方测绘 PA2002 的升级产品。它一改过去单一的表格输入,采用了 Windows 风格的数据输入技术和多种数据接口(包括南方系列产品接口和其他软件文件接口),同时辅以网图动态显示,实现了数据采集、数据处理和成果打印的一体化。成果输出丰富强大、多种多样,平差报告完整详细,报告内容

也可根据用户需要自行定制,另有详细的精度统计和网形分析信息等。PA2005 界面友好,功能强大,操作简便,是控制测量理想的数据处理工具。

2. 软件系统功能菜单

启动 PA2005 后,即可进入其主界面。主界面中包括测站信息区、观测信息区、图形显示区以及顶部下拉菜单和工具条。如图 1-38 所示。

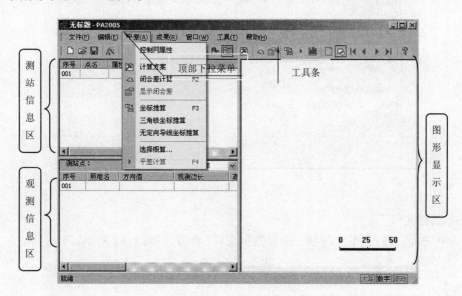

图 1-38　PA2005 主界面

所有 PA2005 的功能都包含在顶部的下拉菜单中,可以通过操作下拉菜单来完成平差计算的所有工作。例如,文件读入和保存、平差计算、成果输出等。

(1)文件:包括文件的新建、打开、保存、导入、平差向导和打印等。

(2)编辑:包括查找记录、删除记录。

(3)平差:包括控制网属性、计算方案、闭合差计算、坐标推算、选择概算和平差计算等。

(4)成果:包括精度统计、图形分析、CASS 输出、Word 输出、略图输出和闭合差输出等。当没有平差结果时该菜单项为灰色。

(5)窗口:包括平差报告、网图、报表显示比例、平差属性、网图属性等。

(6)工具:包括坐标换算、解析交会、大地正反算、坐标反算等。

(7)工具条:包括保存、打印、视图显示、平差和查看平差报告等功能。

使用 PA2005 进行控制平差的作业流程如图 1-39 所示。

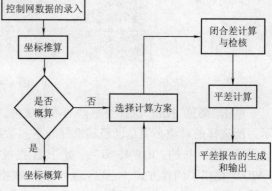

图 1-39　作业流程

3. 向导式平差

向导的作用是使用户按照应用程序的文字提示一步一步操作下去,最终达到应用目的。PA2005 提供了向导式平差,根据向导的中文提示单击相应的信息即可完成全部的操作。向导对 PA2005 的初学者有极大的帮助,PA2005 的初学者可以应用向导来熟悉 PA2005 数据处理的全部操作过程。

向导式平差需要事先编辑好数据文件,这里以 PA2005 的 DEMO 中的"BJW4.txt"文件为例来说明。

1)进入平差向导

首先启动 PA2005,然后选择"文件"→"平差向导"命令,打开"平差向导—欢迎使用平差向导"对话框,如图 1-40 所示。

请注意平差向导的中文提示和应用说明,并依据提示进行。

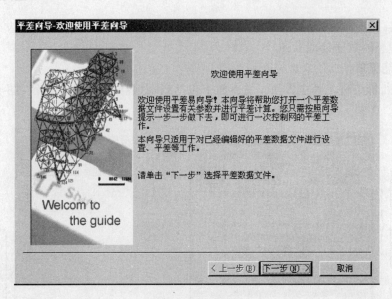

图 1-40　平差向导

2）选择平差数据文件

单击"下一步"按钮，进入"平差向导—选择数据文件"界面，如图 1-41 所示。

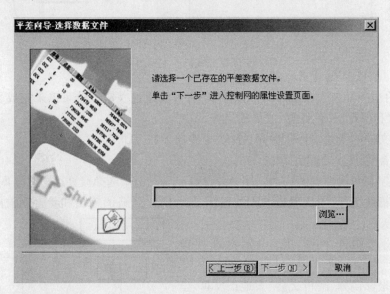

图 1-41　选择数据文件

单击"浏览"按钮，选择要平差的数据文件，如图 1-42 所示。所选择的对象必须是已经编辑好的平差数据文件，此处选择 DEMO 中的"BJW4. txt"。对于数据文件的建立，PA2005 提供了两种方式，一是启动系统后，在指定表格中手工输入数据，然后选择"文件"→"保存"命令生成数据文件；二是依照平差软件中文件格式，在 Windows 的"记事本"里手工编辑生成。

图 1-42　打开数据文件

单击"打开"按钮即可调入该数据文件，如图 1-43 所示。

3）控制网属性设置

调入平差数据后单击"下一步"按钮即可进入控制网属性设置界面，如图 1-44 所示。

该功能将自动调入平差数据文件中控制网的设置参数，如果数据文件中没有设置参数则此对话框为空，同时也可对控制网属性进行添加和修改，向导处理完后该属性将自动保存在平差数据文件中。

4）设置计算方案。

单击"下一步"按钮，进入计算方案设置界面，如图 1-45 所示。

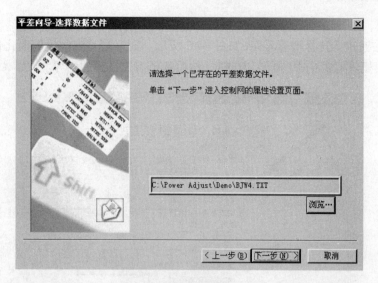

图 1-43　调入平差数据文件

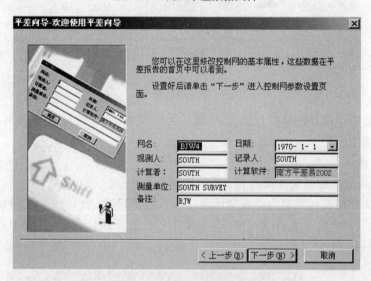

图 1-44　控制网属性设置

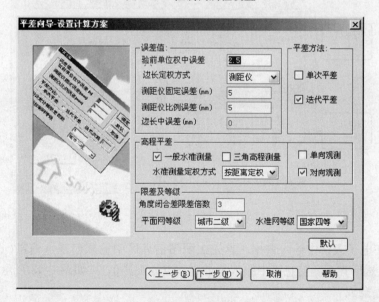

图 1-45　计算方案设置

设置平差计算的一系列参数,包括验前单位权中误差、测距仪固定误差、测距仪比例误差等。该向导将自动调入平差数据文件中计算方案的设置参数,如果数据文件中没有该参数则此对话框为默认参数(2.5,5,5),同时也可对该参数进行编辑和修改,向导处理完后该参数将自动保存在平差数据文件中。

5）选择概算。

单击"下一步"按钮进入选择概算界面,如图 1-46 所示。概算是对观测值的改化包括边长、方向和高程的改正等。当需要概算时需选中"概算"复选框,然后选择需要概算的内容。

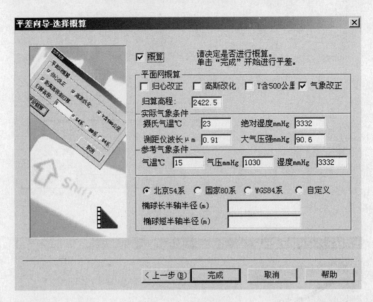

图 1-46 选择概算

单击"完成"按钮,整个向导的数据处理完毕,随后就回到 PA2005 的界面,在此界面中就可查看、打印和输出该数据的平差报告。

4.控制网数据的录入

控制网的数据录入分为数据文件读入和直接输入两种。

凡符合 PA2005 文件格式的数据均可直接读入。读入后 PA2005 自动推算坐标和绘制网图。PA2005 为手工数据输入提供了一个电子表格,以"测站"为基本单元进行操作,输入过程中将自动推算其近似坐标和绘制网图,如图 1-47 所示。

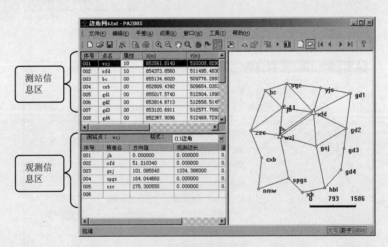

图 1-47 电子表格输入 1

下面介绍如何在电子表格中输入数据。首先在测站信息区中输入已知点信息(点名、属性、坐标)和测站点信息(点名),然后在观测信息区中输入每个测站点的观测信息,如图 1-48 所示。

1）测站信息数据录入

"序号":指已输测站点个数,它会自动叠加。

"点名":指已知点或测站点的名称。

"属性":用以区别已知点与未知点:00 表示该点是未知点,10 表示该点是平面坐标而无高程的已知点,01 表示该点是无平面坐标而有高程的已知点,11 表示该已知点既有平面坐标也有高程。

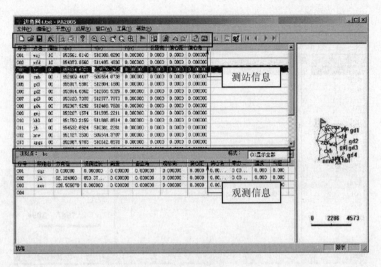

图 1-48　电子表格输入 2

"X,Y,H":分别指该点的纵、横坐标及高程(X:纵坐标,Y:横坐标)。

"仪器高":指该测站点的仪器高度,它只有在三角高程的计算中才使用。

"偏心距、偏心角":指该点测站偏心时的偏心距和偏心角。(不需要偏心改正时则可不输入数值)

2)观测信息数据录入

观测信息与测站信息是相互对应的,当某测站点被选中时,观测信息区中就会显示当该点为测站点时所有的观测数据。故当输入了测站点时需要在观测信息区的电子表格中输入其观测数值。第一个照准点即为定向,其方向值必须为 0,而且定向点必须是唯一的。

"照准名":指照准点的名称。

"方向值":指观测照准点时的方向观测值。

"观测边长":指测站点到照准点之间的平距。(在观测边长中只能输入平距)

"高差":指测站点到观测点之间的高差。

"垂直角":指以水平方向为零度时的仰角或俯角。

"站标高":指测站点观测照准点时的棱镜高度。

"偏心距、偏心角、零方向角":指该点照准偏心时的偏心距和偏心角。(不需要偏心改正时则可不输入数值)

"温度":指测站点观测照准点时的当地实际温度。

"气压":指测站点观测照准点时的当地实际气压。(温度和气压只参入概算中的气象改正计算)

5. 水准实例

表 1-9 所示为一条符合水准路线的原始测量数据,其简图如图 1-49 所示,A 和 B 是已知高程点,2,3 和 4 是待测的高程点,h 为高差。

表 1-9　水准原始数据表

测站点	高差/m	距离/m	高程/m
A	-50.440	1 474.444 0	96.062 0
2	3.252	1 424.717 0	
3	-0.908	1 749.322 0	
4	40.218	1 950.412 0	
B			88.183 0

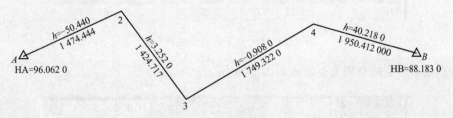

图 1-49　水准路线图(模拟)

1)输入数据

在 PA2005 中输入以上数据,如图 1-50 所示。

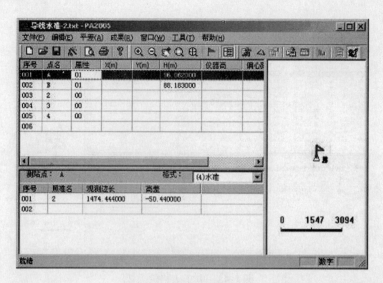

图 1-50 水准数据输入

在测站信息区中输入 A,B,2,3 和 4 号测站点,其中 A,B 为已知高程点,其属性为 01,其高程如"水准原始数据表";2,3,4 点为待测高程点,其属性为 00,其他信息为空。因为没有平面坐标数据,故在 PA2005 中没有网图显示。

根据控制网的类型选择数据输入格式,此控制网为水准网,选择水准格式,如图 1-51 所示。

图 1-51 选择水准格式

注意:

①在"计算方案"中要选择"一般水准",而不是"三角高程"。"一般水准"所需要输入的观测数据为观测边长和高差。"三角高程"所需要输入的观测数据为观测边长、垂直角、站标高、仪器高。

②在一般水准的观测数据中,输入了测段高差就必须要输入相对应的观测边长,否则平差计算时该测段的权为零,会导致计算结果错误。

在观测信息区中输入每一组水准观测数据。

测段 A 点至 2 号点的观测数据输入(观测边长为平距)如图 1-52 所示。

测站点:	A		格式:	(4)水准
序号	照准名	观测边长	高差	
001	2	1474.444000	-50.440000	

图 1-52 A 点至 2 号点观测数据

测段 2 号点至 3 号点的观测数据输入如图 1-53 所示。

测站点:	2		格式:	(4)水准
序号	照准名	观测边长	高差	
001	3	1424.717000	3.252000	

图 1-53 2 号点至 3 号点观测数据

测段 3 号点至 4 号点的观测数据输入如图 1-54 所示。

测站点:	3		格式:	(4)水准
序号	照准名	观测边长	高差	
001	4	1749.322000	-0.908000	

图 1-54 3 号点至 4 号点观测数据

测段4号点至B点的观测数据输入如图1-55所示。

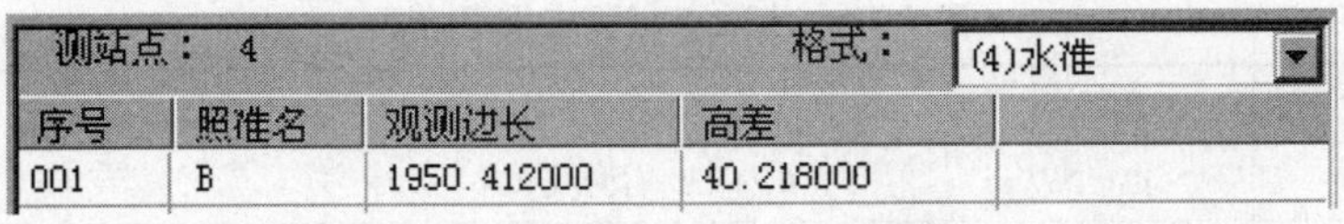

测站点： 4　　格式： (4)水准

序号	照准名	观测边长	高差
001	B	1950.412000	40.218000

图1-55　4号点至B点观测数据

以上数据输入完后，选择“文件”→“另存为”命令，将输入的数据保存为平差易数据格式文件：

```
[STATION]
A,01,,,96.062000
B,01,,,88.183000
2,00
3,00
4,00
[OBSER]
A,2,,1474.444000,-50.4400
2,3,,1424.717000,3.2520
3,4,,1749.322000,-0.9080
4,B,,1950.412000,40.2180
```

2)平差计算

利用平差向导即可进行控制网的平差计算，如图1-56所示。

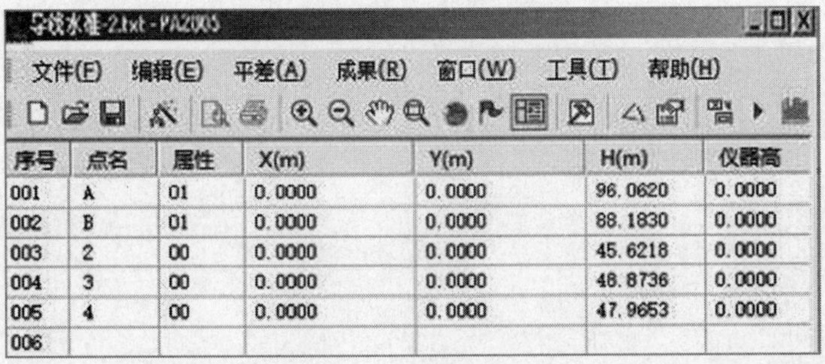

序号	点名	属性	X(m)	Y(m)	H(m)	仪器高
001	A	01	0.0000	0.0000	96.0620	0.0000
002	B	01	0.0000	0.0000	88.1830	0.0000
003	2	00	0.0000	0.0000	45.6218	0.0000
004	3	00	0.0000	0.0000	48.8736	0.0000
005	4	00	0.0000	0.0000	47.9653	0.0000
006						

图1-56　水准网平差成果

3)平差报告的生成与输出

平差报告包括控制网属性、控制网概况、闭合差统计表、方向观测成果表、距离观测成果表、高差观测成果表、平面点位误差表、点间误差表、控制点成果表等。也可根据自己的需要选择显示或打印其中某一项，其页面也可自由设置。平差报告不仅能在PA2005中浏览和打印，还可输入到Word中进行保存和管理。

输出平差报告之前可进行报告属性的设置：

选择“窗口”→“报告属性”命令，打开相应对话框进行设置，设置内容包括如下方面：

(1)成果输出：统计页、观测值、精度表、坐标表、闭合差等，需要打印某种成果表时选中相应的成果表复选框即可。

(2)输出精度：可根据需要设置平差报告中坐标、距离、高程和角度的小数位数。

(3)打印页面设置：设置打印页面的长和宽。

二、编制水准点高程成果表

水准测量内业计算结束后，应编制水准点高程成果表，以方便施工测量中查用。“水准点高程成果表”样表见表1-10，内容主要包括：点名、高程数据、相对位置、所在地及点之记等。其中，相对位置是为了让查找者能够找到该水准点的大致位置范围，所在地及点之记是在大致位置范围的详细描述，涉及具体数据或指定位置,通常会以草图的形式加以留存或记录。

表1-10 水准点高程成果表样表

序号	点 名	高程/m	相 对 位 置	所在地及点之记
1	S_1(或 BM_{01})	121.367	K_1+230 右侧或××路××号	××路右侧2 m
2	S_2(或 BM_{02})	125.496	K_2+100 左侧或××固定建筑物	××宿舍侧门墙角标志
3	S_3	134.324	K_2+900 右侧或××大厦西南角	××号变压器房墙角标志
4	S_4	119.456	K_1+230 右侧	××厂电线杆前3 m
…	…	…	…	…

注:①说明水准点是哪个高程系统的,以及哪个测绘部门提供的。

②说明水准点建立的标准如何,哪些工程可以使用。

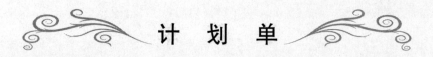

计 划 单

学习领域	建筑施工测量		
学习情境一	高程控制网的布设	工作任务1	四等水准控制测量
计划方式	小组讨论、团结协作共同制订计划	计划学时	1
序　号	实施步骤		具体工作内容描述
制订计划 说明	（写出制订计划中人员为完成任务的主要建议或可以借鉴的建议、需要解释的某一方面）		
计划评价	班　级		第　组	组长签字	
	教师签字			日　期	
	评语：				

决 策 单

学习领域	建筑施工测量			
学习情境一	高程控制网的布设	**工作任务1**	四等水准控制测量	
决策学时	1			

	序号	方案的可行性	方案的先进性	实施难度	综合评价
方案对比	1				
	2				
	3				
	4				
	5				
	6				
	7				
	8				
	9				
	10				

	班 级		第 组	组长签字	
	教师签字			日 期	

决策评价

评语：

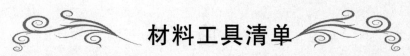

材料工具清单

学习领域	建筑施工测量					
学习情境一	高程控制网的布设			工作任务1	四等水准控制测量	
清单要求	根据工作任务列出所需材料工具的名称、作用、型号及数量,标明使用前后的状况,并在说明中写明材料工具之间的相对联系或关系。					
序号	名称	作用	型号	数量	使用前状况	使用后状况
1						
2						
3						
4						
5						
6						
7						
8						
9						
10						

说明:(请简要说明各材料工具之间的相对联系或关系)

班 级		第 组		组长签字	
教师签字				日 期	
评 语					

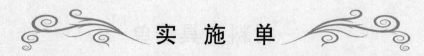

实 施 单

学习领域	建筑施工测量		
学习情境一	高程控制网的布设	工作任务1	四等水准控制测量
实施方式	小组成员合作,共同研讨确定动手实践的实施步骤,每人均填写实施单	实施学时	6
序 号	实施步骤		使用资源
1			
2			
3			
4			
5			
6			
7			
8			

实施说明:

班 级		第 组	组长签字	
教师签字			日 期	
评 语				

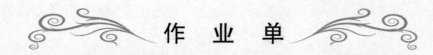

作 业 单

学习领域	建筑施工测量		
学习情境一	高程控制网的布设	工作任务1	四等水准控制测量
实施方式	小组成员动手实践,学生自己记录、计算、绘制点之记		

（在此绘制记录表,不够请加附页）

班　级		第　　组	组长签字	
教师签字			日　　期	
评　语				

检 查 单

学习领域	建筑施工测量			
学习情境一	高程控制网的布设	工作任务1		四等水准控制测量
检查学时	1			
序号	检查项目	检查标准	组内互查	教师检查
1	工作程序	是否正确		
2	完成的报告的点位数据	是否完整、正确		
3	测量记录	是否正确、整洁		
4	报告记录	是否完整、清晰		
5	描述工作过程	是否完整、正确		

	班　级		第　　组	组长签字	
检查评价	教师签字		日　期		
	评语：				

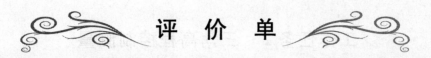

评　价　单

学习领域	建筑施工测量				
学习情境一	高程控制网的布设		**工作任务1**	四等水准控制测量	
评价学时	1				
考核项目	考核内容及要求	分值	学生自评（10%）	小组评分（20%）	教师评分（70%）	实得分
计划编制（20）	工作程序的完整性	10				
	步骤内容描述	8				
	计划的规范性	2				
工作过程（45）	记录清晰、数据正确	10				
	布设点位正确	5				
	报告完整性	30				
基本操作（10）	操作程序正确	5				
	操作符合限差要求	5				
安全文明（10）	叙述工作过程应注意的安全事项	5				
	工具正确使用和保养、放置规范	5				
完成时间（5）	能够在要求的 90 min 内完成，每超时 5 min 扣 1 分	5				
合作性（10）	独立完成任务得满分	10				
	在组内成员帮助下完成得 6 分					
总分（∑）		100				

班　级		姓　名		学　号		总　评	
教师签字		第　组	组长签字			日　期	

评价评语	评语：

工作任务2 三角高程控制测量

 任 务 单

学习领域	建筑施工测量		
学习情境一	高程控制网的布设	工作任务2	三角高程控制测量
任务学时	14		

布 置 任 务

工作目标	1.掌握三角高程控制测量的原理; 2.掌握经纬仪操作方法及竖直角测量; 3.学会电磁波测距三角高程测量方法; 4.学会全站仪的基本操作技能; 5.熟练全站仪三角高程控制测量的方法; 6.能够进行内业平差,编制完成水准点高程成果表。

任务描述	根据交接桩给定的高级水准点、指定的项目场地及施工图纸,测量人员根据设计图纸所拟定的构造物形状要求,布设能够指导施工放样的高程控制点,使用经纬仪配合测距仪或全站仪测量由该若干控制点形成的水准路线。
	  1.外业工作,主要内容包括:踏勘选点及建立标志,利用经纬仪配合测距仪或全站仪进行外业观测并进行测站检核及计算检核,全部测量完成后进行成果检核;
	  2.内业计算工作,主要内容包括:计算高差闭合差及容许高差闭合差,调整高差闭合差,计算改正后高差,计算各待定点的高程;
	  3.编制水准点高程成果表。

学时安排	资讯	计划	决策或分工	实施	检查	评价
	4 学时	0.5 学时	0.5 学时	8 学时	0.5 学时	0.5 学时

提供资料	1.建筑场地平面布置总图; 2.全站仪使用说明书; 3.工程测量规范; 4.测量员岗位工作技术标准。
对学生的要求	1.具备建筑工程识图与绘图的基础知识; 2.具备建筑工程构造的知识; 3.具备几何方面的基础知识; 4.具备一定的自学能力、数据计算能力、沟通协调能力、语言表达能力和团队意识; 5.严格遵守课堂纪律,不迟到、不早退;学习态度认真、端正; 6.每位同学必须积极参与小组讨论; 7.每组均完成"三角高程控制测量"工作的报告单。

资 讯 单

学习领域	建筑施工测量		
学习情境一	高程控制网的布设	**工作任务2**	三角高程控制测量
资讯学时	4		
资讯方式	在图书馆杂志、教材、互联网及信息单上查询问题;咨询任课教师		
资讯问题	问题一:三角高程测量的原理是什么?		
	问题二:四等三角高程测量的技术要求有哪些?		
	问题三:简述电磁波测距三角高程测量的过程及要点。		
	问题四:全站仪三角高程测量的方法有哪些?		
	问题五:简述全站仪中间法测量原理。其实现简便快速测量有何要求?		
	问题六:竖直角测量原理是什么? 竖直角度的数值范围是什么?		
	问题七:角度测量的仪器及辅助工具有哪些? 举例说明各有何特点。		
	问题八:简述经纬仪或全站仪安置操作过程。		
	问题九:经纬仪测量竖直角的计算公式是什么? $2C$ 误差如何计算?		
	问题十:光学经纬仪的读数方法有哪些? 举例说明。		
	问题十一:测距仪与经纬仪联合进行三角高程测量的工作程序及要点有哪些?		
	问题十二:全站仪的分类有哪些? 说出常见的全站仪名称。		
	问题十三:全站仪的基本测量功能有哪些?		
	问题十四:简述使用全站仪进行连续高程的实操过程。		
	问题十五:使用全站仪进行连续高程的条件有哪些?		
	问题十六:使用全站仪进行连续高程的记录计算要点是什么?		
	问题十七:全站仪高程测量的误差影响因素有哪些?		
	学生需要单独资讯的问题……		
资讯引导	1. 在本教材信息单中查找; 2. 在《测量员岗位技术标准》中查找。		

信 息 单

活动一 三角高程测量原理

在地形起伏较大的地区及位于较高建筑物上的控制点,用水准测量方法测定控制点的高程较为困难,通常采用三角高程测量的方法。随着光电测距仪器和全站仪的普及,电磁波测距三角高程测量首先得到广泛应用。随着全站仪在测角和测距方面的精度越来越高,越来越多的工程中使用全站仪测量高程来代替传统水准测量,大大提高了工作效率。全站仪三角高程测量代替四等水准测量,能避开施工现场各种人为因素和复杂地形对水准测量工作的影响,且简单易行。《工程测量规范》对其技术要求作了规定,所得高程成果精度能满足四等水准测量的要求,为快速、准确建立工程施工高程控制网提供了新的途径。

一、三角高程测量的主要技术要求

三角高程测量根据使用仪器不同分为经纬仪三角高程测量、电磁波测距三角高程测量及全站仪三角高程测量。其中,经纬仪三角高程测量由于精度较低,随着测距仪和全站仪的更新基本被淘汰;电磁波测距三角高程控制测量和全站仪三角高程控制测量属于同一精度控制测量,测量规范分为两级,即四等和五等三角高程测量。三角高程控制宜在平面控制点的基础上布设成三角高程网或高程导线,也可布置为闭合或附合的高程路线。测距仪(全站仪)三角高程测量的主要技术要求如表 2-1 所示。

表 2-1　测距仪(全站仪)三角高程测量的主要技术要求

等级	仪器	测 回 数		指标较差 /(″)	竖直角 较差/(″)	对向观测高差 较差/mm	附合或环形闭 合差/mm
		三丝法	中丝法				
四等	DJ_2	—	3	≤7	≤7	$40\sqrt{D}$	$20\sqrt{\sum D}$
五等	DJ_2	1	2	≤10	≤10	$60\sqrt{D}$	$30\sqrt{\sum D}$
图根	DJ_6		1			≤400D	$0.1H_d\sqrt{n}$

注:①D 为测距边长度(单位为 km),n 为边数;
　　②H_d 为等高距(单位为 m)。

二、电磁波测距三角高程测量

三角高程测量是根据已知点高程及两点间的竖直角和距离,通过应用三角公式计算两点间的高差,求出未知点的高程。

如图 2-1 所示,已知 A 点高程 H_A,欲测定 B 点高程 H_B,可在 A 点安置仪器,在 B 点竖立觇标或棱镜,用望远镜中丝瞄准觇标的顶点,测得竖直角 α,量取桩顶至仪器横轴的高度 i(仪器高)和觇标高 ν。根据 AB 之间的平距 D,即可算出 A、B 两点间的高差为

$$h_{AB} = D\tan\alpha + i - \nu \qquad (2-1)$$

若用测距仪测得斜距 S,则

$$h_{AB} = S\sin\alpha + i - \nu \qquad (2-2)$$

B 点的高程为

$$H_B = H_A + h_{AB} = H_A + D\tan\alpha + i - \nu \qquad (2-3)$$

或

$$H_B = H_A + h_{AB} = H_A + S\sin\alpha + i - \nu \qquad (2-4)$$

当两点距离较远时,应考虑地球曲率和大气折光的影响。

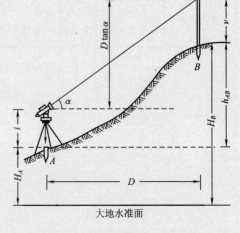

图 2-1　三角高程测量的原理

三、全站仪三角高程测量

全站仪在测量界面里直接完成距离、角度和高差的相关计算,直接显示水平角、竖直角、平距、斜距及高差等相关数据。全站仪三角高程测量主要包括单向观测法、对向观测法、中间观测法和 Z 坐标法。

1. 单向观测法

如图 2-1 所示,全站仪建站在已知水准点 A 上,在 B 点竖立棱镜,用望远镜中丝瞄准棱镜中心,测得竖直角 α、斜距、平距及高差 Δh_{AB} 等数据,量取仪器高 i 和棱镜中心高 ν_B。

待测点高程 H_B = 站点高程 H_A + 仪器高 i + 前视高差 Δh_{AB} - 前视镜高 ν_B

注:高差 Δh_{AB} 有正负,请按照测量实际带符号参与计算。

由于测量过程中需要量取仪器高 i ,也需要量取或设定棱镜高 ν_B ,故增加了人为量取的误差,该方法的误差较大精度较低,使用较少。

2. 对向观测法

全站仪三角高程测量大多进行对向观测,即由 A 向 B 观测(称为直觇:全站仪建站在已知水准点 A 上,在 B 点竖立棱镜),再由 B 向 A 观测(称为反觇:全站仪建站在 B 点,在已知水准点 A 上竖立棱镜),这种观测称为对向观测(或双向观测)。这样,取对向观测的高差平均值作为高差最后成果,可以抵消地球曲率和大气折光的影响。

待测点高程 H_B = 站点高程 H_A + 仪器高 i + 平均高差 Δh_{AB} - 前视镜高 ν_B

3. 中间观测法

所谓中间观测法(也叫全站仪水准法)就是在待测两点(保持棱镜高度一致)中间安置全站仪。该方法是将全站仪像水准仪一样任意置点,而不是将它置在已知高程点上,同时在不量取仪器高和棱镜高的情况下,利用三角高程测量原理测出待测点的高程。此方法具有传统三角高程测量的优点,并且在施测的过程中不需要量测仪器高和棱镜高从而减少了高差测量的误差来源,同时全站仪的瞄准自动显示测量结果也避免了人为读数观测误差,使精度得到了提高,施测速度更快,故应用广泛。

如图 2-2 所示,全站仪建站在已知水准点 A 和待测点 B 之间。因为用全站仪可以直接读取全站仪中心到棱镜中心的高差 Δh ,所以有

$$
\begin{aligned}
h_{AB} &= h_{A1} + h_{1B} \\
&= -(\Delta h_{1A} + i_1 - \nu_A) + (\Delta h_{1B} + i_1 - \nu_B) \\
&= -\Delta h_{1A} + \Delta h_{1B} + \nu_A - \nu_B \\
&= \Delta h_1 + \nu_A - \nu_B
\end{aligned} \tag{2-5}
$$

式中:Δh_{1A} ——建站 1 点全站仪中心至棱镜照准标志 A 点之间的高差,$\Delta h_{1A} = -\Delta h_{A1}$;

Δh_{1B} ——建站 1 点全站仪中心至棱镜照准标志 B 点之间的高差;

i_1 ——1 点全站仪仪器高;

Δh_1 ——前视和后视棱镜照准标志之间的高差,即 $\Delta h_1 = \Delta h_{1B} - \Delta h_{1A}$;

ν_A, ν_B ——A、B 点的棱镜高。

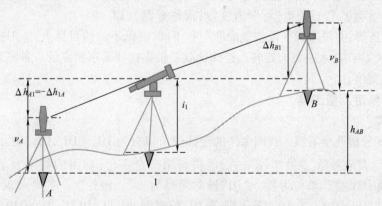

图 2-2 全站仪中间法测量原理

即 待测点高程 H_B = 后视水准点高程 H_A + 后视镜高 ν_A - 后视高差 Δh_{1A} +

前视高差 Δh_{1B} – 前视镜高 v_B

显然,两点的高差中已经把仪器高抵消了。如果起始点和终点的棱镜高保持相等(使用移动棱镜杆,固定高度),那计算就更为简单化,如下式:

$$h_{AB} = \Delta h_1 \qquad (2\text{-}6)$$

即　　　　　　　待测点高程 H_B = 后视水准点高程 H_A – 后视高差 Δh_{1A} + 前视高差·Δh_{1B}

4. Z 坐标法

Z 坐标法使用全站仪坐标测量方法,在假定的直角坐标测量系统或大地坐标测量系统中输入以高程代替的 Z 坐标,直接测量待测点的三维坐标,其中 Z 坐标即为待测点的高程。需要注意的是坐标测量中需要输入仪器高和棱镜高,因此需量取或设定棱镜高,量取仪器高,故存在人为误差。通常放样或测图时采用该方法,快捷迅速。

采用全站仪进行三角高程测量时,可先将大气折光改正数参数及其他参数输入仪器,然后直接测定测点高程。

活动二　经纬仪使用与竖直角测量

一、竖直角度测量原理与工具

(一)竖直角测量原理

竖直角测量用于确定两点间的高差或将倾斜距离转化成水平距离。

竖直角是指在同一竖直面内某一直线与水平线之间的夹角,测量上又称倾斜角,或简称为竖角,用 α 表示。竖直角有仰角和俯角之分。夹角在水平线以上称为仰角,取正值,角值为 $0° \sim +90°$,如图 2-3 中的 α_1。夹角在水平线以下称为俯角,取负值,角值为 $-90° \sim 0°$,如图 2-3 中的 α_2。

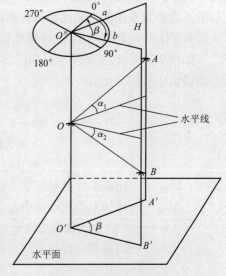

如图 2-3 中,假想在过 O 点的铅垂面上,安置一个垂直圆盘,并令其中心过 O 点,该盘称为竖直度盘,通过瞄准设备和读数装置可分别获得目标视线的读数和水平视线的读数,则竖直角 α 可以写成

$$\alpha = 目标视线的读数 - 水平视线的读数 \qquad (2\text{-}7)$$

这就是竖直角测量的原理。

要注意的是,在过 O 点的铅垂线上不同位置设置竖直圆盘时,每个位置观测所得的竖直角是不同的。竖直角与水平角一样,其角值也是度盘上两个方向的读数之差,不同的是,这两个方向必有一个是水平方向。即视线水平时,竖盘读数为 $90°$ 的倍数。在竖直角测量时,只需读目标点一个方向值,即可算出竖直角。

图 2-3　竖直角测量原理

根据上述角度测量原理,用于角度测量的仪器应具有带刻度的水平圆盘(称水平度盘)、竖直圆盘(称竖直度盘,简称竖盘),以及瞄准设备、读数设备等,并要求瞄准设备能瞄准左右不同、高低不一的目标点,能形成一个竖直面,且这个竖直面能绕竖直线 $O'O''$ 在水平方向旋转。经纬仪就是根据这些要求制成的一种测角仪器,它不但能测水平角,还可以测竖直角。

(二)经纬仪和角度测量工具

1. 经纬仪的分类

经纬仪可按精度分成几个等级。我国生产的经纬仪可以分为 $DJ_{0.7}$,DJ_1,DJ_2,DJ_6,DJ_{15} 和 DJ_{60} 等型号,其中"D""J"分别为"大地测量""经纬仪"的汉语拼音第一个字母,后面的数字表示仪器的精度等级,即"一测回方向观测中误差",单位为秒。"DJ"通常简写为"J"。国外生产的经纬仪依其所能达到的精度纳入相应级别,如 Theo010,T2,DKM2 等同于 DJ_2 精度级别,T1,DLM1,Theo030 等可视为 DJ_6 精度级别。

按读数设备分,经纬仪可分为光学经纬仪和电子经纬仪。电子经纬仪作为近代电子技术高度发展的产物之一,正日益受到广泛应用。另外,还有为了避免对点误差及夜间施工可视的需求而生产的激光经纬仪,使用日益增多。目前在建筑测量中使用较多的是光学经纬仪,其中在工程上最常用的是 DJ_6 及 DJ_2 光学经纬仪。

2.测钎、标杆和觇板

测钎、标杆和觇板均为经纬仪瞄准目标时所使用的照准工具,如图2-4所示。

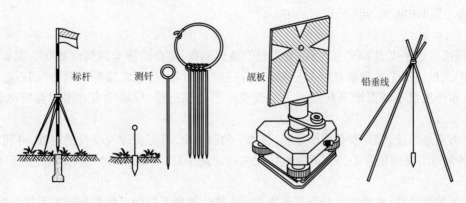

图 2-4　经纬仪附属工具

通常将测钎、标杆的尖端对准目标点的标志,并竖直立好作为瞄准的依据。测钎适于距测站较近的目标,标杆适于距测站较远的目标。觇板(或称为觇牌)一般连接在基座上并通过连接螺旋固定在三脚架上使用,远近皆适用。觇板一般为红白或黑白相间,且常与棱镜结合用于电子经纬仪或全站仪。有时也可悬挂垂球,用垂球线作为瞄准标志。

(三)DJ_6光学经纬仪

1.DJ_6光学经纬仪的构造

图2-5所示为我国北京光学仪器厂生产的 DJ_6 型光学经纬仪。国内外不同厂家生产的同一级别的仪器,或同一厂家生产的不同级别的仪器,其外形和各螺旋的形状、位置不尽相同,但作用基本一致。

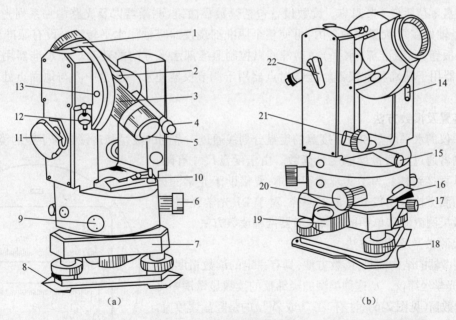

(a)　　　　　　　　　　　(b)

图 2-5　DJ_6 光学经纬仪构造

1—望远镜物镜;2—粗瞄器;3—对光螺旋;4—读数目镜;5—望远镜目镜;6—水平度盘变换手轮;
7—基座;8—导向板;9—堵盖;10—管水准器;11—反光镜;12—竖盘自动归零旋钮;13—堵盖;
14—调指标差盖板;15—光学对点器;16—水平制动螺旋;17—固定螺旋;18—脚螺旋;
19—圆水准器;20—水平微动螺旋;21—望远镜微动螺旋;22—望远镜制动螺旋

DJ_6光学经纬仪包括基座、度盘和照准部三大部分。

1)基座

经纬仪基座包括轴座、脚螺旋、底板、三角压板等。利用中心连接螺旋将经纬仪与角架连接起来。在经纬仪基座上固连一个竖轴轴套和轴座固定螺旋,用于控制照准部和基座之间的衔接。中心螺旋下有一个挂钩,用于挂垂球。

为了提高对中精度和对中时不受风力的影响,光学经纬仪一般都装有光学对中器。它是由目镜、分划板、物镜等组成的小型折式望远镜,一般装在仪器的基座上。使用时先将仪器整平,再移动基座使对中器的十字丝或者小圆圈中心对准地面标志的中心。

2)度盘

光学经纬仪有水平度盘和竖直度盘,都由光学玻璃制成,度盘边缘全圆周刻划 0°～360°,最小间隔有 1°,30′,20′ 三种。水平度盘装在仪器竖轴上,套在度盘轴套内,通常按顺时针方向注记。在水平角测角过程中,水平度盘不随照准部转动。为了改变水平度盘位置,仪器设有水平度盘转动装置。包括两种结构:

(1)对于方向经纬仪,装有度盘变换手轮,在水平角测量中,若需要改变度盘的位置,可利用度盘变换手轮将度盘转到所需要的位置上。为了避免作业中碰动此手轮,特设置一护盖,配好度盘后应及时盖好护盖。

(2)对于复测经纬仪,水平度盘与照准部之间的连接由复测器控制。将复测器扳手往下扳,照准部转动时带动水平度盘一起转动。将复测器扳手往上扳,水平度盘则不随照准部转动。

3)照准部

照准部是指经纬仪上部的可转动部分,主要由望远镜、支架、旋转轴、竖直制动微动螺旋、水平制动微动螺旋、竖直度盘、读数设备、水准器和光学对点器等组成。望远镜用于瞄准目标,其构造与水准仪的望远镜基本相同,但为了便于瞄准目标,经纬仪的十字丝分划板与水准仪稍有不同。此外,经纬仪的望远镜与横轴固连在一起,安放在支架上,望远镜可绕仪器横轴转动,俯视或仰视,望远镜视准轴所扫过的面为竖直面。为了控制望远镜的上下转动,设有望远镜制动螺旋(制紧扳钮)和望远镜微动螺旋。竖直度盘固定在望远镜横轴的一端,随同望远镜一起转动。竖盘读数指标与竖盘指标水准管固连在一起,不随望远镜转动。竖盘指标水准管用于安置竖盘读数指标的正确位置,并借助支架上的竖盘指标水准管微动螺旋(度盘零位手轮)来调节。读数设备包括读数显微镜、测微器以及光路中一系列光学棱镜和透镜。仪器的竖轴处在管状竖轴轴套内,可使整个照准部绕仪器竖轴作水平转动。设有照准部(水平)制动螺旋(制紧扳钮)和照准部(水平)微动螺旋以控制照准部水平方向的转动。圆水准器用于粗略整平仪器;管水准器用于精确整平仪器。光学对点器用于调节仪器使水平度盘中心与地面点处在同一铅垂线上。

2. 读数装置及读数方法

光学经纬仪的水平度盘和竖直度盘的度盘分划线通过一系列的棱镜和透镜成像于望远镜旁的读数显微镜内。观测者通过显微镜读取度盘读数。由于度盘尺寸有限,最小分划难以直接到秒。为了实现精密测角,要借助于光学测微技术。不同的测微技术读数方法也不一样,对于 DJ$_6$ 光学经纬仪,常用的有分微尺测微器和单平板玻璃测微器两种读数方法。

1)分微尺测微器及读数方法

分微尺测微器的结构简单,读数方便,具有一定的读数精度,故广泛用于 DJ$_6$ 光学经纬仪。从这种类型的经纬仪的读数显微镜中可以看到两个读数窗(见图 2-6),注有"⊥"(或"V")的是竖盘读数窗,注有"一"(或"H")的是水平度盘读数窗。两个读数窗上都有一个分成 60 小格的分微尺,其长度等于度盘间隔 1° 的两分划线之间的影像宽度,因此 1 小格的分划值为 1′,可估读到 0.1′。读数时,先读出位于分微尺 60 小格区间内的度盘分划线的度注记值,再以度盘分划线为指标,在分微尺上读取不足 1° 的分数,并估读秒数(秒数只能是 6 的倍数)。在图 2-6 中,水平度盘的读数为 145°03′30″,竖直度盘的读数为 272°51′36″。

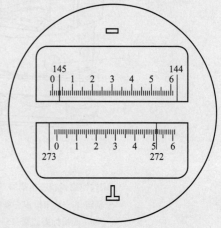

图 2-6 分微尺测微器读数方法

2)单平板玻璃测微器及读数方法

单平板玻璃测微器主要由平板玻璃、测微尺、连接机构和测微轮组成。转动测微轮,单平板玻璃与测微尺绕轴同步转动。当平板玻璃底面垂直于光线时,如图2-7(a)所示,读数窗中双指标线的读数是92° + A(A里一个虚数,代表该位置双指标线的虚拟读数)、测微尺上单指标线读数为15′。转动测微轮,使平板玻璃倾斜一个角度,光线通过平板玻璃后发生平移,如图2-7(b)所示,当92°分划线移到正好被夹在双指标线中间时,可以从测微尺上读出移动 a 之后的读数为23′28″。

图2-8 所示为单平板玻璃测微器读数窗的影像,下面的窗格为水平度盘影像,中间的窗格为竖直度盘影像,上面的窗格为测微尺影像。度盘最小分划值为30′,测微尺也为30′,将其分为30 大格,1 大格又分为3 小格。因此,测微尺上每一大格为1′,每一小格为20″,估读至0.1 小格(2″)。读数时,转动测微轮,使度盘某一分划线精确地夹在双指标线中央,先读出度盘分划线上的读数,再在测微尺上依指标线读出不足一分划值的余数,两者相加即为读数结果。图2-8(a)中,竖盘读数为92° + 17′40″ = 92°17′40″。图2-8(b)中,水平读数为4°30′ + 11′30″ = 4°41′30″。

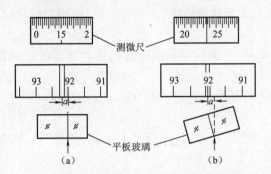

图2-7 单平板玻璃测微器读数窗操作

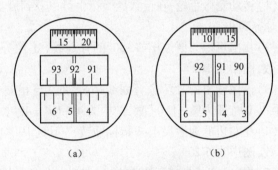

图2-8 单平板玻璃测微器读数方法

(四)DJ₂光学经纬仪

DJ_2光学经纬仪照准部水准管的灵敏度高,度盘格值较小。图2-9 所示是 DJ_2光学经纬仪的外形。其构造与 DJ_6光学经纬仪基本相同,只是制动的扳手变化为旋钮以及读数装置发生变化。

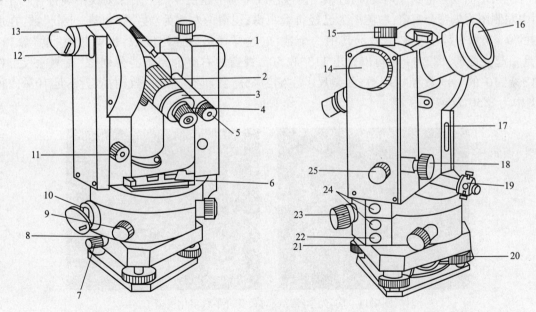

图2-9 DJ₂光学经纬仪

1—光学粗瞄器;2—望远镜调焦筒;3—分划板保护盖;4—望远目镜;5—读数目镜;6—照准部水准器;7—仪器锁定钮;
8—圆水准器堵盖;9—水平制动把;10—水平进光反光镜;11—补偿器锁紧手轮;12—指标差盖板;13—垂直进光反光镜;
14—测微器手轮;15—垂直制动手轮;16—望远镜物镜;17—长条盖板;18—垂直微动手轮;19—光学对点器;
20—安平螺旋;21—水平微动手轮;22—堵盖;23—换盘手轮;24—堵盖;25—换像手轮

目前 DJ_2光学经纬仪采用的是对径符合的读数装置,即取度盘对径(直径两端)相差180°处的两个读数的平均值,由此,可以消除照准部偏心误差的影响,从而提高读数的精度。为使读数更加方便和不易出错,近几年 DJ$_2$ 光学经纬仪又开发出了采用半数字化读数的方法。

1. 对径符合的读数方法

DJ$_2$ 光学经纬仪设置双光楔测微器,在度盘对径两端分划线的光路中各安装一个固定光楔和一个移动光楔,移动光楔与测微尺相连,入射光线经过一系列棱镜和透镜后,将度盘某一直径两端的分划影像同时反映到读数显微镜内,并被横线分隔开为正像和倒像。为读数显微镜中的度盘对径分划像(右边)和测微器分划像(左边),度盘的数字注记为"度"数,测微器分划左边注记为"分"数,右边注记为"十秒"数。

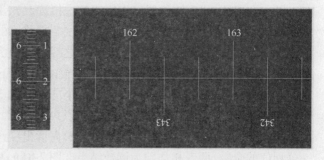

图 2-10   DJ$_2$ 光学经纬仪对径符合视窗

图 2-10 所示为从 DJ$_2$ 光学经纬仪的读数显微镜中看到的影像,可按下述规则读数:

(1)转动测微手轮,在读数显微镜中可以看到度盘对径分划线的影像(正像与倒像)在相对移动,直至精确对齐为止。

(2)找出正像与倒像相差 180°的分划线(正像分划线在左,倒像分划线在右),读出正像注记的数为"度"数,图中为 162°。

(3)正像读出的"度"数分划线(162°线)与相差 180°的倒像分划线(342°线)之间的格数(图中为 4格)乘以 10′,即为整"十分"数,图中为 4×10′=40′。

(4)在左边的测微尺上按指标线读出不足 10′的"分"数和"秒"数,测微尺上左侧为"分"数,右侧为"秒"数,图中为 6′20″。

(5)将以上两个窗口所读取的三个读数相加,即得完整的度盘读数,图中为 162°+40′+6′20″=162°46′20″。

2. 半数字化读数方法

1)半数字化视窗 1 读数方法

如图 2-11 所示,视窗中设有左、中、右三个部分,被两条竖直线分割。中间为对径符合窗口,一条竖线两侧各有三条短横线为主副像刻线,通过微动测微器或微动手轮使度盘主副像刻线精确符合时才可以读数。图中左侧图为未符合视窗,右侧图为已经符合视窗;视窗的左侧为"度"数和整"十分"数,在度盘度数右侧的 0~5 六个数字中必须显示其中一个数字,这样才可以读出度数,也就是说"度"数和整"十分"数是一起完成的,图 2-11 中可以读出 113°和 50′;视窗的右侧为测微器分划像,在测微尺上按指标线读出不足 10′的"分"数和"秒"数,测微尺上左侧为"分"数和整"十秒"数,右侧为不足 10″的"秒"数,图 2-11 中为 8′50″及 4″。

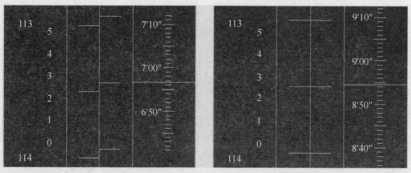

图 2-11   DJ$_2$ 光学经纬仪对径符合半数字化视窗 1

图中完整的度盘读数为

$$113° + 50′ + 8′50″ + 4″ = 113°58′54″$$

2)半数字化视窗 2 读数方法

光学经纬仪对径符合数字化视窗如图 2-12 所示。视窗中设有上、中、下三个窗口。上面窗口的下边窗有一个凹槽,次窗口负责显示度盘的整度数和整 10′数。中间的窗口是度盘主副像刻线符合窗,此窗口负责显示度盘主像和副像刻线,通过微动测微器或微动手轮可使度盘主副像刻线精确符合。此时上窗口内不但显示出度盘的完整度数,而且其凹槽内还正好扣住刻在度盘度数下面的 0~5 六个数字中的一个数字。例如,上窗口显示 90°,而凹槽扣住 2 字,则上窗口内度数为 90°20′。视场下面的窗口是秒窗,此窗负责显示秒盘上的刻画和数字。秒窗的下边显示秒盘的刻线,秒盘共刻有 600 个格,每格为 1″,共 600″,为 10′。在秒盘刻线的上方均匀地刻有 0、10、20、30、40、50 的数字,并连续刻图 2-14 读数窗 10 次,表示 10 位秒数,即 0″10″20″30″40″50″。秒盘的最上边一排刻有数字 0~9,每个数字连续出现 6 次,每个数字即为个位分数。通过上面两排数字可以读出几分几十秒。个位的秒数则靠指标线数格数,1 格为 1″,不足 1 格的用指标线估读,可估读 0.1 格,即 0.1″。秒窗上刻有一条指标线,用来进行读数。以指标线左侧最近的数字和长刻线来读数字和数小格数。如指标线左侧上排数为 2,即 2′;下排数为 50,即为 50″。从 50 下面的长刻线到

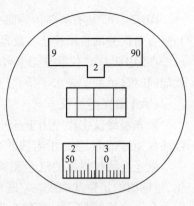

图 2-12　DJ₂ 光学经纬仪对径
符合数字化视窗 2

指标线共有 7.5 个小格,即为 7.5″。垂直角的读数方法与水平角读数相同。图 2-18 中读数如下:

度盘上度数:90°(注:度数完整出现时方可读之);

度盘上整 10′ 数(2×10′):20′(该处数字为 0、1、2、3、4 或 5);

测微尺分秒细数:2′57.5″(估读到 0.1″);

全读数:90°22′57.5″。

(五)电子经纬仪

电子经纬仪是一种运用光电元件实现测角自动化、数字化的新一代电子测角仪器,由于它是在光学经纬仪的基础上发展起来的,所以整体结构与光学经纬仪有许多相似的地方。其主要特点如下:

(1)采用电子测角系统,能自动显示测量结果,提高了工作效率,减轻了劳动强度。

(2)采用积木式结构,可与光电测距仪组成全站型电子速测仪,配合适当的接口,可将电子手簿记录的数据输入计算机,从而实现数据处理和绘图自动化。

电子测角系统仍然采用度盘。与光学经纬仪测角不同的是,电子测角先从度盘上取得电信号,再把电信号转换成角度,以数字方式显示在显示器上,并记入存储器。根据取得信号的方式不同,电子测角度盘可分为光栅度盘测角、编码度盘测角和电栅度盘测角等。

图 2-13 所示为北京博飞仪器有限责任公司推出的 DJD2-1GC 电子经纬仪,该仪器采用光栅度盘测角,水平、竖直角度显示读数分辨率为 1″,测角精度可达 2″。该仪器装有液晶显示窗和操作键盘。键盘上有六个键,可发出不同指令。液晶显示窗中可同时显示提示内容、竖直角和水平角。

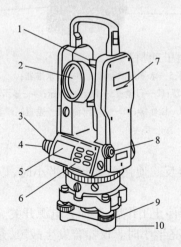
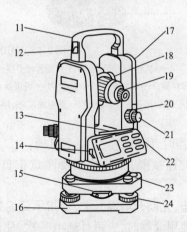

图 2-13　DJD2-1GC 电子经纬仪

1—瞄准器;2—物镜;3—水平制动手轮;4—水平微动手轮;5—液晶显示器;6—操作键;
7—仪器中心标记;8—光学对点器;9—脚螺旋;10—三角基座;11—提把;12—提把螺钉;
13—长水准器;14—通信接口;15—基座固定钮;16—三角座;17—电池盒;18—调焦手轮;
19—目镜;20—垂直固定螺旋;21—垂直微动螺旋;22—通信接口;23—圆水准器;24—角螺旋

DJD2-1GC 装有倾斜传感器,当仪器竖轴倾斜时,仪器会自动测量并显示其数值,同时显示对水平角和竖直角误差的自动校正。仪器的自动补偿范围为 ±3′。

在 DJD2-1GC 仪器支架上可以加装红外测距仪组成组合式电子全站仪,再连接电子手簿或掌上电脑,就能同时显示和记录水平角、竖直角、水平距离、斜距、高差和计算点的坐标和高程等。

(六)激光经纬仪

激光经纬仪主要应用于各种施工测量中,它是在经纬仪上安装激光装置,将激光器发出的激光束导入经纬仪望远镜内,使之沿着视准轴(视线)方向射出一条可见的红色激光束。

激光经纬仪提供的红色激光束可传播相当远,而光束的直径不会有显著变化,是理想的定位基准线。它既可用于一般准直测量,又可用于竖向准直测量,特别适合于高层建筑、大型塔架、港口、桥梁等工程的施工。随着科学的进步,测绘仪器不断更新,电子激光经纬仪也进入了建筑市场。

1. 普通光学激光经纬仪

图 2-14 所示为北京博飞仪器有限责任公司生产的 DJJ2-2 激光经纬仪。它是在 TDJ2 光学经纬仪的基础上,装上氦—氖激光器及激光电源箱等部件组成的。利用遥控器控制开关激光束,可发射橙红色单色光,有效射程为白天 180 m,晚上800 m,其操作与 TDJ2 型光学经纬仪相同。

2. 电子激光经纬仪

图 2-15 所示为北京博飞仪器有限责任公司生产的 DJD2-JC 激光电子经纬仪,它是数字经纬仪与现代半导体激光器相结合的新型测量仪器。

图 2-14　DJJ2-2 激光
经纬仪

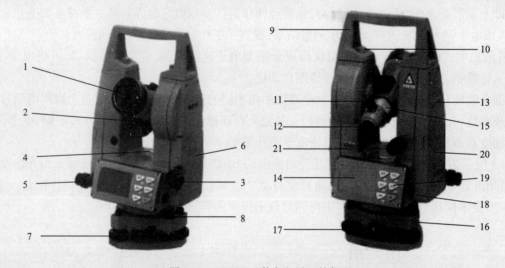

图 2-15　DJD2-JC 激光电子经纬仪

1—物镜;2—粗瞄准器;3—光学对中器;4—管水准器;5—水平制微动螺旋;6—圆水准器;

7—脚螺旋;8—圆水准器;9—提把;10—提把螺钉;11—激光器;12—目镜;13—仪器中心标;14—显示器;

15—调焦手轮;16—三角基座;17—基座固定钮;18—通信口;19—操作键;20—充电电池;21—垂直制微动螺旋

在使用该仪器时,应特别注意以下事项:

(1)电源线的连接要正确,特别要注意正负极不要接反。使用前要预热半小时,以改善激光束的漂移。

(2)使用完毕,先断开电源开关,待指示灯熄灭,激光器停止工作后,再闭合电源开关。

(3)长期不使用仪器时,应每月通电一次,使激光器点亮半小时。仪器若发生故障,须由熟悉仪器结构者修理或送修理部门修复,不要轻易拆卸仪器零件。

二、经纬仪的使用方法

当进行角度测量时,要将经纬仪的正确安置在测站点上,对中整平,然后才能观测。经纬仪的使用包括对中、整平、瞄准和读数四项基本操作。对中和整平是仪器的安置工作,瞄准和读数是观测工作。对中的目的是使仪器中心与测站点的标志中心在同一铅垂线上。整平的目的是使仪器的竖轴垂直,即使水平度盘处于水平位置。

（一）安置仪器

对中整平前,先将经纬仪安装在三脚架顶面上,旋紧连接螺旋。

1.用垂球初步对中

（1）将三脚架三条腿的长度调节至大致等长,调节时先不要分开架腿且架腿不要拉到底,以便留有调节的余地。

（2）将三脚架的三个脚大致呈等边三角形的三个角顶,分别放在测站点的周围,使三个脚到测站点的距离大致相等。在锤球挂钩处挂上锤球。

（3）两只手各拿住三脚架的一条腿,并略抬起作前后推拉并以第三个脚为圆心作左右旋转,使锤球尖对准测站点。

2.初步整平

若上述操作后,三脚架的顶面倾斜较大,可将两手拿住的两条腿作张开、回收的动作,使三脚架的顶面大致水平。此项操作不会破坏已完成的对中效果。

当地面松软时,可用脚将三脚架的三支脚踩实。若破坏了上述操作的结果,可调节三脚架腿的伸缩连接部位,使受到破坏的状态复原。

3.用光学对中器精确对中

初步整平之后,稍微放松连接螺旋,用手轻移仪器,使对中器对准测站点,若对中器分划板和测站点成像不清晰,可分别进行对中器目镜和物镜调焦,待精确对中达到要求后再旋紧连接螺旋。用光学对中器进行经纬仪对中的精度约为 1~2 mm。

4.精确整平

先使照准部水准管与两个脚螺旋连线平行,相向转动这两个脚螺旋,使水准管气泡居中;然后将照准部转90°,使水准管与原先位置垂直,转动第三个脚螺旋使水准管气居中(见图2-16)。此工作应反复进行,直到照准部旋转到任意位置水准管气泡都居中为止。

（二）观测

观测包括调焦瞄准与读数两步工作。

1.目镜调焦及初步瞄准目标

松开望远镜螺旋和照准部制动螺旋,将望远镜对向天空或白色墙壁,调节目镜调焦螺旋,使十字丝清晰。利用望远镜上的粗瞄器,使目标位于望远镜的视场内,如图2-17(a)所示,然后固定望远镜制动螺旋和照准部制动螺旋。

2.物镜调焦及精确瞄准目标

粗略瞄准目标后,通过调节物镜调焦螺旋,使目标影像清晰,注意消除视差。调节照准部和望远镜的微动螺旋直到准确对准目标。在竖直角观测时,应尽量瞄准目标的指定位置,用十字丝的横丝切分目标,如图2-17(b)所示。

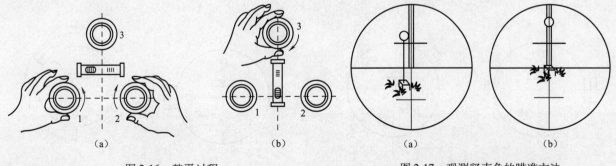

图2-16　整平过程　　　　　　　　　图2-17　观测竖直角的瞄准方法

3.读数

照准目标后,打开反光镜,使读数窗内进光均匀。然后进行读数显微镜调焦,使读数窗内分划清晰,并注意消除视差,然后按前面所述方法读数。

三、竖直角测量

（一）竖直度盘构造

图 2-18 所示是 DJ$_6$ 经纬仪竖直度盘结构示意图,主要由竖直度盘、竖盘指标、竖盘指标水准管和竖盘指标水准管微动螺旋组成。

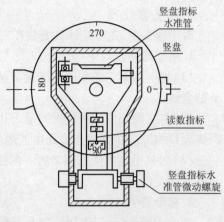

竖直度盘固定在横轴的一端,且垂直于望远镜横轴,随望远镜的上下转动而转动。在竖盘中心的下方装有反映读数指标线的棱镜,它与竖盘指标水准管连在一起,不随望远镜转动,只能通过调节指标水准管微动螺旋,使棱镜和指标水准管一起作微小转动。当指标水准管气泡居中时,棱镜反映的读数指标线处于正确位置。竖直度盘的刻划有 0°~360°注记。竖盘的注记形式分天顶式注记和高度式注记两类。所谓天顶式注记,就是假想望远镜指向天顶时,竖盘读数指标指示的读数为 0°或 180°;与此相对应的高度式

图 2-18　竖直度盘

注记是假想望远镜指向天顶时,读数为 90°或 270°。在天顶式和高度式注记中,根据度盘的刻划顺序不同,又可分为顺时针和逆时针两种形式。图 2-18 所示为天顶式顺时针注记的度盘,近代生产的经纬仪多为此类注记。

（二）竖直角观测与计算

1. 竖直角计算公式

根据前述竖直角测量原理,测定竖直角也就是测出目标方向线与水平线分别在竖直度盘上的读数之差,不论竖盘注记采取什么形式,计算竖直角都是倾斜方向读数与水平方向读数之差。如图 2-19 所示,竖盘构造为天顶式顺时针注记,当望远镜视线水平且竖盘指标水准管气泡居中时,读数指标处于正确位置,竖盘读数正好为一常数 90°或 270°。

在图 2-19（a）中,将竖盘置于盘左位置,当视线水平时竖盘读数为 90°。望远镜往上仰,读数减小,倾斜视线与水平视线所构成的竖直角为 α_L。设视线方向的读数为 L,则盘左位置的竖直角为

$$\alpha_L = 90° - L \tag{2-8}$$

在图 2-19（b）中,盘右位置,视线水平时竖盘读数为 270°。当望远镜往上仰时,读数增大,倾斜视线与水平视线所构成的竖直角为 α_R,设视线方向的读数为 R,则盘右位置的竖直角为

$$\alpha_R = R - 270° \tag{2-9}$$

对于同一目标,由于观测中存在误差,以及仪器本身和外界条件的影响,盘左、盘右所获得的竖直角 α_L 和 α_R 不完全相等,则取盘左、盘右的平均值作为竖直角的结果,即

$$\alpha = \frac{\alpha_L + \alpha_R}{2} \tag{2-10}$$

或

$$\alpha = \frac{1}{2}(R - L - 180°) \tag{2-11}$$

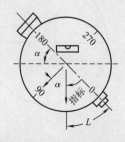
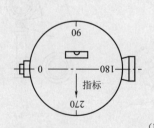
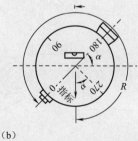

（a）　　　　　　　　　　　　　　　　　　　　　　　（b）

图 2-19　盘左盘右示意

根据上述公式的分析,并推广到其他注记形式的竖盘,可得竖直角计算公式的通用判别方法。
当望远镜视线往上仰,竖盘读数逐渐增加时,竖直角的计算公式为

$$\alpha = 瞄准目标时的读数 - 视线水平时的常数 \tag{2-12}$$

当望远镜视线往上仰,竖盘读数逐渐减小时,竖直角的计算公式为

$$\alpha = 视线水平时的常数 - 瞄准目标时的读数 \tag{2-13}$$

在运用式(2-12)和式(2-13)时,对不同注记形式的竖盘,首先应正确判读视线水平时的常数,且同一仪器盘左、盘右的常数差为$180°$。

2. 观测、记录与计算

1)竖直角观测

(1)在测站点上安置仪器,并正确判定竖直角的计算公式;

(2)盘左位置瞄准目标,用十字丝横丝切目标于某一位置,调节竖盘指标水准管微动螺旋,使气泡居中,读取竖盘读数L;

(3)盘右位置瞄准原目标位置,使竖盘指标水准管气泡居中后,读取竖盘读数R。

以上盘左、盘右观测构成一个竖直角测回。

2)记录与计算

将各观测数据填入表2-2所示的竖直角观测手簿中,并按式(2-28)和式(2-29)分别计算半测回竖直角,再按式(2-10)或式(2-11)计算出一测回竖直角。

表2-2　竖直角观测手簿

测站	目标	竖盘位置	竖盘读数 (° ′ ″)	指标差 (″)	半测回竖直角 (° ′ ″)	一测回竖直角 (° ′ ″)	备　注
O	A	左	83　48　18	+51	+6　11　42	+6　12　33	
		右	276　13　24		+6　13　24		
	B	左	95　20　06	+45	−5　20　06	−5　19　21	
		右	264　41　24		−5　18　36		

3. 竖盘读数指标差

当竖盘指标水准管气泡居中且视线水平时,读数指标处于正确位置,即正好指向$90°$或$270°$。事实上,读数指标往往是偏离正确位置,与正确位置相差一小角度x,这就是竖盘指标差。

如图2-20(a)所示,当指标偏离方向与注计方向相同时,x为正;反之,则x为负。若仪器存在竖盘指标差,则竖直角的计算公式与式(2-28)和式(2-29)有所不同。

在图2-20(a)中,盘左位置,望远镜往上仰,读数减小,若视线倾斜时的竖盘读数为L,则正确的竖直角为

$$\alpha = 90° - L + x = \alpha_L + x \tag{2-14}$$

在图2-20(b)中,盘右位置,望远镜往上仰,读数增大,若视线倾斜时的竖盘读数为R,则正确的竖直角为

$$\alpha = R - 270° - x = \alpha_R - x \tag{2-15}$$

将式(2-14)和式(2-15)联立求解可得

$$\alpha = \frac{1}{2}(\alpha_L + \alpha_R) = \frac{1}{2}(R - L - 180°) \tag{2-16}$$

$$x = \frac{1}{2}(\alpha_R - \alpha_L) = \frac{1}{2}(R + L - 360°) \tag{2-17}$$

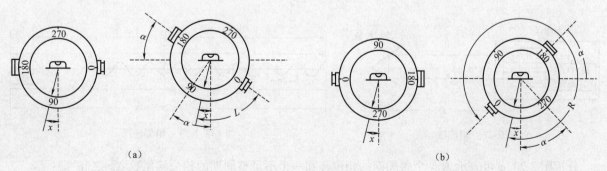

图2-20　竖盘指标差

式(2-16)与无指标差进行竖直角的计算公式(2-8)或式(2-9)完全相同,即通过盘左、盘右竖直角取平均值,可以消除竖盘指标差的影响,获得正确的竖直角。而式(2-17)即为计算指标差的通用公式。

一般在同一测站上,同一台仪器在同一操作时间内的指标差应该是相等的。但由于观测误差的存在,指标差会产生变化,因此指标差互差反映了观测成果的质量。对于 DJ₆ 光学经纬仪,规范规定,同一测站上不同目标的指标差互差或同方向各测回指标差互差不应超过 25″。当允许半测回测定竖直角时,可先测定指标差,然后按式(2-14)或式(2-15)计算竖直角。

有些光学经纬仪采用竖盘指标自动归零装置,当经纬仪整平后,竖盘指标自动居于正确位置,这样就简化了操作程序。

活动三 光电测距仪量距及三角高程观测

光电测距仪是一种先进的测距方法,其采用光波(可见光、红外光、激光)作为载波,通过测定光电波往返传播的时间差或者相位差来测定距离。与钢尺量距和视距测量相比,光电测距仪具有测程远、精度高、作业快、受地形限制少等优点,因而在测量工作中得到广泛应用,其中在建筑工程测量中应用较多的是短程红外光电测距仪。

一、光电测距的基本原理

(一)脉冲法

如图 2-21 所示,测距仪安置在 A 点,反射棱镜安置在 B 点,测距仪发射的光波经反射棱镜反射回来后被测距仪所接收。测量出光波在 A,B 之间往返传播的时间为 t,则距离 D 为

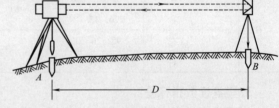

$$D = \frac{1}{2}ct \qquad (2-18)$$

式中:c ——光波在空气中的传播速度。

光电测距仪按照 t 的不同测量方式,可分直接测定时间的脉冲式和间接测定时间的相位式两类。由于脉冲宽

图 2-21　光电测距的基本原理

度和电子计数器时间分辨率的限制,脉冲式测距仪测距精度较低,一般在“米”级,最好的也只能达到“分米”级。工程测量中使用的测距仪几乎都采用相位式。

(二)相位法

相位式测距仪的基本工作原理可用图 2-22 来说明。由测距仪发射系统向反射棱镜方向连续发射角频率为 ω 的调制光波,并由接收系统接收反射回来的回波,然后由检相器对发射信号相位和接收信号相位进行相位比较,测定出相位移 φ,根据 φ 可间接推算时间 t,从而计算出距离。

如果将调制光波的往程和返程展开,则波形如图 2-23 所示。调制光的波长为 λ,光强变化一周期的相位差为 2π,每秒光强变化的周期数为频率 f。由物理学可知:

$$\varphi = \omega t = 2\pi f t$$

所以

$$t = \frac{\varphi}{2\pi f} \qquad (2-19)$$

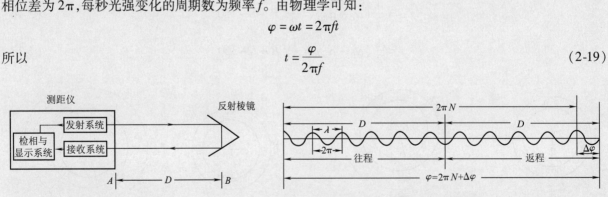

图 2-22　相位法　　　　　　　　　　　　　图 2-23　相位波形

分析图 2-23,φ 可表示为 N 个整周期的相位移和一个不足整周期的相位移尾数 Δφ 之和,即:

$$\varphi = 2\pi N + \Delta\varphi$$

将上式代入式(2-19),得

$$t = \frac{2\pi N + \Delta\varphi}{2\pi f} \qquad (2\text{-}20)$$

将式(2-20)代入式(2-18)并整理,得

$$D = \frac{c}{2f}\left(N + \frac{\Delta\varphi}{2\pi}\right) \qquad (2\text{-}21)$$

设 $\Delta N = \Delta\varphi/2\pi$,由于 $\Delta\varphi$ 小于 2π,因此 $\Delta\varphi$ 是一个小于 1 的数。又因 $\lambda = c/f$,所以式(2-21)可写为

$$D = \frac{\lambda}{2}(N + \Delta N) \qquad (2\text{-}22)$$

式(2-22)是相位式测距仪测距的基本公式。用此方法测距相当于使用一把长度为 $\lambda/2$ 的尺子丈量距离,由 N 个整尺长加上不足整尺的余长就是被测距离。

由于检相器只能测出不足整周期的相位移尾数 $\Delta\varphi$,无法测定整周期数 N,因而使得被测距离为不定值,只有当待测距离小于 $\lambda/2$ 时,才能得到确定的距离值。为此,可在测距仪内设置几种不同的测尺频率,即相当于设置 n 把长度不同最小分划值也不同的尺子,将它们组合使用就能获得单一的精确距离。例如,测定 386.43 m 的距离,就可选用一把粗测尺和一把精测尺,粗测尺尺长 1 000 m,精度为 1 m(最小分划值);精测尺尺长 10 m,精度为 1 cm(最小分划值)。用粗测尺量得距离为386 m,用精测尺量得距离6.43 m,将它们组合可得到距离为 386.43 m。短程测距仪一般都采用两个测尺频率。

二、光电测距仪及其使用方法

(一)仪器结构

图 2-24 中的测距仪是日本索佳公司生产的 REDmini 短程测距仪,仪器测程为 0.8 km。测距仪的支座下有插孔及制紧螺旋,可使测距仪牢固地安装在经纬仪的支架上方。旋紧测距仪支架上的竖直制动螺旋后,可调节微动螺旋使测距仪在竖直面内俯仰转动。测距仪发射接收镜的目镜内有十字丝分划板,用以瞄准反射棱镜。

图 2-25 所示是单块反射棱镜,当测程大于 300 m 时,可换装上三块棱镜。

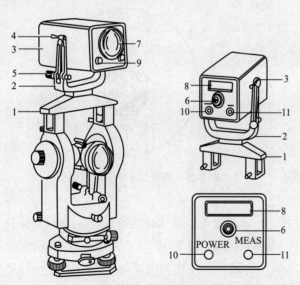

图 2-24　测距仪构造

1—支架座;2—支架;3—主机;4—竖直制动螺旋;

5—竖直微动螺旋;6—发射接收镜的目镜;7—发射接收镜的物镜;

8—显示窗;9—电源电缆插座;10—电源开关键;11—测量键

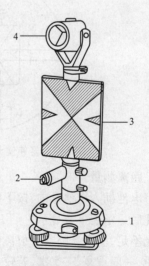

图 2-25　棱镜

1—基座;2—光学对中器目镜;

3—照准觇板;4—反射棱镜

此外,测距仪横轴到经纬仪横轴的高度与觇板中心到反射棱镜中心的高度一致,从而使经纬仪瞄准觇

板中心的视线与测距仪瞄准反射棱镜中心的视线保持平行,如图2-26所示。

(二)测程及测距仪的精度

1. 测程

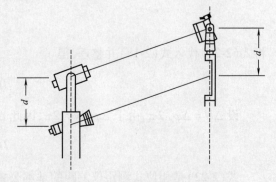

目前世界各国生产的测距仪种类型号很多,对同一型号的测距仪而言,它们所测距离长短是一定的。测距仪一次所能测的最远距离称为测程。一般认为测程小于 5 km 的测距仪为短程测距仪,测程在 5 ~ 30 km 的为中程测距仪,测程更远的称为远程测距仪。

2. 测距仪的精度

测距仪的精度是仪器的重要技术指标之一。测距仪的精度为

图2-26　测距仪和棱镜使用示意

$$m_D = \pm (a + 10^{-6} \times bD) \tag{2-23}$$

式中：m_D ——测距中误差,单位为 mm;

　　　a ——固定误差,单位为 mm;

　　　b ——比例误差;

　　　D ——以 km 为单位的距离。

REDmini 短程红外测距仪的精度为 $m_D = \pm (5 \text{ mm} + 10^{-6} \times 5 \times D)$,当距离 D 为 0.6 km 时,测距精度是 $m_D = \pm 8 \text{ mm}$。

三、REDmini 短程测距仪的使用方法

1. 安置仪器

在测站上将测距仪安装在经过对中、整平后的经纬仪上。在镜站处安置反射棱镜,对中、整平后瞄准测距仪。

2. 测距准备

调整经纬仪望远镜,使十字丝对准反射棱镜的觇板中心(见图2-27)。调整测距仪望远镜,使十字丝对准反射棱镜中心(见图2-28)。

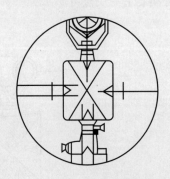
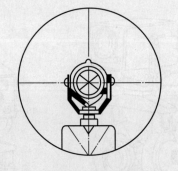

图2-27　经纬仪十字丝瞄准觇板中心　　　　图2-28　测距仪十字丝瞄准棱镜中心

3. 距离测量

将电池插入电池盒内,按下电源开关"POWER"键,显示窗内显示"8888888"约 5 s,表示测距仪自检正常。此后显示窗下方显示"*",并发出持续鸣声。如果不显示"*",或"*"忽隐忽现,表示未收到回光或回光不足,应重新瞄准反射棱镜,使"*"的正常显示。这步工作称为电瞄准。按"MEAS"键,显示窗显示斜距,一般重复 3 ~ 5 次,若较差不超过 5 mm,则取平均值作为一测回观测值。

4. 观测竖直角、气压和气温

观测竖直角、气压和气温的目的是对测距仪测量出的斜距进行倾斜改正。用经纬仪观测竖直角,用温度计和气压计测定测站温度和气压。

利用测距仪可以直接将斜距换算为水平距离,按"V/H"键后输入竖直角值,再按"SHV"键显示水平距离。连续按"SHV"键可依次显示斜距、水平距离和高差的数值。

四、光电测距的注意事项

(1)注意爱护仪器,防止仪器日晒雨淋,在仪器使用和运输中应注意防震。

(2)不准将测距仪物镜对准阳光及其他强光,以免损坏测距仪内光电器件。

(3)仪器长期不用时,应将电池取出。

(4)测线应离开地面障碍物一定高度,避免通过发热体和较宽水面上空,避开强电磁场干扰的地方。

(5)观测时,反光棱镜镜站的后面不应有反光镜和强光源等背景干扰。

(6)应在大气条件比较稳定和通视良好的条件下观测。

五、电磁波测距三角高程测量的观测与计算

使用电磁波测距三角高程测量方法进行控制测量工作,仪器设备使用经纬仪配合测距仪,用经纬仪测量测站的竖直角,同时用组合使用的电磁波测距仪测量仪器望远镜中心至对应棱镜中心的斜距,在符合规范要求的技术标准后进行内业数据处理计算。三角高程测量的观测步骤与计算如下:

(1)测站上安置仪器,用钢卷尺量仪器高 i 和标杆或棱镜高度 v,读数至毫米。

(2)用经纬仪采用测回法观测竖直角 1~3 个测回,同时用测距仪观测相应测回的斜距。前后半测回之间的较差及指标较差如果符合表 2-1 规定,则取其角度和斜距平均值作为结果。

(3)计算高差及高程计算。采用对向观测法且对向观测高差较差符合表 2-1 要求时,利用公式(2-2)计算,取其平均值作为高差结果。一个测段的高差测量记录及计算表格见表 2-3。

(4)对于闭合或附合的三角高程路线,应利用对向观测的高差平均值计算路线高差闭合差,符合闭合差限值规定时,进行高差闭合差调整计算,推算出各点的高程。

表 2-3　一个测段的高差测量记录及计算表格

测段	斜距 S 平均值/m	仪器高 i/m	棱镜高 v/m	竖盘位置	竖盘读数 (° ′ ″)	竖直角平均值 α (° ′ ″)	计算结果 高差 h/m	计算结果 平均高差 h_{AB}/m
A-B	162.356	1.765	1.729	左	30　26　45	59　33　14	140.004	
				右	329　33　13			140.005
B-A	161.215	1.695	1.735	左	150　18　26	−60　18　25	−140.006	
				右	209　41　36			

活动四　全站仪的使用及高程测量的实施

一、全站仪的使用

(一)全站仪的概念及应用

1. 全站仪的概念

电子测距技术的出现大大地推动了速测仪的发展,全站型电子速测仪(简称全站仪)应运而生。全站仪能自动测量和计算,并通过电子手簿或直接实现自动记录、存储和输出。全站仪的基本功能是测量水平角、数值角和斜距,借助机载程序,可以组成多种测量功能,如计算并显示平距、高差及镜站点的三维坐标,进行悬高测量、偏心测量、对边测量、后方交会测量、面积计算等。

2. 全站仪的应用

全站仪的应用范围不仅局限于测绘工程、建筑工程、交通与水利工程、地籍与房地产测量,而且在大型工业生产设备和构件的安装调试、船体设计施工、大桥水坝的变形观测、地质灾害监测及体育竞技等领域中都得到了广泛应用。

全站仪的应用具有以下特点:

（1）在地形测量过程中，可以将控制测量和地形测量同时进行。

（2）在施工放样测量中，可以将设计好的管线、道路、工程建筑的位置测设到地面上，实现三维坐标快速施工放样。

（3）在变形观测中，可以对建筑物的变形、地质灾害等进行实时动态监测。

（4）在控制测量中，导线测量、前方交会、后方交会等程序功能，操作简单、速度快、精度高；其他程序测量功能方便、实用且应用广泛。

（5）在同一个测站点，可以完成全部测量的基本内容，包括角度测量、距离测量、高差测量，实现数据的存储和传输。

（6）通过传输设备，可以将全站仪与计算机、绘图机相连，形成内外一体的测绘系统，从而大大提高地形图测绘的质量和效率。

（二）全站仪的基本组成及结构

1. 全站仪的基本组成

全站仪由电子测角、电子测距、电子补偿、微机处理装置四大部分组成，它本身就是一个带有特殊功能的计算机控制系统，其微机处理装置由微处理器、存储器、输入部分和输出部分组成。由微处理器对获取的倾斜距离、水平角、竖直角、垂直轴倾斜误差、视准轴误差、垂直度盘指标差、棱镜常数、气温、气压等信息加以处理，从而获得各项改正后的观测数据和计算数据。在仪器的只读存储器中固化了测量程序，测量过程由程序完成。全站仪的设计框架如图 2-29 所示。

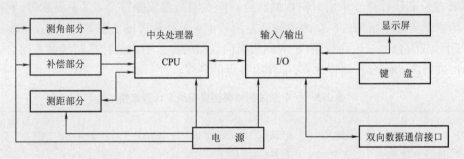

图 2-29　全站仪的设计框架

全站仪既要自动完成数据采集，又要自动处理数据和控制整个测量过程，只有两部分有机结合才能真正地体现"全站"功能。

2. 全站仪的分类

1）全站仪按测距仪测距分类

（1）短距离测距全站仪。测程小于 3 km，一般精度为 $\pm(5\ mm + 5\ ppm \times D)$，其中 $1\ ppm = 1 \times 10^{-6}$，$D$ 的单位为 km（后面含义相同），主要用于普通测量和城市测量。

（2）中测程全站仪。测程为 3～15 km，一般精度为 $\pm(5\ mm + 2\ ppm \times D)$，$\pm(2\ mm + 2\ ppm \times D)$，通常用于一般等级的控制测量。

（3）长测程全站仪。测程大于 15 km，一般精度为 $\pm(5\ mm + 1\ ppm \times D)$，通常用于国家三角网及特级导线的测量。

2）全站仪按测量功能分类

（1）常规全站仪。常规全站仪具备全站仪电子测角、电子测距和数据自动记录等基本功能，有的还可以运行厂家或用户自主开发的机载测量程序。其经典代表为徕卡公司的 TC 系列全站仪。

（2）机动型全站仪：机动型全站仪在经典全站仪的基础上安装了轴系步进电机，可自动驱动全站仪照准部和望远镜的旋转。在计算机的在线控制下，机动型系列全站仪可按计算机给定的方向值自动照准目标，并可实现自动正、倒镜测量。徕卡公司的 TCM 系列全站仪就是典型的机动型全站仪。

（3）无合作目标型全站仪。无合作目标型全站仪是指在无反射棱镜的条件下可对一般的目标直接测距的全站仪。对不便安装反射棱镜的目标进行测量，无合作目标型全站仪具有明显优势。如徕卡 TCR 系列全站仪，无合作目标距离测程可达 1 000 m，可广泛用于地籍测量、房产测量和施工测量等。

（4）智能型全站仪。在机动型全站仪的基础上,仪器安装自动目标识别与照准的新功能,因此在自动化的进程中,全站仪进一步克服了需要人工照准目标的重大缺陷,实现了全站仪的智能化。在相关软件的控制下,智能型全站仪在无人干预的条件下可自动完成多个目标的识别、照准与测量,因此智能型全站仪又称"测量机器人"。其典型代表为徕卡的 TCA 型全站仪等。

全站仪的外观如图 2-30 所示。

（a）常规全站仪　　　　　（b）无合作目标型全站仪　　　　　（c）智能型全站仪

图 2-30　全站仪外观

（三）全站仪的精度及等级

1. 全站仪的精度

全站仪是集光电测距、电子测角、电子补偿、微机数据处理为一体的综合型测量仪器,其主要精度指标是测距精度 m_D 和测角精度 m_β。如 SET500 全站仪的标称精度为:测角标精度 $m_\beta = \pm 5''$;测距标精度 $m_D = \pm (3\ \text{mm} + 2\ \text{ppm} \times D)$。

在全站仪的精度等级设计中,对测距和测角精度的匹配采用"等影响"原则,即

$$\frac{m_\beta}{\rho} = \frac{m_D}{D}$$

式中,取 $D = 1 \sim 2\ \text{km}$,$\rho = 206\ 265''$,则有表 2-4 所示的对应关系。

2. 全站仪的等级

《全站型电子速测仪检定规程》(JJG 100—2003)将全站仪的准确度等级划分为四个等级,见表 2-5。

表 2-4　测距和测角精度的匹配表

$m_\beta/('')$	$m_D(D=1\ \text{km})/\text{mm}$	$m_D(D=2\ \text{km})/\text{mm}$
1	4.8	2.4
1.5	7.3	3.6
5	24.2	12.1
10	48.5	24.2

表 2-5　全站仪的准确度等级

准确度等级	测角标准差 $m_\beta/('')$	测距标准差 m_D/mm
Ⅰ	$\lvert m_\beta \rvert \leqslant 1$	$\lvert m_D \rvert \leqslant 5$
Ⅱ	$1 < \lvert m_\beta \rvert \leqslant 2$	$\lvert m_D \rvert \leqslant 5$
Ⅲ	$2 < \lvert m_\beta \rvert \leqslant 6$	$5 \leqslant \lvert m_D \rvert \leqslant 10$
Ⅳ	$6 < \lvert m_\beta \rvert \leqslant 10$	$\lvert m_D \rvert \leqslant 10$

Ⅰ、Ⅱ级仪器为精密型全站仪,主要用于高等级控制测量及变形观测等;Ⅲ、Ⅳ级仪器主要用于道路和建筑场地的施工测量、电子平板数据采集、地籍测量和房地产测量等。

（四）智能型全站仪的主要特点

智能型全站仪具有双轴倾斜补偿器,双边主、副显示器,双向传输通信,大容量的内存,磁卡与电子记录簿两种记录方式,以及丰富的机内软件,因而测量速度快,观测精度高,操作简便,适用面宽,性能稳定,深受广大测绘技术人员的欢迎,也是全站仪主流发展方向。

智能型全站仪的主要特点如下:

（1）计算机操作系统。智能型全站仪具有像通常 PC 一样的 Windows 操作系统。

（2）大屏幕显示。可显示数字、文字、图像,也可显示电子气泡居中情况,以提高仪器安置的速度与精度,并采用人机对话式控制面板。

（3）大容量的内存。一般内存在 1 MB 以上,其中主内存为 640 KB,数据内存为 320 KB、程序内存为 512 KB,扩展内存为 512 KB。

（4）采用国际计算机通用磁卡。所有测量信息都可以文件形式记入磁卡或电子记录簿,磁卡采用无触点感应式,可以长期保留数据。

（5）自动补偿功能。补偿器装有双轴倾斜传感器,能直接检测出仪器的垂直轴在视准轴方向和横轴方向上的倾斜量,经仪器处理计算出改正值并对垂直方向和水平方向值加以改正,提高测角精度。

（6）测距时间快,耗电量少。

（五）常见全站仪简介

1. 常见全站仪概述

20 世纪 90 年代末,我国研制生产全站仪的有北京测绘仪器厂、广州南方测绘仪器有限公司、苏州第一光学仪器厂、常州大地测绘科技有限公司等。世界各地相继出现全站仪研制、生产热潮,有拓普康(Topcon)、宾得(PENTAX)、索佳、尼康等厂家。全站仪厂家、种类繁多,但其制作理念和功能实现的方法大致相同,现以 PENTAX 宾得全站仪为例详细介绍其指标、功能及常规测量方法。

2. PENTAX 宾得全站仪系列

1）仪器的主要功能及技术指标

由日本宾得公司生产的宾得 R-300 系列全站仪是一种操作简单、高效的全站型电子速测仪。它具有绝对编码度盘,开机无须初始化;具有数字输入键盘,便于输入数据;具有 300 m 免棱镜功能,而且免棱镜不分物体角度及颜色;温度气压可以自动改正;具有自动调焦、电动调焦、手动调焦三种模式以提高工作效率;激光指向功能可以替代激光经纬仪,激光对中方便、快捷、直观;三轴补偿更可以提高仪器的精度;电子气泡十分准确;具有大容量内存。

当气象条件良好时,单棱镜的测程为 4 500 m,三棱镜为 5 600 m,测角精度为 2″,测距精度为 ±(2 mm +2 ppm ×D),在 3′补偿范围内自动补偿。

2）仪器的各部件名称

宾得全站仪的外观与普通光学经纬仪相似,仪器对中、平整、目镜对光、物镜对光、照准目标的方法也和普通光学经纬仪相同。图 2-31 所示为宾得全站仪的各个部件。

3）键的功能

宾得全站仪通常有两个工作模式,即标准测量模式（A 模式）和 PowerTopoLite 软件功能模式（B 模式）。图 2-32 所示为全站仪显示窗和操作面板。

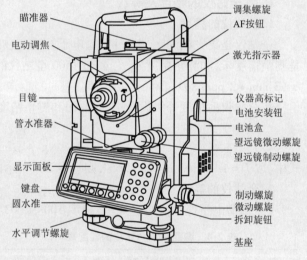

图 2-31　宾得全站仪

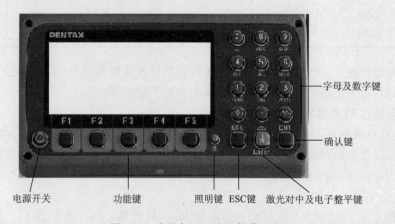

图 2-32　全站仪显示窗和操作面板

表 2-6 ~ 表 2-9 所示是 R-300 系列全站仪的基本显示屏和键盘描述,以及 PowerTopoLite 软件功能键描述。

表 2-6　操作键描述

键	描　　述
[Power]	电源开关键
[ESC]	后退到上一屏或取消某步操作
[Illumination]	LCD 照明及望远镜十字丝照明开关
[ENT]	接受选择值或屏幕显示值
[Laser]	显示激光对中、电子水准管的功能和红光导向显示屏的转换键
[Alphanumeric]	数字与字母模式切换键,数值和点名序号的输入,英文字母由对应的每个键输入
[Help]	在 A、B 任意模式内同时按"ILLU"和"ESC"键,出现帮助菜单显示帮助信息

表 2-7　功能键描述

显　示	功能键	描　　述
		模式 A
[测量]	F1	按此键一次可在正常模式下测距,利用初始设置 2 可以选择其他测量模式
		按此键两次可粗测距,利用初始设置 2 可以选择其他测量模式
[目标]	F2	按以下顺序选择目标类型:反射片/棱镜/免棱镜(免棱镜测量模式)、反射片/棱镜(棱镜测量模式)
[水平角置零]	F3	按此键两次水平角置零
[显示]	F4	按顺序切换显示内容:水平角/平距/垂距,水平角/垂直角/斜距,水平角/垂直角/斜距/平距/垂距"
[模式]	F5	A、B 模式屏转换
		模式 B
[专机能]	F1	PowerTopoLite 软件特殊功能
[角度设定]	F2	调出角度设定屏幕设置角度(角度、坡度百分比、水平角输入、盘左盘右转换)关系参数
[锁定(保持)]	F3	按两次该键锁定当前显示水平角
[改正]	F4	调出改变目标长数、温度、气压设置的屏幕
[模式]	F5	A、B 模式屏转换
		其他功能
[←]	F1	光标左移
[→]	F2	光标右移
[▲]	F1	屏幕上向后移 5 项
[▼]	F2	屏幕上向前移 5 项
[↑]	F3	光标上移
[↓]	F4	光标下移
[十字丝]	F3	按下照明键,十字丝照明
[LCD]	F4	按下照明键,改变 LCD 的对比度
[ILLU]		改变 LCD 的照明状态(按下照明键)
[清除]	F5	清除数值
[选定]	F5	打开选择窗口

表 2-8　功能键在模式 A 和模式 B 的显示对比

功能	模式 A	模式 B	功能	模式 A	模式 B
F1	测量	专机能	F4	显示	改正
F2	目标	角度设定	F5	模式	模式
F3	水平角置零	锁定			

按[F5][模式]进行 A、B 模式的转换。

表 2-9　数字和字母的输入

键	键下的字符	字符和图形命令的输入	键	键下的字符	字符和图形命令的输入
[0]		[@] [.] [_] [-] [:] [/] [0]	[6]	MNO	[M] [N] [O] [m] [n] [o] [6]
[1]	PQRS	[P] [Q] [R] [S] [p] [q] [r] [s] [1]	[7]		[ ] [?] [!] [_] [-] [^] [|] [&] [7]
[2]	TUV	[T] [U] [V] [t] [u] [v] [2]	[8]	ABC	[A] [B] [C] [a] [b] [c] [8]
[3]	WXYZ	[W] [X] [Y] [Z] [w] [x] [y] [z] [3]	[9]	DEF	[D] [E] [F] [d] [e] [f] [9]
[4]	GHI	[G] [H] [I] [g] [h] [i] [4]	[。]		[.] [,] [:] [;] [#] [(] [)]
[5]	JKL	[J] [K] [L] [j] [k] [l] [5]	[+/-]		[+] [-] [*] [/] [%] [=] [<] [>]

4)LD 激光导向

当按下[LD 点]键时,激光导向功能打开,并且激光符号在屏幕的左方显示。当[激光]键和[LD 点]键按下且激光功能已打开时,激光功能关闭。使用时需要注意:

(1)在太阳光十分强的户外,很难发现激光点;

(2)激光束不能穿过望远镜;

(3)应在激光束中心做标志;

(4)不要对着激光看。

5)安置仪器

安置仪器的操作方法同上,这款全站仪还可以配备电子气泡整平和自动对焦功能。

(六)宾得全站仪的常用基本功能介绍

1.建立工作文件管理

建立工作文件有利于在外业中将所测得数据有效地存储在仪器中,为内业处理提供方便。从 Power-TopoLite 屏按[F1][文件]键显示文件管理屏。

1)情报(可用内存量信息)

按[ENT]键显示"信息"界面,如图 2-33 所示。屏上显示"PENTAX"的项目名及仪器可用内存大小,如图 2-34 所示。其中的文件名"PENTAX"是一个默认设置。

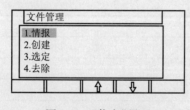

图 2-33　"信息"界面

图 2-34　显示信息

2)创建

按[↓]键选择"2.创建",如图 2-35 所示。按[ENT]键显示项目名输入界面,如图 2-36 所示。输入文件名后按[ENT]键,文件建立完毕,可将测量的数据存入此文件夹中,方便调用和输出。

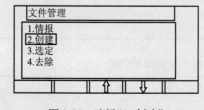

图 2-35　选择"2.创建"

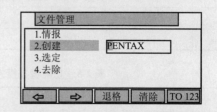

图 2-36　项目名输入界面

3)选定项目名

按[↓]键选择"3.选定",如图 2-37 所示。按[ENT]键显示"项目名选择"界面,如图 2-38 所示。

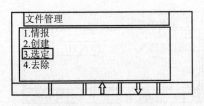

图 2-37　选择"3.选定"

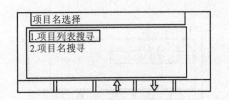

图 2-38　"项目名选择"界面

（1）选择项目。按［ENT］键显示"项目列表搜寻"界面,如图 2-39 所示。文件列表是一个存储所有项目文件的列表。选择需要的文件名,并按［ENT］键选定。

（2）选择输入文件名。按［↓］键选择"2.项目名搜寻",如图 2-40 所示。"项目名搜寻"是输入可需文件名进行搜索。按［ENT］键显示"项目名输入"界面,如图 2-41 所示。输入需要的文件名,按［ENT］键显示"项目名搜寻"界面,如图 2-42 所示。按［ENT］键进行选择。

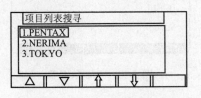

图 2-39　"项目列表搜寻"界面

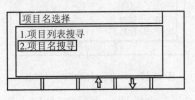

图 2-40　选择"2.项目名搜寻"

图 2-41　"项目名输入"界面

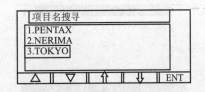

图 2-42　选择输入文件名

4）删除文件名

按［↓］键选择"4.去除",如图 2-43 所示。按［ENT］键显示"项目名选择"界面,如图 2-44 所示,所选文件已被删除。

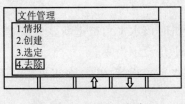

图 2-43　选择"4.去除"

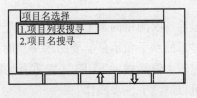

图 2-44　"项目名选择"界面

（1）删除文件列表中的文件。按［ENT］键选择"项目列表搜寻"界面,如图 2-45 所示。如果 TOKYO被选择,则确认界面显示如图 2-46 所示。按［ENT］键删除,按［ESC］键保留。

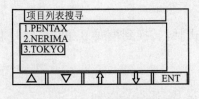

图 2-45　"项目列表搜寻"界面

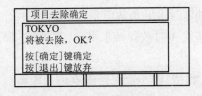

图 2-46　"项目去除确定"界面

（2）搜索文件并删除。按［↓］键选择"2.项目名搜寻",如图 2-47 所示。按［ENT］键显示"项目名输入"界面,如图 2-48 所示。输入需要的文件名并删除,按［ENT］键显示"项目去除确定"界面,如图 2-49 所示。按［ENT］键删除,按［ESC］键保留。

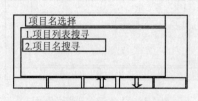

图 2-47 选择"2.项目名搜寻"

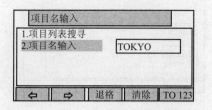

图 2-48 "项目名输入"界面

2. 角度测量

1)测量一个角度

瞄准第一个目标,然后连续按[F3][置零]键两次,将水平角设定为零,如图 2-50 所示。

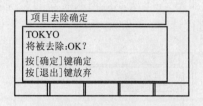

图 2-49 "项目去除确定"界面

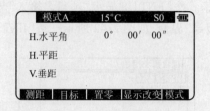

图 2-50 水平角置零

瞄准第二个目标,直接读出水平角,如图 2-51 所示。

按[F4][显示改变]键显示垂直角,如图 2-52 所示。

图 2-51 读出水平角

图 2-52 显示垂直角

注意事项:

①[置零]键不能将垂直角设定为零。

②按[显示]键循环显示以下内容:水平角/平距/垂距、水平角/垂直角/斜距、水平角/垂直角/平距/斜距/垂距。

③关机时最后一次测量的水平角的值被存储,下次开机时该水平角被重新显示。

④当重新显示的水平角不是需要的水平角时,可将水平角设定为零。

⑤在测量过程中偶然按一下[F3][置零]键并不会将水平角设定为零,除非再按一下检测,当蜂鸣器停止响声时才可以继续下一步操作。

⑥任何时候都可以将水平角设定为零,除非当前水平角处于锁定状态。

2)水平角锁定

为保持目前显示的水平角(见图 2-53),连续按[F3][保持]键两次。

注意事项:

①水平角锁定时水平角数值是反显的。

②当处于模式 A 时欲保持水平角,首先按[F5][模式]键转换到模式 B,再按[F3][保持]键保持水平角。

③按[F3][保持]键不能保持垂直角及距离。

④释放保持的水平角时可,按一次[F3][保持]键。

⑤在测量的过程中偶尔按一下[F3][保持]键并不会保持水平角,除非再按一次才会保持。当蜂鸣器停止响声时,可以进行下一步操作。

3)设定任意水平角

例如,输入 123°45′20″。其具体操作步骤如下:

（1）按[F5][模式]键进入模式 B,如图 2-54 所示。

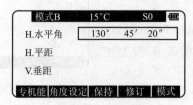

图 2-53　水平角锁定　　　　　　　图 2-54　进入模式 B

（2）按[F2][角度设定]键进入角度设定界面(见图 2-55),然后按[F4][ ]([ ]为光标位置框)键移动光标到"2.水平角输入"(见图 2-56)。

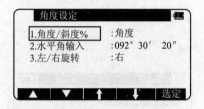

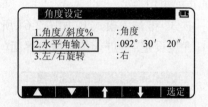

图 2-55　角度设定界面　　　　　　图 2-56　选择"2.水平角输入"

（3）按[F5][选定]键进入水平角度输入窗口。[F5][清除]键用于清除显示的数值。

（4）按[F1][ ]键向左移动光标,然后按[F3][ ]或[F4][ ]键设定角度值(见图 2-57 和图 2-58)。([F3][ ]键或[F4][ ]键可以增加或减少数值的大小。按[F3][ ]键或[F4][ ]键一次可以相应地增加或减少 1)

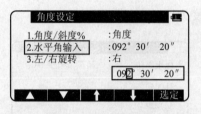

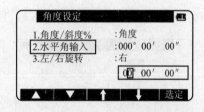

图 2-57　设定角度值　　　　　　　图 2-58　修改角度值

（5）按[F2][ ]键向右移动光标。用同样的方式按[F3][ ]或[F4][ ]将水平角设定为 123°45′20″(见图 2-59)。

（6）按确认键[ENT]确认将水平角设定为 123°45′20″,转入模式 A 的显示窗口(见图 2-60)。

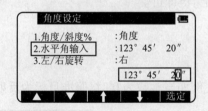

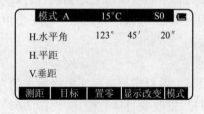

图 2-59　设定为 123°45′20″　　　　图 2-60　模式 A

再按[清除]键可以调回以前的数据。

4）显示垂直角坡度百分比

（1）按[F5][模式]键进入模式 B,如图 2-61 所示。

（2）按[F2][设置角度]键进入角度设定界面(见图 2-62)。

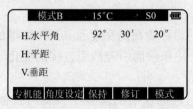

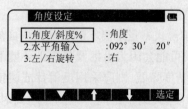

图 2-61　进入模式 B　　　　　　　图 2-62　角度设定界面

（3）按［F5］［选定］键改变显示内容为"斜度%"界面（见图2-63）。

注意事项：

①0%表示水平角为0，+100%和-100%表示向上和向下45°倾斜。

②从坡度百分比显示状态回到360°显示状态，进入模式B，按上述同样的步骤操作即可。

③如果坡度百分比超过［+/-］1 000%，"超过倾斜范围"的信息会显示出来，表示目前的垂直角不能被测量。

④当望远镜转到其倾斜坡度百分比在［+/-］1 000%范围以内，显示内容自动从"超过倾斜范围"变为当前的坡度百分比数值。

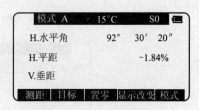

图2-63 显示"斜度%"

5）水平角的正反角切换

（1）按［F5］［模式］键进入模式B，如图2-64所示。

（2）按［F2］［角度设定］键进入角度设定界面（见图2-65）。

图2-64 进入模式B

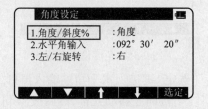

图2-65 角度设定界面

（3）按［F4］［　］键移动光标到"3.左/右逆转"（见图2-66）。

（4）按［F5］［选定］键在水平角前加上（-），将正角变为反角（见图2-67）。

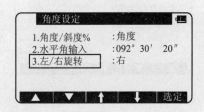

图2-66 选择"3.左/右旋转"

图2-67 变为反角显示

注意事项：

①将反角变为正角的步骤与上述相同，按［F5］［选定］键即可。

②当选择为反角时，寻找目标的顺序与正角相反。

3. 距离测量

1）目标设定

目标模式及其常数设定值显示于电池标志的左侧。例如当常数为0时，照准目标为反射贴片。

按［F2］［目标］键改变目标的模式（见图2-68）。

目标模式的改变顺序依次为：反射片、棱镜、免棱镜（厂家默认设定）。目标模式可以在开机后的"初始设定2"中选择。（厂家默认设定为反射片）可选的目标模式，即使关机也会保存，因此在下次开机时可直接进入上次设定的模式。

不同的目标模式有不同的目标常数值。因此，在改变目标后确认目标模式及目标常数值与之相符。

图2-68 改变目标模式

（1）用免棱镜模式测量距离。测距范围由面向仪器的目标表面的亮度及其周围环境的亮度决定。在实际测量工作中，可能会因为目标及其周围环境不满足上述条件而引起测距范围的变化。若用免棱镜测量距离导致测距精度降低，则应采用反射片或棱镜测量。

（2）用反射片模式测量距离。当测量距离时，将反射片的反射面垂直于仪器与目标的连线方向正面对着仪器。如反射片的角度放得不正确,那么可能由于激光的散射或削弱而导致无法测出正确的距离。

(3)每一种目标模式的实际测量范围:

免棱镜模式:可以用反射片或棱镜测量距离,但可以达到的测距范围小于100 m。

反射片模式:可以用反射棱镜测量距离,但测量范围小于1 km。

反射棱镜模式:可以用反射片测量距离。

反射片及发射棱镜模式:该模式下有时在特定的条件下(如近距离测量墙面时)可能不用反射片或棱镜亦可以完成测距。然而,在这种情况下可能会带来一些误差,因此应选择免棱镜模式。

目标常数应该正确选择并且确认。防止用反射片测量距离时处于反射棱镜模式下,以及用棱镜测量距离时处于反射片模式下。

2)距离测量

R-300系列有两种距离测量模式:"主测量"和"次测量"。

按[F1][测距]键一次进入"主测量"模式,连续按两次则进入"次测量"模式。

在"初始设定2"中,可以自由选择测量模式"测距1"或"测距2"。出厂默认将单次测量设定于"主测量"中,将连续追踪测量设定于"次测量"中。

(1)单次测量表示测量距离一次。

(2)连续测量表示连续测量距离。

(3)单次追踪测量表示单次快速测量距离。

(4)连续追踪测量表示采用连续测量方式快速测量距离。

应在测量距离前确定目标常数。

例如,用"主测量"方式"单次测量"(出厂默认设置)。其具体操作步骤如下:

用瞄准器瞄准目标,按[F1][测距]键一次启动距离测量,如图2-69所示。

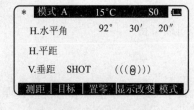

图2-69　启动距离测量

一旦距离测量被启动,则在显示窗口出现测距标志。

在接收到反射信号前,仪器发出响声,显示屏上出现"*"标志,并自动进行单次距离测量。

如仪器处于模式B,则按[F5][模式]键转换成模式A。

瞄准棱镜后按[F1][测距]键启动单次距离测量,同时"测距"在屏幕上闪烁。测距完成时"测距"停止闪烁,测得的距离显示于屏幕上。在连续测量模式下,"测距"一直闪烁。再次按下[F1][测距]键终止距离测量,同时"测距"停止闪烁。

按[F4][显示改变]键可在显示项中水平角/平距/垂距、水平角/垂直角/斜距和水平角/垂直角/平距/斜距/垂距"中切换。

在距离测量过程中,按退出键[ESC]或目标选项键[F2][目标]或模式键[F5][模式]可以终止测量距离。

如果在"初始设置2"中,测量次数"测距次数输入"被设定为2次或更多次,则仪器完成设定的测量次数后将平均值显示于屏幕上。

如果在"初始设置2"中,自动测距被设定为"测距",则瞄准目标时会启动第一次测量。完成前一点的测量后按测量键[F1][测距]继续下一点的测量。

如果在"初始设置2"中,测距信号显示被设定为有效"反射光强度",则测量启动时一位2位数的AIM值出现。(AIM值随距离及大气条件而变化)

最小距离单位:[最小显示值]可在初始设置2中设为粗或精。

例如,在测距2时连续跟踪测量(出厂默认设置)。其具体操作步骤如下:

如仪器处于模式B,按模式[F5][模式]键切换到模式A(见图2-70),然后连续按两次测量[F1][测距]键。

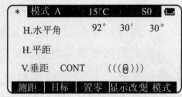

图2-70　模式A

瞄准目标后连续按两次测量[F1][测距]键启动连续测距模式,"测距"在屏幕上快速闪烁。在测量过程中"测距"持续闪烁。如再次按下测量[F1][测距]键,则距离测量结束,"测距"停止闪烁。

在快速距离测量时,可以在"初始设置2"中选择"1 mm"或"1 cm"作为追踪模式的最小显示。

按显示[F4][显示改变]键可在水平角/平距/垂距、水平角/垂直角/斜距、水平角/垂直角/平距/斜距/垂距"中切换。

二、全站仪高程测量的实施

(一)全站仪高程测量方法

如图2-71所示,图中 A 是高程已知的水准点,E 是待测点,B,C,D 是高程路线的转点,1,2,3,4 为全站仪的设站位置。

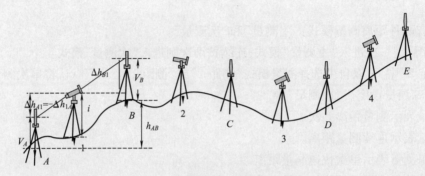

图2-71　全站仪连续高程测量

因为用全站仪可以直接读取全站仪中心到棱镜中心的高差 Δh,因此有

$$h_{AB} = \Delta h_1 + v_A - v_B \tag{2-24}$$

同理可得

$$h_{AE} = \sum_{i=1}^{n} \Delta h_i + v_A - v_E \tag{2-25}$$

式中:Δh_1——前视和后视棱镜照准标志之间的高差,即 $\Delta h_1 = \Delta h_{1B} - \Delta h_{1A}$;

　　Δh_{1A}——1 点全站仪中心至棱镜照准标志 A 点之间的高差;

　　Δh_{1B}——1 点全站仪中心至棱镜照准标志 B 点之间的高差;

　　　i——仪器高;

v_A, v_B, v_E——A,B,E 点的棱镜高。

可以看出,所有中间转点的棱镜高被抵消掉了,公式中除了观测高差外,只有起点 A 的棱镜高和终点 E 的棱镜高。如果在观测过程中起点和终点的棱镜高度保持不变,那么式(2-25)变为

$$h_{AE} = \sum_{i=1}^{n} \Delta h_i \tag{2-26}$$

综上所述,用全站仪代替水准仪进行高程测量应满足以下条件:

(1)全站仪的设站次数为偶数,否则不能把转点棱镜高抵消掉;

(2)起始点和终点的棱镜高应保持相等;

(3)转点上的棱镜高在仪器搬动过程中保持不变;

(4)仪器在一个测站的观测过程中高度保持不变。

(二)全站仪中间法高程测量实例

下面以一工程测量实例介绍全站仪中间法高程测量的具体情况。

为满足三环路至电塔街终点两侧3,4 号地××园区的规划设计工作要求,根据市规划设计部门给定的高程控制点 BMYQ01(其高程为147.962 m),通过现场踏勘并结合园区规划设计的需要,确定了待测高程控制点 BMYQ02,BMYQ03,…,BMYQ08 的具体位置,按照水准点埋设标准制作桩点,然后采用全站仪中间法测量其高程工作,具体记录见表2-10,包括测站、测量方向、点号、距离、实测高差、棱镜高、高差(两点

间)、高程、测站距离等。

1. 高程测量工作及记录

其中,测站、测量方向、距离、实测高差、棱镜高等属于记录项。

(7)高差 =(5)的每个测站前视实测高差 – 同一测站后视实测高差

以第 1 测站为例:

测站前视实测高差(−0.060)– 测站后视实测高差(0.226)= −0.286 m

(8)高程计算,转点 1 的高程

$$H_{转点1} = HBMYQ001 + (-0.286\ m) = 147.962\ m - 0.286\ m = 147.676\ m$$

(9)测站距离 = 每个测站前视距离 + 测站后视距离

以第 1 测站为例

$$11.976\ m + 62.321\ m = 74.297\ m$$

表 2-10　××园区三环路至电塔街高程测量记录表(全站仪中间法)

测站	测量方向	点号	距离/m	实测高差/m	棱镜高/m	高差/m	高程/m	测站距离/m
(1)	(2)	(3)	(4)	(5)	(6)	(7)	(8)	(9)
1	后视	BMYQ01	11.976	0.226	1.4	−0.286	147.962	74.297
	前视	转点 1	62.321	−0.060	1.4		147.676	
2	后视	转点 1	38.149	−0.393	1.4	1.826	147.676	111.159
	前视	BMYQ02	73.01	1.433	1.4		149.502	
3	后视	BMYQ02	31.898	0.393	1.4	−0.709	149.502	66.667
	前视	BMYQ03	34.769	−0.316	1.4		148.793	
4	后视	BMYQ03	65.902	2.073	1.4	−3.982	148.793	139.36
	前视	BMYQ04	73.458	−1.909	1.4		144.811	
5	后视	BMYQ04	35.057	−0.206	1.4	0.757	144.811	57.17
	前视	BMYQ05	22.113	0.551	1.4		145.568	
6	后视	BMYQ05	35.599	0.363	1.4	−0.313	145.568	75.238
	前视	BMYQ06	39.639	0.050	1.4		145.255	
7	后视	BMYQ06	19.378	−0.259	1.4	0.786	145.255	81.121
	前视	BMYQ07	61.743	0.487	1.4		146.041	
8	后视	BMYQ07	43.617	−0.647	1.4	1.320	146.041	89.130
	前视	BMYQ08	45.513	0.673	1.4		147.361	
9	后视	BMYQ08	53.89	−2.182	1.4	1.527	147.361	99.364
	前视	转点 2	45.474	−0.655	1.4		148.888	
10	后视	转点 2	106.83	0.74	1.4	−0.917	148.888	131.143
	前视	BMYQ01	24.313	−0.177	1.4		147.971	
合计			963.955			0.009		963.955

2. 内业平差

外业成果经验核无误后,按前面所述水准测量成果计算的方法,要求高差闭合差 ≤ $20\sqrt{L}$ mm 或 $6\sqrt{n}$ mm,经高差闭合差的调整后,计算各水准点的高程,其常用方法有手算法和使用 PA2005。

1)手算法

具体见表 2-11。

表 2-11　全站仪中间法高程平差表

测量人员:张××、刘×、梁×、高×、简××、董×　　　　　　　　　　　时间:2015 年 3 月 20 日

点　号	距离/km	实测高差/m	改正值/mm	改正后高差/m	高程/m	备　注
BMYQ01					147.962	
	0.185 456	1.540	-2	1.538		
BMYQ02					149.500	
	0.066 667	-0.709	-1	-0.710		
BMYQ03					148.790	
	0.139 36	-3.982	-1	-3.983		
BMYQ04					144.807	
	0.057 17	0.757	0	0.757		
BMYQ05					145.564	
	0.075 238	-0.313	-1	-0.314		
BMYQ06					145.250	
	0.081 121	0.786	-1	0.785		
BMYQ07					146.035	
	0.089 13	1.32	-1	1.319		
BMYQ08					147.354	
	0.230 507	0.61	-2	0.608		
BMYQ01					147.962	
Σ	0.958 955	0.009	-9	0		
辅助计算	$f_h = 9$ mm $< f_允 = \pm 20\sqrt{\Sigma L} = \pm 19.59$ mm $-f_h/\Sigma L = -0.009\ 39$ mm/km					

2)PA2005

三角高程的测量数据和简图如表 2-12 和图 2-72 所示,其中,A 和 B 是已知高程点,2,3 和 4 是待测的高程点。

表 2-12　三角高程测量数据

测站点	距离/m	垂直角/ (°′″)	仪器高/ m	站标高/ m	高程/ m
A	1 474.444 0	1.044 0	1.30		96.062 0
2	1 424.717 0	3.252 1	1.30	1.34	
3	1 749.322 0	-0.380 8	1.35	1.35	
4	1 950.412 0	-2.452 7	1.45	1.50	
B				1.52	95.971 6

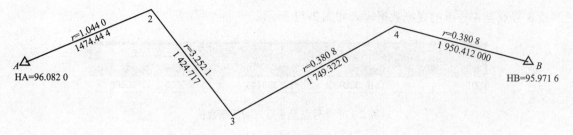

图 2-72　三角高程路线图（模拟）

注：r 为垂直角。

（1）在 PA2005 中输入数据，如图 2-73 所示。

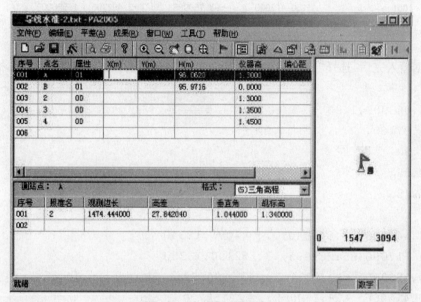

图 2-73　三角高程数据输入

（2）在测站信息区中输入 A，B，2，3 和 4 号测站点，其中 A，B 为已知高程点，其属性为 01，其高程如表 2-12 所示；2，3，4 点为待测高程点，其属性为 00，其他信息为空。因为没有平面坐标数据，故在 PA2005 中也没有网图显示。

（3）此控制网为三角高程，选择三角高程格式，如图 2-74 所示。

图 2-74　选择格式

注意：在"计算方案"中要选择"三角高程"，而不是"一般水准"。

（4）在观测信息区中输入每一个测站的三角高程观测数据。

测段 A 点至 2 号点的观测数据输入如图 2-75 所示。

测站点： A		格式：		(5)三角高程	
序号	照准名	观测边长	高差	垂直角	觇标高
001	2	1474.444000	27.842040	1.044000	1.340000

图 2-75　A 点至 2 号点的观测数据

测段 2 号点至 3 号点的观测数据输入如图 2-76 所示。

测站点： 2		格式：		(5)三角高程	
序号	照准名	观测边长	高差	垂直角	觇标高
001	3	1424.717000	85.289093	3.252100	1.350000

图 2-76　2 号点至 3 号点的观测数据

测段 3 号点至 4 号点的观测数据输入如图 2-77 所示。

测站点： 3　　格式： (5)三角高程

序号	照准名	观测边长	高差	垂直角	觇标高
001	4	1749.322000	-19.353448	-0.380800	1.500000

图 2-77　3 号点至 4 号点的观测数据

测段 4 号点至 B 点的观测数据输入如图 2-78 所示。

测站点： 4　　格式： (5)三角高程

序号	照准名	观测边长	高差	垂直角	觇标高
001	B	1950.412000	-93.760085	-2.452700	1.520000

图 2-78　4 号点至 B 点的观测数据

(5)以上数据输入完后，选择“文件”→“另存为”命令，将输入的数据保存为 PA2005 格式文件：

```
[STATION]
A,01,,,96.062000,1.30
B,01,,,95.97160,
2,00,,,,1.30
3,00,,,,1.35
4,00,,,,1.45
[OBSER]
A,2,,1474.444000,27.842040,,1.044000,1.340
2,3,,1424.717000,85.289093,,3.252100,1.350
3,4,,1749.322000,-19.353448,,-0.380800,1.500
4,B,,1950.412000,-93.760085,,-2.452700,1.520
```

其平差计算、平差报告的生成与输出同工作任务 1 中 PA2005 的水准平差工作过程。平差结果如图 2-79所示。

三角高程测量平差 - PA2005

文件(F)　编辑(E)　平差(A)　成果(R)　窗口(W)　工具(T)　帮助(H)

序号	点名	属性	X(m)	Y(m)	H(m)	仪器高	偏心距	偏心角
001	A	01	0.0000	0.0000	96.0620	1.3000	0.0000	0.000000
002	B	01	0.0000	0.0000	95.9716	0.0000	0.0000	0.000000
003	2	00	0.0000	0.0000	123.8799	1.3000	0.0000	0.000000
004	3	00	0.0000	0.0000	209.1457	1.3500	0.0000	0.000000
005	4	00	0.0000	0.0000	189.7636	1.4500	0.0000	0.000000
006								

图 2-79　平差结果

PA2005 中也可进行导线水准和三角高程导线的平差计算，数据输入的方法与上述类似，但要注意将控制网的类型格式选择为“(6)导线水准”或“(7)三角高程导线”。

(三)全站仪高程测量的误差影响分析

1. 垂直角和水平距离观测误差对观测高差的影响

由高差公式

$$\Delta h = \Delta h_2 - \Delta h_1 = S_2 \sin\alpha_2 - S_1 \sin\alpha_1$$

按误差传播定律可得

$$m_{\Delta h}^2 = (m_{S_2}\sin\alpha_2)^2 + \left(S_2 \frac{m_{\alpha_2}}{\cos\alpha_2\rho}\right)^2 + (m_{S_1}\sin\alpha_1)^2 + \left(S_1 \frac{m_{\alpha_1}}{\cos\alpha_1\rho}\right)^2 \tag{2-27}$$

式中：S_2, S_1 ——前视棱镜和后视棱镜的水平距离；

α_2, α_1 ——前视棱镜和后视棱镜的垂直角；

m——下标相应的中误差。

$\rho = 206\ 265''(\rho = 180°/\pi$，将度数转换为秒后计算所得，是角度误差单位转换为弧度数计算常数)。

为了在高差测量中抵消地球曲率和大气折射的影响，一般要使前、后距离相等因而 $m_{S_1} = m_{S_2}$；又因为垂直角的观测误差相同，即 $m_{\alpha_1} = m_{\alpha_2}$，则有

$$m_{\Delta h}^2 = (\sin^2\alpha_2 + \sin^2\alpha_1)m_S^2 + \left(\frac{1}{\cos^2\alpha_1} + \frac{1}{\cos^2\alpha_2}\right)\left(\frac{m_\alpha}{\rho}S\right)^2 \qquad (2\text{-}28)$$

因为 α 越大，$1/\cos^2\alpha$ 越大，因此在精度计算时，取 α_2,α_1 中的最大者，统一为 α，则式(2-28)变为

$$m_{\Delta h}^2 = 2\sin^2\alpha m_S^2 + \frac{2S^2}{\cos^2\alpha}\left(\frac{m_\alpha}{\rho}\right)^2 \qquad (2\text{-}29)$$

为了进行检核，在测站上变换仪器高两次观测取平均，此时 S 和 α 都不会有太大的变化，因此

$$m_{\Delta h}^2 = \sin^2\alpha m_S^2 + \frac{S^2}{\cos^2\alpha}\left(\frac{m_\alpha}{\rho}\right)^2 \qquad (2\text{-}30)$$

取 $m_\alpha = \pm 2''$，$m_S = \pm(3\ \text{mm} + 2\ \text{ppm}S)$。

对不同的边长 S 和不同的垂直角 α，按式(2-30)计算高差中误差，计算结果列成表2-13。

表 2-13　一个测站观测高差的中误差　　　　　　单位:mm

S/m	α			
	0°	2°	8°	14°
40	0.39	0.41	0.59	0.87
50	0.48	0.49	0.66	0.92
100	0.97	0.98	1.09	1.30
150	1.45	1.46	1.55	1.74
200	1.94	1.94	2.04	2.23
300	2.91	2.91	3.01	3.22
400	3.88	3.88	4.00	4.23
500	4.85	4.85	4.97	5.25

按表2-13的数据,可以计算出每千米的测站数 n 以及每千米观测高差的中误差,如表2-14所示。

表 2-14　每千米观测高差的中误差　　　　　　单位:mm

S/m	n	0°	2°	8°	14°
40	12.5	1.38	1.45	2.09	3.08
50	10	1.52	1.55	2.09	2.91
100	4	1.94	1.96	2.18	2.60
150	3.3	2.63	2.65	2.82	3.16
200	2.5	3.06	3.07	3.23	3.53
300	1.67	3.76	3.76	3.89	4.16
400	1.25	4.34	4.38	4.47	4.73
500	1	4.85	4.85	4.97	5.25

按照水准测量规范的规定,四等、三等、二等、一等水准测量往返测高差中数的偶然中误差分别为 $\pm 5.0\ \text{mm}$、$\pm 3.0\ \text{mm}$、$\pm 1.0\ \text{mm}$ 和 $\pm 0.5\ \text{mm}$,单程观测高差的偶然中误差分别为 $\pm 7.1\ \text{mm}$、$\pm 4.2\ \text{mm}$、$\pm 1.4\ \text{mm}$ 和 $\pm 0.7\ \text{mm}$。

比较表2-14的数据可知:

(1)用此精度的全站仪采用上述测量方法不能达到一等、二等水准测量的精度。

(2)当视距小于300 m时,可以达到三等水准测量的精度。

(3)当视距为500 m时,能够达到四等水准测量的精度。

(4)距离的观测误差在观测高差的误差中所占的比重随垂直角的增大而增大。

（5）垂直角的观测误差在观测高差的误差中所占的比重随垂直角的增大而减少。

（6）在坡度小于20°时，垂直角的误差是主要的，因此，要想提高观测精度，必须设法提高垂直角的精度。

2. 地球曲率和大气折光的影响

水准测量要求前后视距相等主要是为了抵消i角误差，同时也为了削弱地球曲率及大气折光的影响，用全站仪代替水准仪测量时，可以设置大气折光系数k（一般取0.12），由仪器自动对地球曲率及大气折光的影响进行改正。如果把视距控制在200 m左右，前后视距差在3 m之内，则影响可以忽略不计。

3. 棱镜沉降、仪器沉降、棱镜倾斜的误差

与水准仪测量类似，用全站仪代替水准仪进行高程测量时同样存在棱镜沉降、仪器沉降的影响，观测时必须采取一定的措施来减弱或消除。

棱镜沉降主要发生在仪器的转站过程中，提高观测速度、采用往返观测的方法可以抵消部分影响。

仪器沉降主要发生在一个测回的观测过程中，在一个测站上要变换仪器高观测两个测回，第二测回和第一测回采用相反的观测次序，即"后—前—前—后"或"前—后—后—前"，可以有效地减弱仪器沉降的影响。

觇标倾斜的影响与水准测量时水准尺的倾斜相似，只要仔细检验对中杆上的圆水准气泡，在立杆时保证气泡居中就可以消除此影响。

4. 竖直度盘指标差的影响

水准测量时主要存在i角误差的影响，为了消除i角误差对水准测量的影响，一般要求前后视距相等。用全站仪观测时，类似的误差是竖直度盘指标差，如果只用正镜或倒镜观测，该项误差的影响不容忽视。但是，只要采用正倒镜观测，就可以抵消指标差的影响。

5. 垂直轴倾斜误差的影响

全站仪能够进行垂直轴倾斜的自动补偿，并且补偿后的精度能达到0.1″，影响甚微，因此垂直轴倾斜误差的影响可以忽略不计。

6. 垂线偏差的影响

在山区和丘陵地区用全站仪代替水准仪进行高程测量有显著的优点，但由于垂线偏差的变化较大，使得测点之间所观测的高差不等于这两点之间的正常高差，所以必须加一个垂线偏差改正。

在平原地区，前视和后视的平均垂线偏差基本相等，故垂线偏差的影响等于零。在丘陵地区，垂线偏差的最大值为2″，在几百米的范围内它的变化不大，取0.2″（最大值的1/10），$S = 300$ m，对高差的影响为0.29 mm；在山区，垂线偏差的最大值为10″，在几百米的范围内它的变化量也取最大值的1/10（1″），$S = 300$ m，则对高差的影响为1.45 mm；在大山区，垂线偏差的最大值为20″，在几百米的范围内它的变化量也取最大值的1/10（2″），$S = 300$ m，则对高差的影响为0.29 mm。

综上所述，垂线偏差对高程的影响在山区和大山区是很大的，因此，在这些地区测量时应该适当减小视线的长度。

计 划 单

学习领域	建筑施工测量		
学习情境一	高程控制网的布设	**工作任务2**	三角高程控制测量
计划方式	小组讨论、团结协作共同制订计划	**计划学时**	0.5
序 号	实施步骤		具体工作内容描述
制订计划说明	（写出制订计划中人员为完成任务的主要建议或可以借鉴的建议、需要解释的某一方面）		
计划评价	班 级		第 组	组长签字	
	教师签字			日 期	
	评语：				

决 策 单

学习领域	建筑施工测量		
学习情境一	高程控制网的布设	工作任务2	三角高程控制测量
决策学时	0.5		

方案对比	序号	方案的可行性	方案的先进性	实施难度	综合评价
	1				
	2				
	3				
	4				
	5				
	6				
	7				
	8				
	9				
	10				

决策评价	班 级		第 组	组长签字	
	教师签字			日 期	
	评语:				

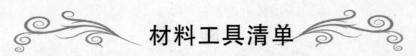

材料工具清单

学习领域	建筑施工测量		
学习情境一	高程控制网的布设	工作任务2	三角高程控制测量
清单要求	根据工作任务列出所需材料工具的名称、作用、型号及数量,标明使用前后的状况,并在说明中写明材料工具之间的相对联系或关系。		

序号	名称	作用	型号	数量	使用前状况	使用后状况
1						
2						
3						
4						
5						
6						
7						
8						
9						
10						

说明:(请简要说明各材料工具之间的相对联系或关系)

班　级		第　　组	组长签字	
教师签字			日　　期	
评　语				

实 施 单

学习领域	建筑施工测量		
学习情境一	高程控制网的布设	工作任务 2	三角高程控制测量
实施方式	小组成员合作,共同研讨确定动手实践的实施步骤,每人均填写实施单	实施学时	8
序　号	实施步骤		使用资源
1			
2			
3			
4			
5			
6			
7			
8			

实施说明:

班　级		第　组	组长签字	
教师签字			日　期	
评　语				

作 业 单

学习领域	建筑施工测量		
学习情境一	高程控制网的布设	工作任务2	三角高程控制测量
实施方式	小组成员动手实践,学生自己记录、计算、编制水准点高程成果表		

(在此绘制记录表,不够请加附页)

班 级		第 组	组长签字	
教师签字			日 期	
评 语				

检 查 单

学习领域	建筑施工测量			
学习情境一	高程控制网的布设		工作任务2	三角高程控制测量
检查学时	0.5			
序号	检查项目	检查标准	组内互查	教师检查
1	工作程序	是否正确		
2	完成的报告的点位数据	是否完整、正确		
3	测量记录	是否正确、整洁		
4	报告记录	是否完整、清晰		
5	描述工作过程	是否完整、正确		

	班　级		第　组	组长签字	
	教师签字		日　期		

检查评价	评语:

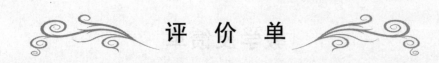

评 价 单

学习领域	建筑施工测量				
学习情境一	高程控制网的布设		工作任务2	三角高程控制测量	
评价学时	1				

考核项目	考核内容及要求	分值	学生自评 （10%）	小组评分 （20%）	教师评分 （70%）	实得分
计划编制 （20）	工作程序的完整性	10				
	步骤内容描述	8				
	计划的规范性	2				
工作过程 （45）	记录清晰、数据正确	10				
	布设点位正确	5				
	报告完整性	30				
基本操作 （10）	操作程序正确	5				
	操作符合限差要求	5				
安全文明 （10）	叙述工作过程应注意的安全事项	5				
	工具正确使用和保养、放置规范	5				
完成时间 （5）	能够在要求的 90 min 内完成，每超时 5 min扣1分	5				
合作性 （10）	独立完成任务得满分	10				
	在组内成员帮助下完成得6分					
总分（∑）		100				

班　级		姓　名		学　号		总　评	
教师签字		第　组	组长签字			日　期	

评语：

评价评语

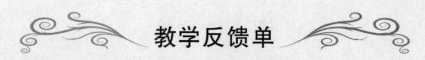

教学反馈单

学习领域	建筑施工测量			
学习情境一	高程控制网的布设	学时		32
序 号	调查内容	是	否	理由陈述
1	你是否喜欢这种上课方式？			
2	与传统教学方式比较,你认为哪种方式学到的知识更适用？			
3	针对每个工作任务你是否学会了如何进行资讯？			
4	你对本学习情境的任务计划和决策感到困难吗？			
5	你认为本学习情境的工作任务对将来的工作有帮助吗？			
6	通过本学习情境的学习,你掌握了进行高程控制测量的仪器和工具的操作了吗？今后遇到实际的问题你可以解决吗？			
7	你能在工程施工图纸中找到有关水准点及测量数据吗？			
8	你学会如何布设高程控制点了吗？			
9	通过几天来的工作和学习,你对自己的表现是否满意？			
10	你对小组成员之间的合作是否满意？			
11	你认为本学习情境还应学习哪些方面的内容？（请在下面空白处填写）			

你的意见对改进教学非常重要,请写出你的建议和意见。

被调查人签名		调查时间	

学习情境 二

施工平面控制网的布设

学 习 指 南

学习目标

　　学生在任务单和资讯问题的引导下,通过自学及咨询教师,明确工作任务的目的和实施中的关键要素(工具、材料、方法),通过学习掌握建筑基线、建筑方格网的布设等知识,根据已有的平面控制点、现场总平面图完成施工场区施工平面控制网的测设工作,并在学习和工作中锻炼专业能力、方法能力和社会能力等综合职业能力。

工作任务

　　工作任务3　建筑基线及建筑方格的布设
　　工作任务4　导线网的布设

学习情境描述

　　在假定模拟的工程施工现场,测量人员首先通过学习施工平面控制网的基本知识,掌握建筑基线、建筑方格网布设工作的基本工作内容,然后利用各种测量仪器和施测方法进行施工场区平面控制网的测设工作,得出根据不同场区特点建立的建筑基线或建筑方格网,编制出施工平面控制网测设记录资料并绘制出测设略图。

工作任务3 建筑基线及建筑方格网的布设

任 务 单

学习领域	建筑施工测量		
学习情境二	施工平面控制网的布设	工作任务3	建筑基线及建筑方格网的布设
任务学时	16		

<table>
<tr><td colspan="7" align="center">布 置 任 务</td></tr>
<tr><td>工作目标</td><td colspan="6">1. 掌握施工平面控制测量的意义和内容；
2. 掌握水平角度测量的方法；
3. 掌握距离测量的方法，学会钢尺量距、视距测量、全站仪操作；
4. 掌握地面上点的平面定位的测量方法；
5. 掌握建筑基线及建筑方格网的布设原则；
6. 掌握建筑基线及建筑方格网的测设的方法；
7. 能够根据交接桩给定的导线点和工程图纸完成工作任务；
8. 能够在学习和工作中锻炼专业能力、方法能力和社会能力等职业能力。</td></tr>
<tr><td>任务描述</td><td colspan="6">测量人员针对面积较小、平面布置相对简单、地势较为平坦而狭长的建筑场地，在进行施工控制网的加密工作时，常在场地内布置一条线或几条基准线，作为施工测量的平面控制的基准线。
1. 外业工作，主要内容包括：现场踏勘选取合适的控制点，根据计算数据进行建筑基线点的测设、检查、调整；
2. 内业工作，主要内容包括：识读建筑场区总平面图，基线测设方案的编制、比较、优选，测设数据的计算、测设略图的绘制。</td></tr>
<tr><td rowspan="2">学时安排</td><td align="center">资讯</td><td align="center">计划</td><td align="center">决策或分工</td><td align="center">实施</td><td align="center">检查</td><td align="center">评价</td></tr>
<tr><td align="center">5 学时</td><td align="center">1 学时</td><td align="center">1 学时</td><td align="center">7 学时</td><td align="center">1 学时</td><td align="center">1 学时</td></tr>
<tr><td>提供资料</td><td colspan="6">1. 建筑场地平面布置总图；
2. 工程测量规范；
3. 测量员岗位技术标准。</td></tr>
<tr><td>对学生的要求</td><td colspan="6">1. 具备建筑工程识图与绘图的基础知识；
2. 具备建筑工程构造的知识；
3. 具备几何方面的基础知识；
4. 具备一定的自学能力、数据计算能力、沟通协调能力、语言表达能力和团队意识；
5. 严格遵守课堂纪律，不迟到、不早退；学习态度认真、端正；
6. 每位同学必须积极参与小组讨论；
7. 每组均完成"建筑基线及建筑方格网的布设"工作任务的报告单。</td></tr>
</table>

资　讯　单

学习领域	建筑施工测量		
学习情境二	施工平面控制网的布设	**工作任务3**	建筑基线及建筑方格网的布设
资讯学时	5		
资讯方式	在图书馆杂志、教材、互联网及信息单上查询问题;咨询任课教师		
资讯问题	问题一:什么是控制测量? 其意义和内容是什么?		
	问题二:什么是三角测量? 什么是导线测量?		
	问题三:常用施工平面控制网有哪些?		
	问题四:水平角度测量的原理是什么?		
	问题五:水平角测量的方法有哪些? 其适用具体工作是什么?		
	问题六:经纬仪的检验与校正包括哪些工作内容?		
	问题七:距离测量的方法有哪些?		
	问题八:钢尺量距应注意哪些问题? 直线定向如何进行?		
	问题九:相对误差如何计算? 其限度如何确定?		
	问题十:视距测量的原理是什么? 描述其计算公式。		
	问题十一:描述地面上点的平面定位的测量方法。		
	问题十二:布设建筑基线及建筑方格网应注意哪些? 如何测设?		
	问题十三:在测设三点"一"字形的建筑基线时,为什么基线点不应少于三个?		
	问题十四:当建筑基线上三点不在一条直线上时,如何调整?		
	问题十五:建筑基线一般有几种形式? 分别适用于哪些具体建筑场区?		
	问题十六:建筑基线测设方法有哪些? 如何测设?		
	问题十七:布设建筑方格网时,精度如何确定?		
	问题十八:建筑方格网测设步骤是怎样的?		
	问题十九:建筑方格网网点放样检核时应注意哪些主要环节?		
	学生需要单独资讯的问题……		
资讯引导	1. 在本教材信息单中查找; 2. 在《测量员岗位技术标准》查找。		

信 息 单

活动一　施工平面控制测量的意义和内容

一、控制测量的概念

无论工程规划设计前的地形图测绘,还是建筑物的施工放样和施工后的变形观测等工作,都必须遵循"从整体到局部,从高级到低级,先控制后碎部"的原则,即首先要在测区内选择若干有控制意义的控制点,按一定的规律和要求组成网状几何图形,称之为控制网。控制网有国家控制网、城市控制网和小地区控制网。为建立测量控制网而进行的测量工作称控制测量。控制测量是其他各种测量工作的基础,具有控制全局和限制测量误差传播及累积的重要作用。

二、平面控制测量及控制网

确定控制点平面位置的工作称为平面控制测量。平面控制测量的常规方法是三角测量和导线测量。三角测量,即在地面上选定一系列的点,构成连续三角形,测定三角形各顶点水平角,并根据起始边长、方位角和起始点坐标,经数据处理确定各顶点平面位置的测量方法。导线测量,即在地面上按一定要求选定一系列的点依相邻次序连成折线,并测量各线段的边长和转折角,再根据起始数据确定各点平面位置的测量方法。

在全国范围内建立的平面控制网称为国家平面控制网。它是全国各种比例尺测图的基本控制和工程建设的基本依据,并为确定地球的形状和大小及其他科学研究提供资料。国家平面控制网精度从高到低分为一等、二等、三等、四等四个等级,逐级控制。一等精度最高,是国家平面控制网的骨干,二等是国家平面控制网的全面基础,三、四等是二等平面控制网的进一步加密。国家平面控制网主要采用三角测量的方法布设成三角网(锁),如图 3-1 所示,也可布设成三边网、边角网和导线网。

要建立平面控制网,除了三角测量和导线测量这些常规测量方法之外,还可应用 GPS 测量(即全球定位系统)。GPS 测量能测定地面点的三维坐标,具有全天候、高精度、自动化、高效益等显著特点。

为城市和工程建设需要而建立的平面控制网称为城市平面控制网,它一般是以国家控制网点为基础,布设成不同等级的控制网。国家平面控制网和城市平面控制网的测量工作由测绘部门完成,成果资料可从有关测绘部门索取。

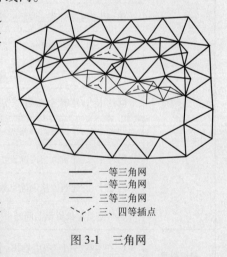

——— 一等三角网
——— 二等三角网
——— 三等三角网
⌐⌐⌐ 三、四等插点

图 3-1　三角网

三、小地区平面控制网

在小地区内(即一般面积在 15 km^2 以下范围内)建立的平面控制网称为小地区平面控制网。小地区平面控制网测量应与国家控制网或城市控制网联测,以便建立统一坐标系统;在无条件与之联测时,可在测区内建立独立控制网。小地区平面控制网应视测区面积的大小按精度要求分级建立,一般采用小三角网或相应等级导的线网。在测区范围内建立的精度最高的控制网称首级控制网。直接为测图需要建立控制网称为图根控制网。其关系列于表 3-1 中。

表 3-1　小地区平面控制网的建立关系表

测区面积/km^2	首级控制	图根控制
1 ~ 15	一级小三角或一级导线	两级图根
0.5 ~ 2	二级小三角或一级导线	两级图根
0.5 以下	图根三角或图根导线	

施工测量应建立施工控制网,平面控制网常用的有建筑基线、建筑方格网和导线控制网。对于地面平整而又简单的小型施工场地,常布置一条或几条建筑基线。

活动二　水平角度测量

一、水平角测量原理

水平角测量用于确定点的平面位置和定线。

水平角是一点到两目标的方向线垂直投影在同一水平面上所夹的角度,或指分别过两条直线所作的竖直面间所夹的二面角。如图 3-2 所示,设 A,B,O 为地面上任意三点。O 为测站点,A,B 为目标点,则从 O 点观测 A,B 的水平角为 OA,OB 两方向线垂直投影 $O'A',O'B'$ 在水平面上所成的 $\angle A'O'B'$,或为过 OA,OB 的竖直面间的二面角。

在图 3-2 中,为了获得水平角 β 的大小,假想有一个能安置成水平的刻度圆盘,且圆盘中心可以处在过 O 点的铅垂线上的任意位置 O'';另有一个瞄准设备,能分别瞄准 A 点和 B 点,且能在刻度圆盘上获得相应的读数 a 和 b,则水平角为

$$\beta = b - a \qquad (3-1)$$

角值范围为 $0° \sim 360°$。这就是水平角的测量原理。

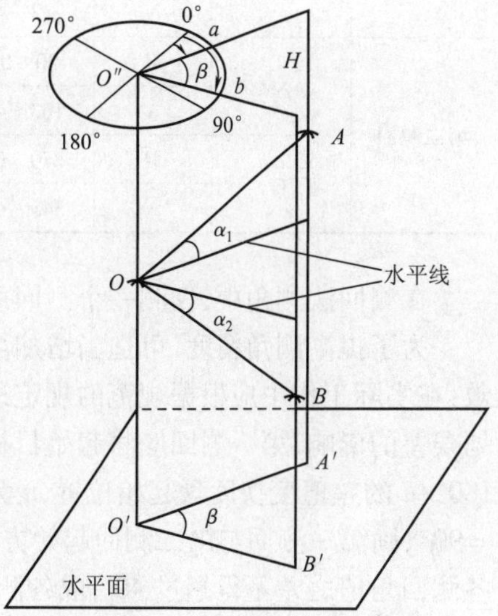

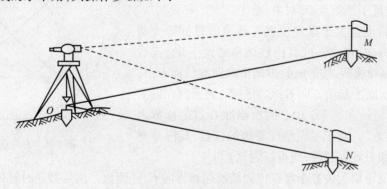

图 3-2　水平角和竖直角测量原理

二、水平角测量

水平角的观测方法一般根据目标的多少、测角精度的要求和施测时所用的仪器来确定,常用的观测方法有测回法和方向观测法两种。

(一)测回法

测回法适用于观测只有两个方向的单个水平角。如图 3-3 所示,M,O,N 分别为地面上的三点,欲测定 OM 与 ON 所构成的水平角,其操作步骤如下:

图 3-3　测回法示意

(1)将经纬仪安置在测站点 O,对中、整平。

(2)使经纬仪置于盘左位置(竖盘在望远镜的左边,又称为正镜),瞄准目标 M,读取读数 $m_左$,顺时针旋转照准部,瞄准目标 N,并读取读数 $n_左$,以上称为上半测回。上半测回的角值 $\beta_左 = n_左 - m_左$。

(3)倒转望远镜成盘右位置(竖盘在望远镜观测方向的右边,又称倒镜),瞄准目标 N,读得 $n_右$,按顺时针方向旋转照准部,瞄准目标 M,读得 $m_右$,以上称为下半测回。下半测回角值 $\beta_右 = n_右 - m_右$。

(4)上、下半测回构成一个测回。对 DJ_6 光学经纬仪,若上、下半测回角度之差 $\beta_左 - \beta_右 \leqslant \pm 40''$,则取 $\beta_左,\beta_右$ 的平均值作为该测回角值 $\beta = \dfrac{1}{2}(\beta_左 + \beta_右)$。若 $\beta_左 - \beta_右 > \pm 40''$,则应重测。

测回法测角的记录和计算举例见表 3-2。

表3-2　测回法观测手簿

测站	竖盘位置	目标	水平度盘读数/ (° ′ ″)	半测回角值/ (° ′ ″)	一测回角值/ (° ′ ″)	各测回平均角值/ (° ′ ″)	备注
第一测回	左	M	0 12 18	73 35 48	73 35 42	73 35 36	
		N	73 48 06				
	右	M	180 13 00	73 35 36			
		N	253 48 36				
第二测回	左	M	90 08 18	73 35 36	73 35 30		
		N	163 43 54				
	右	M	270 08 36	73 35 24			
		N	343 44 00				

在测回法测角中,仅测一个测回可以不配置度盘起始位置。

为了提高测角精度,可适当增加测回数,但测回数增加到一定次数后,精度的提高逐步缓慢而趋于收敛,在实际工作中应根据规范的规定进行。当测角精度要求较高,需要观测多个测回时,为了减小度盘分划误差的影响,第一测回应将起始目标的读数用度盘变换手轮调至0°00′稍大一些。其他各测回间应按180°/n的差值变换度盘起始位置,n为测回数。例如,当测回数 n = 2 时,度盘起始方向的读数为180°/2 = 90°,则第一测回与第二测回起始方向的读数应分别等于或略大于0°与90°。用 DJ₆ 光学经纬仪观测时,各测回角值之差不得超过40″,取各测回平均值为最后成果。

（二）方向观测法

方向观测法适用于在一个测站需要观测三个及三个以上方向（即观测多个角度）时应用。该方法以某个方向为起始方向（又称零方向）,依次观测其余各个目标相对于起始方向的方向值,则每一角度就组成该角的两个方向值之差。

如图3-4所示,O 为测站点,A、B、C、D 为四个目标点,欲测定 O 到各目标方向之间的水平角,操作步骤如下:

1. 测站观测步骤

（1）将经纬仪安置于测站点 O,对中、整平。

（2）盘左位置:将度盘置于盘左位置并选定一目标较为明显的点 C 作为起始方向,将水平度盘读数调至略大于0°,读取此读数。松开水平制动螺旋,按顺时针方向依次照准目标 D, A, B,并读数。最后再次瞄准起始方向 C,称为归零,并读数。以上为上半测回,将读数记录在表3-3中。两次瞄准 C 点的读数之差称为"半测回归零差"。对于不同精度等级的仪器,其限差要求不同,见表3-4。如归零差超限,应重新观测。

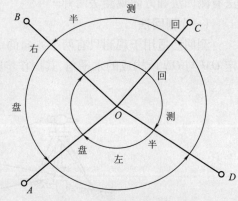

图3-4　方向观测法示意

（3）盘右位置:倒转望远镜置于盘右位置瞄准起始方向 C,并读数。然后按逆时针依次照准目标 B, A, D, C,并读数记录在表3-3中。同样,归零差不应超限。以上称为下半测回。

上、下半测回构成一个测回,在同一测回内不能第二次改变水平度盘的位置。当精度要求较高,需测多个测回时,各测回间应按180°/n 配置度盘起始方向的读数。规范规定三个方向的方向法可以不归零,超过三个方向必须归零。

2. 记录计算

方向观测法的观测手簿见表3-3。上半测回各方向的读数从上往下记录,下半测回各方向读数按从下往上的顺序记录。

（1）归零差的计算。对起始方向,应分别计算盘左两次瞄准的读数差和盘右两次瞄准的读数差 Δ,并记入表3-3中。若"归零差"超限,则应及时进行重测。

（2）两倍视准误差2c 的计算:

$$2c = 盘左读数 - （盘右读数 \pm 180°）　　　　　　　(3-2)$$

各方向的 $2c$ 值分别列入表 3-3 中第 6 栏。在同一测回内同一台仪器的各方向的 $2c$ 值应为一个定数，若有互差，其变化值不应超过表 3-4 规定的范围。

表 3-3　方向观测法观测手簿

| 测站 | 测回数 | 目标 | 水平读盘读数 | | $2c$ ($''$) | 平均读数 (° ′ ″) | 归零方向值 (° ′ ″) | 各测回归零方向值的平均值 (° ′ ″) | 角值 (° ′ ″) |
			盘左 (° ′ ″)	盘右 (° ′ ″)					
1	2	3	4	5	6	7	8	9	10
O	1	C	0 02 06	180 02 00	+6	(0 02 06) 0 02 03	0 00 00	0 00 00	∠COD = 51 13 28
		D	51 15 42	231 15 30	+12	51 15 36	51 13 30	51 13 28	
		A	131 54 12	311 54 00	+12	131 54 06	131 52 00	131 52 02	∠DOA = 80 38 34
		B	182 02 24	2 02 24	0	182 02 24	182 00 18	182 00 22	
		C	0 02 12	180 02 06	+6	0 02 09			∠AOB = 50 08 20
	2	C	90 03 30	270 03 24	+6	(90 03 32) 90 03 27	0 00 00		
		D	141 17 00	321 16 54	+6	141 16 57	51 13 25		∠BOC = 177 59 38
		A	221 55 42	41 55 30	+12	221 55 36	131 52 04		
		B	272 04 00	92 03 54	+6	272 03 57	182 00 25		
		C	90 03 36	270 03 36	0	90 03 36			

（3）各方向平均读数的计算：

$$平均读数 = \frac{盘左读数 - (盘右读数 \pm 180°)}{2}$$ （3-3）

计算时，以盘左读数为准，将盘右读数加或减 180° 后和盘左读数取平均，其结果列入表 3-3 中第 7 栏。

（4）归零后方向值的计算。将各方向的平均读数分别减去起始方向的平均读数，即得归零后的方向值。表 3-3 中起始方向 C 的平均读数为

$$\frac{0°02'03'' + 0°02'09''}{2} = 0°02'06''$$

各方向归零方向值列入表 3-3 中第 8 栏。

（5）各测回归零后平均方向值的计算。当一个测站观测两个或两个以上测回时，应检查同一方向值各测回的互差。互差要求见表 3-4。若检查结果符合要求，取各测回同一方向归零后的方向值的平均值作为最后结果，列入表 3-3 中第 9 栏。

（6）水平角的计算。根据各测回归零后方向值的平均值，计算相邻方向值之差，即为两邻方向所夹的水平角，计算结果列入表 3-3 中第 10 栏。

方向观测法的限差要求见表 3-4。其中任何一项限差超限均应重测。

表 3-4　水平角观测限差

经纬仪型号	半测回归零值/ ($''$)	一测回内 $2c$ 互差/ ($''$)	同一方向值各测回互差/ ($''$)
DJ_2	8	13	9
DJ_6	18	30	24

三、经纬仪的检验与校正

经纬仪的检验与校正，就是用一定的方法检查仪器各轴线是否满足所要求的条件，若不满足，则进行校正使其满足。经纬仪检验和校正的项目较多，但通常只进行主要轴线间的几何关系的检校。

(一)经纬仪应满足的几何条件

如图3-5所示,经纬仪的主要轴线有:照准部的旋转轴(即竖轴)VV、照准部水准管轴LL、望远镜的旋转轴(即横轴)HH及视准轴CC。根据角度测量原理,经纬仪要准确地测量出水平角和竖直角,各轴线之间应满足的几何条件有:

(1)照准部水准管轴应垂直于仪器竖轴,即LL⊥VV。

(2)望远镜十字丝竖丝应垂直于仪器横轴HH。

(3)视准轴应垂直于仪器横轴,即CC⊥HH。

(4)仪器横轴应垂直于仪器竖轴,即HH⊥VV。

除此以外,经纬仪一般还应满足竖盘指标差为零,以及光学对点器的光学垂线与仪器竖轴重合等条件。

一般仪器在出厂时,以上各条件都能满足,但在搬运过程中受到碰撞或长时间使用中由于震动以及气温变化等影响会使各方面条件发生变化。因此,在使用仪器作业前,必须对仪器进行检验与校正,即使新仪器也不例外。

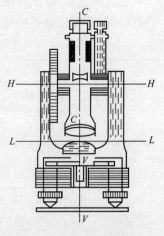

图3-5 经纬仪主要轴线

(二)检验与校正

在经纬仪检校之前,应先作一般性检验,如三脚架是否稳定完好,仪器与三脚架头的连接是否牢固,仪器各部件有无松动,仪器各螺旋是否灵活有效等。确认性能良好后,可继续进行仪器检校。否则,应查明原因并及时处理。

1. 水准管轴垂直于竖轴的检验与校正

(1)检验。首先将仪器粗略整平,然后转动照准部使水准管平行于任意两个脚螺旋连线方向,调节这两个脚螺旋使水准管气泡居中,再将仪器旋转180°,如果气泡仍然居中,表明条件满足,否则,需要校正。

(2)校正。若竖轴与水准管不垂直,则如图3-6(a)所示,当水管轴水平时,竖轴倾斜,且与铅垂线偏离了α角。当仪器绕竖轴旋转180°后,竖轴不垂直于水准管轴的偏角为2α,如图3-6(b)所示。角2α的大小可由气泡偏离的格数来度量。

校正时,先用校正针拨动水准管一端的校正螺丝,使气泡返回偏离量的一半,如图3-6(c)所示。再转动角螺旋,使气泡居中,此时水管轴水平并垂直于竖轴,如图3-6(d)所示。此项检校需反复进行,直到仪器旋转到任意方向,气泡仍然居中,或偏离不超过一个分划格。

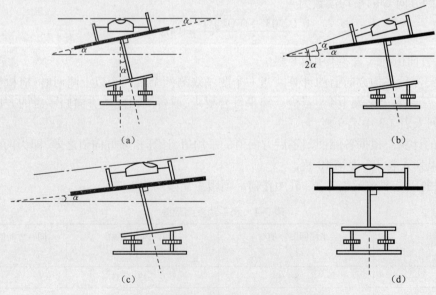

(a)　　　　　　　　　　　　　(b)

(c)　　　　　　　　　　　　　(d)

图3-6 水准管轴垂直于竖轴的检验与校正

2. 十字丝的竖丝垂直于横轴的检验与校正

(1)检验。用十字丝竖丝的上端或下端精确对准远处一明显的目标点,固定水平制动螺旋和望远镜制动螺旋,用望远镜微动螺旋使望远镜绕横轴作微小转动,如果目标点始终在竖丝上移动,说明条件满足。否则,就需要校正。十字丝检验示意图如图3-7所示。

（2）校正。与水准仪中横丝应垂直于竖轴的校正方法相同，只不过此处应使竖丝竖直。如图3-8所示，微微旋松十字丝环的四个固定螺钉，转动十字丝环，直到望远镜上下俯仰时竖丝与点状目标始终重合为止。最后拧紧各固定螺钉，并旋上护盖。此项检校也需反复进行，直到条件满足。

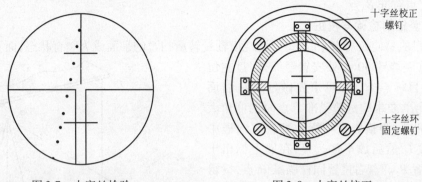

图3-7 十字丝检验　　　　　　　　　　　　图3-8 十字丝校正

3. 视准轴垂直于横轴的极验与校正

当望远镜绕横轴旋转时，若视准轴与横轴垂直，视准轴所扫过的面为一竖直平面；若视准轴与横轴不垂直，则所扫过的面为圆锥面。检校的方法有两种。

1）盘左盘右瞄点法。

（1）检验。先在盘左位置瞄准远处水平方向一明显目标点 A，读取水平度盘读数，设为 M_L；然后在盘右位置瞄准同一目标点 A，读取水平度盘读数，设为 M_R。若 $M_L = M_R$，说明条件满足。否则，条件不满足。视准轴不垂直于横轴所偏离的角度称为视准轴误差，用 c 表示，即按式（3-3）计算的结果除以2。对普通经纬仪，当 c 超过 $\pm 1'$ 时，需进行校正。

（2）校正。在盘右位置用水平微动螺旋使水平度盘读数为

$$\overline{M}_R = \frac{1}{2}\left[M_R + (M_L \pm 180°) \right] \tag{3-4}$$

再从望远镜中观察，此时十字丝交点已偏离目标点 A。校正时，取下十字丝环的保护罩，通过调节十字丝环的左右两个校正螺钉（见图3-8），使十字丝交点重新照准目标点 A。此项检校应反复进行，直至 $c \leqslant \pm 1'$。

这种方法适用于 DJ_2 经纬仪和其他双指标读数的仪器。对于单指标读数的经纬仪（DJ_6 或 DJ_6 以下），只有在度盘偏心差很小时才能见效。否则，$2c$ 中包含了较大的偏心差，校正时将得不到正确结果。因此，对于单指标读数仪器，常用另一种方法检校。

2）四分之一法

（1）检验。在平坦地面上选择 A,B 两点，相距应大于20 m，将经纬仪安置在 A,B 中间的 O 点处，并在 A 点设置一瞄准标志，在 B 点横置一支有毫米刻划的尺子，注意标志和横置的直尺应与仪器同高。以盘左位置瞄准 A 点，固定照准部，倒转望远镜，在 B 点横尺上读得 B_1 点，如图3-9（a）所示。再以盘右位置照准 A 点，固定照准部，倒转望远镜，在 B 点横尺上读得 B_2 点，如图3-9（b）所示。若 B_1,B_2 两点重合，说明条件满足，否则，需要校正。

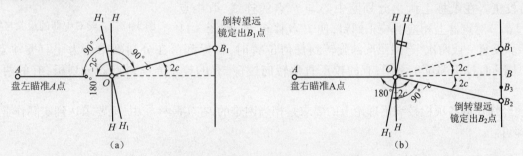

（a）　　　　　　　　　　　　　　　　（b）

图3-9 视准轴垂直于横轴的极验与校正

由图3-9可以看出，若仪器至横尺的距离为 D，以米为单位。则 c 可写成

$$c = \rho \frac{B_1 B_2}{4D} \tag{3-5}$$

式中：B_1B_2——B_1，B_2两点连线的长度，单位为米。

（2）校正。校正时，在横尺上定出B_1，B_2两点连线中点B点的位置，然后定出B，B_2两点连线中点B_3的位置。此时，与盘左盘右瞄点法的校正方法一样，先取下十字丝环的保护罩，再通过调节十字丝环的校正螺钉，使十字丝交点对准B_3点。

4. 横轴垂直竖轴的检验与校正

此项检校的目的是使仪器水平时，望远镜绕横轴旋转所扫过的平面成为竖直状态，而不是倾斜的。

（1）检验。在距墙壁 30 m 处安置经纬仪，盘左位置瞄准一明显的目标点 P 点（可事先做好贴在墙面上），如图3-10所示，要求望远镜瞄准 P 点时的仰角大于30°。固定照准部，调整竖盘指标水准管气泡居中后，读取竖盘读数 L，然后放平望远镜，在墙上标出十字丝中点所对位置 P_1。盘右位置同样瞄准 P 点，读得竖盘读数 R，放平望远镜后在墙上得出另一点 P_2，P_1，P_2放在同一高度。若 P_1，P_2 两点重合，说明条件满足。若 P_1，P_2 两点不重合，则需要校正。

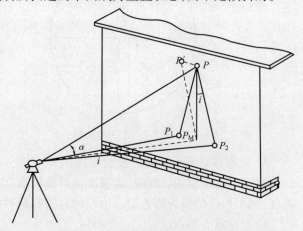

（2）校正。如图3-10所示，在墙上定出 P_1P_2 的中点 P_M。调节水平微动螺旋使望远镜瞄准 P_M 点，再将望远镜往上仰，此时，十字丝交点必定偏离 P 点而照准

图3-10　横轴垂直竖轴的检验与校正

P' 点。校正横轴一端支架上的偏心环，使横轴的一端升高或降低，移动十字丝交点位置，并精确照准 P 点。横轴不垂直于竖轴所构成的倾斜角 i 可通过式（3-6）计算：

$$i = \frac{\Delta \cot \alpha}{2D}\rho \tag{3-6}$$

式中：α——瞄准 P 点的竖直角，通过瞄准 P 点时所得的 L 和 R 算出；

D——仪器至建筑物的距离；

Δ——P_1，P_2 的间距。

反复检校，直至 i 角值不大于 l' 为止。

由于近代光学经纬仪将横轴密封在支架内，故使用仪器时，一般只进行检验，如 i 值超过规定的范围，应由专业修理人员进行修理。

5. 光学对中器的检验与校正

检校的目的是使光学对中器的视准轴与仪器旋转轴（竖轴）重合，即仪器对中后，绕竖轴旋转至任何方向仍然对中。

（1）检验。先安置好仪器，整平后在仪器正下方放置一块白色纸板，将光学对点器分划板中心投影到纸板上，如图3-11（a）所示，并作一标志点 P。然后，将照准部旋转180°，若 P 点仍在光学对点器分划圈内，说明条件满足，否则需校正。

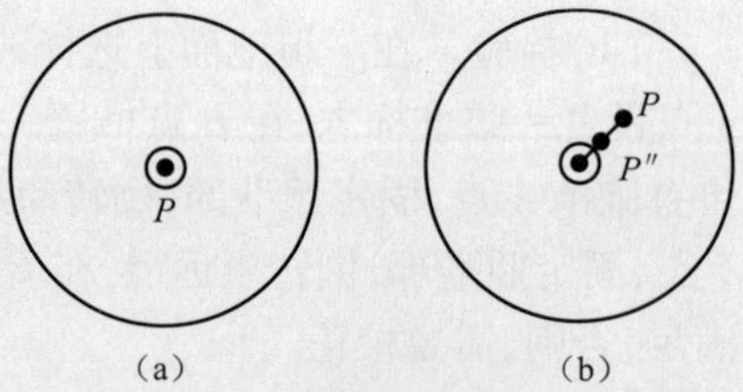

（2）校正。在纸板上画出分划圈中心与 P 点的连线，取中点 P''。通过调节对点器上相应的校正螺钉，使 P 点移至 P''，如图3-11

图3-11　光学对中器的检验与校正

（b）所示。反复一或两次，直到照准部旋转到任何位置时，目标都落在分划圈中心为止。要注意的是，仪器类型不同，校正部位也不同，有的校正直角转向棱镜，有的校正光学对点器分划板，有的两者均可校正。

要使经纬仪的各项检校满足理论上的要求是相当困难的，在实际检校中，只要求达到实际作业所需要的精度即可。

四、角度测量的误差与注意事项

在角度测量中，误差的主要来源有仪器误差、观测误差，以及外界条件的影响。

（一）仪器误差

仪器误差包括两个方面：一方面是仪器检校不完善所引起的残余误差，如视准轴不垂直于横轴，以及

横轴不垂直于竖轴等;另一方面是由于仪器制造加工不完善所引起的误差,如度盘偏心差、度盘刻划误差等。

(1)视准轴不垂直于横轴的误差。视准轴不垂直于横轴的误差,也称视准差,其对水平方向观测值的影响为2c。可以通过盘左、盘右两个位置观测取平均值来消除视准差的影响。

(2)横轴不垂直于竖轴的误差。横轴不垂直于竖轴的误差,常称为支架差,与视准差一样,也可通过盘左、盘右观测取平均值,来消除支架差的影响。

(3)竖轴倾斜误差。由于水准管轴应垂直于仪器竖轴的校正不完善而引起竖轴倾斜误差。此项误差不能用盘左,盘右取平均值的方法来消除。这种残余误差的影响与视线竖直角的正切成正比,因此,在观测前应严格检校仪器,观测时仔细整平,在观测过程上,要特别注意仪器的整平。在山区进行测量时,更应特别注意水准管轴垂直于竖轴的检校。

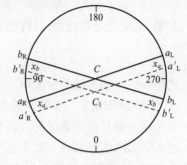

(4)度盘偏心差 c。度盘偏心差主要是度盘加工及安装不完善引起的。造成照准部旋转中心 C_1 与水平度盘分划中心 C 不重合,导致读数指标所指的读数含有误差,如图3-12所示。若 C 和 C_1 重合,瞄准目标 A,B 时正确读数为 a_L,b_L,a_R,b_R。若不重合,则读数为 a'_L,b'_L,a'_R,b'_R,比正确读数改变了 x_a,x_b。

采用对径分划符合读数可以消除度盘偏心差的影响。对于单指标读数的仪器,可通过盘左、盘右取平均值的方法来消除此项误差的影响。

图 3-12　度盘偏心差 c

(5)度盘刻划误差。度盘刻划误差是由于度盘的刻划不完善引起的。这项误差一般较小。

在高精度角度测量时,多个测回之间按一定方式变换度盘起始位置的读数,可以有效地削弱度盘刻划误差的影响。

(二)观测误差

(1)仪器对中误差。在测角时,若经纬仪对中有误差,将使仪器中心与测站点不在同一铅垂线上,造成测角误差。如图3-13所示,设 O 为测站点,A,B 为两目标点。由于仪器存在对中误差,仪器中心偏至 O',偏离量 OO' 为 e,β 为无对中误差时的正确角度,β' 为有对中误差时的实测角度。设 $\angle AO'O$ 为 θ,测站 O 至 A,B 的距离分别为 D_1,D_2。由于对中误差所引起的角度偏差为

$$\Delta\beta = \beta - \beta' = \varepsilon_1 + \varepsilon_2 \qquad (3\text{-}7)$$

$$\varepsilon_1 \approx \frac{\rho}{D_1}e\sin\theta, \quad \varepsilon_2 \approx \frac{\rho}{D_2}e\sin(\beta'-\theta)$$

$$\varepsilon = \varepsilon_1 + \varepsilon_2 = \rho e\left[\frac{\sin\theta}{D_1} + \frac{\sin(\beta'-\theta)}{D_2}\right] \qquad (3\text{-}8)$$

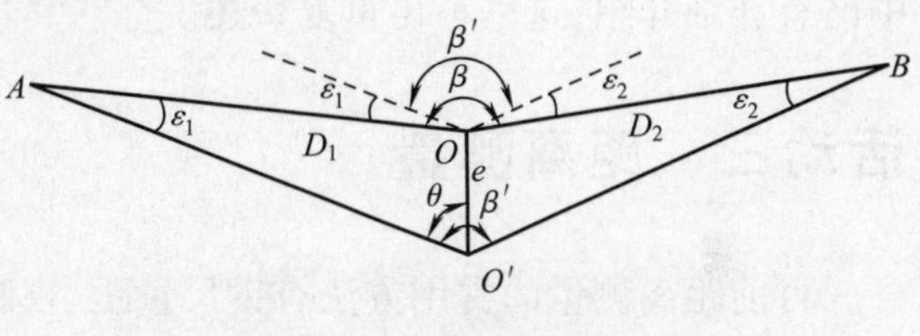

式中,ρ 以秒计。

图 3-13　仪器对中误差

从上式可知,对中误差的影响与偏心距 e 成正比,e 越大,$\Delta\beta$ 越大;与边长成反比,边越短,误差越大;与水平角的大小有关,$\theta,\beta'-\theta$ 越接近 $90°$,误差越大。当 $e=3$ mm,$\theta=90°$,$\beta'=180°$,$D_1=D_2=100$ m 时,由对中误差引起的偏差 ε 为

$$\varepsilon = \varepsilon_1 + \varepsilon_2 = \rho e\left[\frac{1}{D_1} + \frac{1}{D_2}\right] = 12.4'' \qquad (3\text{-}9)$$

因此,在观测目标较近或水平角接近 $180°$ 时,应特别注意仪器对中。

(2)目标偏心误差。目标偏心误差是由于标杆倾斜引起的。如图3-14所示,O 为测站点,A,B 为目标点。若立在 A 点的标杆是倾斜的,在水平角观测中,因瞄准标杆的顶部,则投影位置由 A 偏离至 A',产生偏心距,所引起的角度误差为:

$$\Delta\beta = \beta - \beta' = \frac{\rho e}{s}\sin\theta \qquad (3\text{-}10)$$

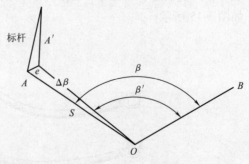

图 3-14　目标偏心误差

由式(3-10)可知,$\Delta\beta$ 与偏心距 e 成正比,与距离 s 成反比。偏心距的方向直接影响 $\Delta\beta$ 的大小,当 $\theta=90°$ 时,$\Delta\beta$ 最大。当 $e=10$ mm,$s=50$ m,$\theta=90°$ 时,目标偏

心引起的角度误差为

$$\Delta\beta = \beta - \beta' = \frac{\rho e}{s}\sin\theta = 41.3''$$

由以上可知,当目标较近时,目标偏心差对水平角的影响较大,因此,在竖立标杆或其他照准标志时,应立在通过测点的铅垂线上。观测时,望远镜应尽量瞄准目标的底部。

(3)仪器整平误差。角度观测时若气泡不居中,导致竖轴倾斜而引起的角度误差,不能通过改变观测方法来消除。因此,在观测过程中,必须保持水平度盘水平、竖轴竖直。在现一测回内,若气泡偏离超过2格,应重新整平仪器,并重新观测该测回。

(4)照准误差。测角时人眼通过望远镜瞄准目标而产生的误差称照准误差。照准误差与望远镜的放大率,人眼的分辨能力,目标的形状、大小、颜色、亮度和清晰度等因素有关。一般可用下式计算:

$$m_v = \pm\frac{60''}{v} \tag{3-11}$$

式中:v——望远镜的放大率。

(5)读数误差。读数误差与读数设备、观测者的经验及照明情况有关,其中主要取决于读数设备。对于采用分微尺读数系统的经纬仪,读数中误差为测微器最小分划值的1/10,因而对 DJ$_6$ 经纬仪一般不超过 ±6″,对 DJ$_2$ 经纬仪一般不超过 ±1″。但如果照明情况不佳,观测者技术不够熟练或显微镜目镜的焦距未调好,估读误差可能大大超过上述数值。

(三)外界条件影响带来的误差

外界环境对测角精度有直接的影响,且比较复杂,一般难以由人力来控制。如大风、烈日曝晒、松软的土质可影响仪器和标杆的稳定性;雾气会使目标成像模糊;温度变化会引起视准轴位置变化;大气折光变化致使视线产生偏折;等等。这些都会给角度测量带来误差,因此,应选择有利的观测条件,尽量避免不利因素对角度测量的影响。

五、电子经纬仪及全站仪测角

电子经纬仪及全站仪是实现了测角自动化、数字化的新一代电子测角仪器,在工作任务 2 的相关资讯中已有详细介绍,这里不再重复赘述。

活动三 距离测量

目前距离测量的常用方法有钢尺量距、视距测量、全站仪测距等。

一、钢尺量距

(一)钢尺量距的工具

1. 钢尺

在土建工程测量中,丈量两点之间的水平距离最常用的工具是钢尺。钢尺也称钢卷尺,由薄钢片制成。钢尺的长度有 20 m,30 m,50 m 等几种。钢尺一般卷放在圆形的尺壳内,也有的卷放在金属尺架上,如图 3-15 所示。

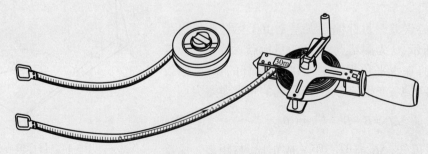

图 3-15 钢尺的外观

钢尺的基本分划有厘米和毫米两种,厘米分划的钢尺在起始的 10 cm 内刻有毫米分划,均在整米、整分米和整厘米处注记数字。由于尺上零刻划位置的不同,钢尺有端点和刻线尺之分,如图3-16所示。

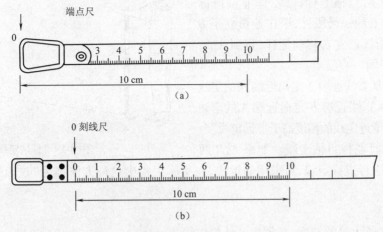

图3-16 钢尺的分划

2. 皮尺

皮尺是用麻线(或加入金属丝)织成的带状尺。长度有20 m,30 m,50 m数种。皮尺亦可卷放在圆形的尺壳内。尺上基本分划为厘米,尺面每十厘米和整米有注记数字,尺端钢环的外端为尺子的零点,如图3-17所示。皮尺携带和使用都很方便,但是容易伸缩,量距精度比钢尺低,一般用于低精度的地形细部测量和土方工程的施工放样等。

3. 钢尺量距的辅助工具

钢尺量距的辅助工具有测钎、标杆、垂球、弹簧秤和温度计等。测钎(见图3-18(a))由直径3~6 mm的粗钢丝制成,长约30 cm,上端弯成小圆环,下端磨尖,便于插入土中,用来标志所测尺段的起、止点位置。标杆(见图3-18(b))长2~3 m,杆上涂以20 cm间隔的红、白漆,通常用来进行直线定线。垂球是用金属制成的圆锥形重物,它上大下尖,上端的中心悬吊在细线下端,当自由静止时,细线和垂球尖即在同一垂线上。钢尺量距中,垂球主要用于倾斜地面照准之用。弹簧秤(见图3-18(c))用以控制施加在钢尺上的拉力。测定温度是为了计算尺长温度改正值。

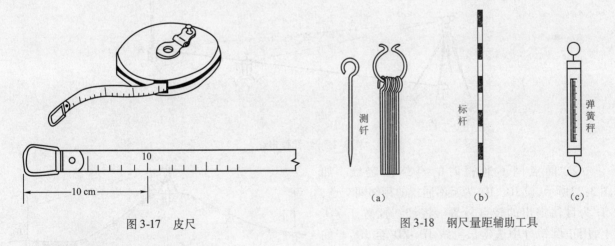

图3-17 皮尺   图3-18 钢尺量距辅助工具

(二)钢尺量距的一般方法

1. 直线定线

如果地面上两点之间的距离超过一个整尺长度,就要把距离分成若干尺段进行丈量,这时要求各尺段的端点必须在同一直线上。标定各尺段端点在同一直线上的工作称为直线定线。直线定线的方法有目估定线和经纬仪定线两种。

1)目估定线

目估定线精度较低,但能满足一般量距的精度要求。

（1）两点间通视时花杆目估定线。如图 3-19 所示，设 A，B 为直线的两个端点，要在 AB 直线上定出 1，2 等点。先在 A，B 两点插上标杆，乙作业员持标杆在 AB 直线上距 A 点约一尺段处，甲作业员立于 B 点标杆后约 1 m 处指挥乙左右移动标杆，直到 A，1，B 三根标杆精确处于同一直线上。

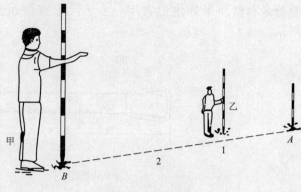

图 3-19　目估定线

其中定线的程序从直线远端 A 走向近端 B 的定线方法称为走近定线，从直线近端 B 走向远端 A 的定线方法称为走远定线。走近定线的精度高于走远定线。

（2）两点间通视时花杆目估定线。如果 A，B 两点互不通视，此时想进行直线定线，可采用逼近法，在实际工程中这种方法称为"过山头定线"或"障碍定线"，如图 3-20 所示。

2）经纬仪定线

精确量距时为保证丈量的精度，必须用经纬仪定线。

（1）两点间通视时经纬仪定线。如图 3-21 所示，在 A 点安置经纬仪，对中整平后照准 B 点，制动照准部，使望远镜向下俯视，用手指挥另一人移动标杆到与经纬仪十字丝纵丝重合时，在标杆的位置插入测钎准确定出 1 点的位置。依此类推依次定出 2 点、3 点。

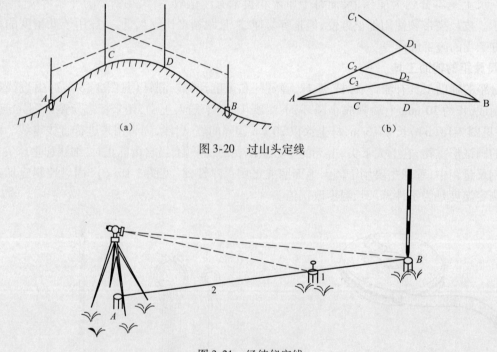

（a）

（b）

图 3-20　过山头定线

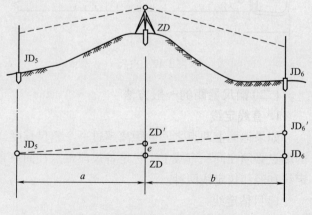

图 3-21　经纬仪定线

（2）两点间不通视时的经纬仪定线。如图 3-22 所示，设 JD_5、JD_6 为互不通视的相邻两交点，ZD' 为目估定出的转点位置。将经纬仪置于 ZD' 上，用正倒镜分中法延长直线 JD_5-ZD' 至 JD_6'。如 JD_6' 与 JD_6 重合或偏差 f 在路线容许移动的范围内，则转点位置即为 ZD'，此时应将 JD_6 移至 JD_6'，并在桩顶上钉上小钉表示交点位置。

当偏差 f 超过容许范围或 JD_6 为死点，不许移动时，则需重新设置转点。设 e 为 ZD' 应横向移动的距离，仪器在 ZD' 处，用视距测量方法测出距离 a，b，则

图 3-22　两不通视交点间设置转点

$$e = \frac{a}{a+b}f \tag{3-12}$$

将 ZD′沿偏差 f 的相反方向横移 e 至 ZD。将仪器移至 ZD,延长直线 JD$_5$-ZD 看其是否通过 JD$_6$ 或偏差 f 是否小于容许值。否则应再次设置转点,直至符合要求为止。

2. 平坦地面量距

如图 3-23 所示,要丈量 A,B 两点间距离,后尺手持尺的零端点位于 A 点,前尺手持尺的末端并携带一束测钎行至一尺段处。后尺手把尺零端点对准 A 点,前、后尺手共同将钢尺拉平、拉紧、拉稳,前尺手将测钎对准钢尺未端刻划垂直插入地面(坚硬地面处可用铅笔划线标记)。量完第一尺段后两个尺手共同提起钢尺前进,同法丈量第二尺段,依此丈量,直到量出最后不足一尺段的余长,于是 A,B 两点间的水平距离为

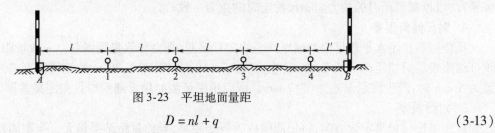

图 3-23 平坦地面量距

$$D = nl + q \tag{3-13}$$

式中:n——尺段数;

l——钢尺的尺长;

q——不足一整尺的余长。

为了校核和提高精度,还要进行返测,用往、返测长度之差 ΔD 与全长平均数 $D_{平均}$ 之比,并化成分子为 1 的分数来衡量距离丈量的精度。这个比值称为相对误差 k

$$k = \frac{|D_{往} - D_{返}|}{D_{平均}} = \frac{1}{\dfrac{D_{平均}}{|D_{往} - D_{返}|}} \tag{3-14}$$

平坦地区钢尺量距相对误差不应大于 1/3 000,在困难地区相对误差不应大于 1/1 000。如果满足这个要求,则取往测和返测的平均值作为该两点间的水平距离。

$$D = D_{平均} = \frac{1}{2}(D_{往} + D_{返}) \tag{3-15}$$

3. 倾斜地面量距

倾斜地面的距离测量可采用平量法或斜量法。

1)平量法

当地面坡度较大,不可能将整根钢尺拉平丈量时,则可将直线分成若干小段进行丈量,每段的长度视坡度大小、量距的方便而定,如图 3-24 所示。钢尺的水平情况可由第三人在尺子侧旁适当位置目估判定。垂球线可作为量距读数的依据。各测段丈量结果总和即为直线的水平距离。此种方法为平量法。

$$D = \sum_{i=1}^{n} l_i \tag{3-16}$$

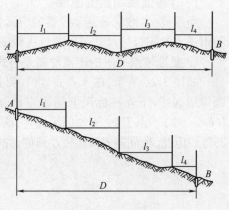

图 3-24 平量法

2)斜量法

如果地面上两点的坡度较均匀,可采用斜量法。如图 3-25 所示,先用钢尺量出 AB 两点间的倾斜距离 L,再测出两点间高差 Δh,则 AB 两点间的水平距离 D 可以求出

$$D = L\cos\alpha \tag{3-17}$$

$$D = \sqrt{L^2 - \Delta h^2} \tag{3-18}$$

(三)钢尺量距误差及注意事项

影响钢尺量距精确的因素很多,下面分析产生误差的主要来源和注意事项。

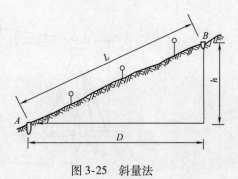

图 3-25 斜量法

1. 尺长误差

钢尺的名义长度与实际长度不符,会产生尺长误差。尺长误差随所量距离的增长而增大,具有累积性。因此,新购的钢尺应经过检验,以便进行尺长改正。

2. 温度误差

钢尺的长度随温度变化,量距时温度和钢尺检定时的标准温度不一致,或测定的空气温度与钢尺温度不一致,都会产生温度误差。在阳光暴晒下钢尺与环境温度可差 5 ℃。所以,量距宜在阴天进行,应尽可能用半导体温度计测定尺温。

3. 拉力误差

钢尺具有弹性,拉力的大小会影响钢尺的长度。一般量距时保持拉力均匀即可。精密量距时应使用弹簧秤,以控制量距时的拉力与钢尺检定时的拉力一致。

4. 钢尺倾斜误差

量距时钢尺不水平或尺段两端点高差测定有误差,都会导致量距误差。一般量距用目估法持平钢尺,统计结果表明对量距产生约 3 mm 误差。从式(3-18)分析,对于 30 m 的钢尺当高差 $h = 1$ m,高差测定误差为 5 mm 时,产生测距误差为 0.17 mm。所以精密量距时用普通水准仪测定高差即可。

5. 定线误差

量距时钢尺偏离定线方向,将使测线成为折线距离,导致量距结果偏大。当距离较长或量距精度较高时,可利用仪器定线。

6. 丈量误差

钢尺端点对不准、测钎插不准及读数误差都属于丈量误差,这种误差对量距结果的影响有正有负,大小不定。在丈量时应尽量认真操作,以减小丈量误差。

二、普通视距测量

视距测量是根据几何光学和三角测量原理测距的一种方法。精密视距测量精度可达1/2 000,目前已被光电测距仪取代。普通视距测量精度一般为1/200～1/300,但由于操作简便,不受地形起伏限制,可同时测定距离和高差,被广泛用于测距精度要求不高的地形测量中。

(一)普通视距测量原理

经纬仪、水准仪等光学仪器的望远镜中都有与横丝平行、上下等距对称的两根短横丝,称为视距丝。利用视距丝配合标尺就可以进行视距测量。

1. 视准轴水平时的距离与高差公式

如图 3-26 所示,在 A 点安置仪器,并使视准轴水平,在 1 点或 2 点立标尺,视准轴与标尺垂直。对于倒像望远镜,下丝在标尺上读数为 a,上丝在标尺上读数为 b,下、上丝读数之差称为视距间隔或尺间隔 $l(l = a - b)$。由于上、下丝间距固定,两根丝引出的视线在竖直面内的夹角 φ 是一个固定角度(约为34′23″)。因此,尺间隔 l 和立尺点到测站的水平距离 D 成正比,即

$$\frac{D_1}{l_1} = \frac{D_2}{l_2} = K \tag{3-19}$$

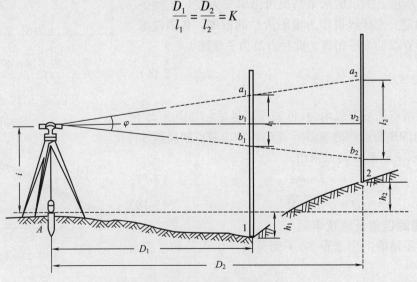

图 3-26　视距测量原理—视线水平

比例系数 K 称为视距乘常数,由上、下丝的间距来决定。制造仪器时通常使 $K=100$。因而视准轴水平时的视距公式为

$$D = Kl = 100l \tag{3-20}$$

同时由图 3-26 可知,测站点到立尺点的高差为

$$h = i - v \tag{3-21}$$

式中:i——仪器高,桩顶到仪器水平轴的高度;

v——中丝在标尺上的读数。

2. 视准轴倾斜时的距离与高差公式

在地面起伏较大的地区测量时,必须使视准轴倾斜才能读取尺的间隔,如图 3-27 所示。由于视准轴不垂直于标尺,不能使用式(3-20)和式(3-21)。如果能将尺间隔 ab 转换成与视准轴垂直的尺间隔 $a'b'$,就可按式(3-20)计算倾斜距离 L,根据 L 和竖直角 α 算出水平距离 D 和高差 h。

图 3-27 中的 $\angle aoa' = \angle bob' = \alpha$,由于 φ 角很小,可近似认为 $\angle bb'o$ 是直角,设 $l' = a'b'$,$l = ab$,则

$$l' = a'o + ob' = ao\cos\alpha + ob\cos\alpha = l\cos\alpha$$

根据式(3-20)得倾斜距离为

$$L = Kl' = Kl\cos\alpha$$

视准轴倾斜时的视距公式为

$$D = L\cos\alpha = Kl\cos^2\alpha \tag{3-22}$$

由图 3-27 可知,测站到立尺点的高差为

$$h = D\tan\alpha + i - v \tag{3-23}$$

式(3-23)中 D 可用式(3-22)代入,得

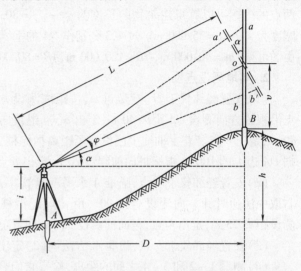

图 3-27　视线倾斜时视距测量

$$h = \frac{1}{2}Kl\sin2\alpha + i - v \tag{3-24}$$

(二)视距测量误差及注意事项

1. 读数误差

读数误差直接影响尺间隔 l,当视距乘常数 $K=100$ 时,读数误差将扩大 100 倍地影响距离测定。如读数误差为 1 mm,则对距离的影响为 0.1 m。因此,读数时应注意消除视差。

2. 标尺不竖直误差

标尺立得不竖直对距离的影响与标尺倾斜度和竖直角有关。当标尺倾斜 1°,竖直角为 30°时,产生的视距相对误差可达 1/100。为减小标尺不竖直误差的影响,应选用安装圆水准器的标尺。

3. 外界条件的影响

外界条件的影响主要有大气的竖直折光、空气对流使标尺成像不稳定、风力使尺子抖动等。因此,应尽可能使仪器高出地面 1 m,并选择合适的天气作业。

上述三种误差对视距测量影响较大。此外,还有标尺分划误差、竖直角观测误差、视距常数误差等。

三、全站仪测距

全站仪是实现了测距自动化、数字化的新一代电子仪器,在工作任务 2 的相关资讯中已有详细介绍,这里不再重复赘述。

活动四　地面上点的平面定位的测量方法

地面上点的平面定位的测量方法有直角坐标法、极坐标法、角度交会法和距离交会法等。可根据施工控制网的布设形式、控制点的分布情况、地形条件、放样精度要求以及施工现场条件等合理选用适当的测设方法。

一、直角坐标法

当施工场地布设有相互垂直的矩形方格网或主轴线,以及量距比较方便时可采用直角坐标法。测设时,先根据图纸上的坐标数据和几何关系计算测设数据,然后利用仪器工具实地设置点位。

现以图 3-28 所示为例说明具体方法。图中 OA,OB 为相互垂直的主轴线,它们的方向与建筑物相应两轴线平行。下面根据设计图上给定的 1,2,3,4 点的位置及 1,3 两点的坐标,用直角坐标法测设 1,2,3,4 各点的位置。

1. 计算测设数据

图 3-28 中,建筑物的墙轴线与坐标线平行,根据 1,3 两点的坐标可以算得建筑物的长度为 $y_3 - y_1 = 80.000$ m,宽度为 $x_1 - x_3 = 35.000$ m。过 4,3 分别作 OA 的垂线得 a,b,由图可得 $OA = 40.000$ m,$OB = 120.000$ m,$AB = 80.000$ m。

2. 实地测设点位

(1)安置经纬仪于 O 点,瞄准 A,按距离测设方法由 O 点沿视线方向测设 OA 距离 40 m,定出 a 点,继续向前测设 80 m,定出 b 点。若主轴线上已设置了距离指标桩,则可根据 OA 边上的 100 m 指标桩向前测设 20 m 定出 b 点。

(2)安置经纬仪于 a 点,瞄准 A 水平度盘置零,盘左盘右取中法逆时针方向测设直角 90°,由 a 点起沿视线方向测设距离 25 m,定出 4 点,再向前测设 35 m,即可定出 1 点的平面位置。

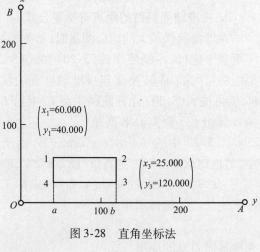

图 3-28　直角坐标法

(3)安置经纬仪于 b 点,瞄准 A,方法同(2)定出 3 和 2 两点的平面位置。

(4)测量 1-2 和 3-4 之间的距离,检查它们是否等于设计长度 80 m,较差在规定的范围内,测设合格。一般规定相对误差不应超过 1/2 000 ~ 1/5 000。在高层建筑或工业厂房放样中,精度要求更高。

直角坐标法计算简单,测设方便,是土建工程中建筑物测设的常用方法之一。

二、极坐标法

极坐标法是根据一个角度和一段距离测设点的平面位置。具备电子全站仪时,利用该方法测设点位具有很大的优越性。如采用经纬仪、钢尺测设,一般要求测设距离应较短,且便于量距的情况。现以图 3-29 为例说明极坐标法测设点位的基本原理。

图 3-29 中,A,B 为地面上的已知控制点,已知坐标分别为 x_A,y_A 和 x_B,y_B,P 点为待测建筑物的特征点,其设计坐标为 (x_P,y_P)。下面以 A、B 两点测设 P 点为例介绍极坐标测设步骤。

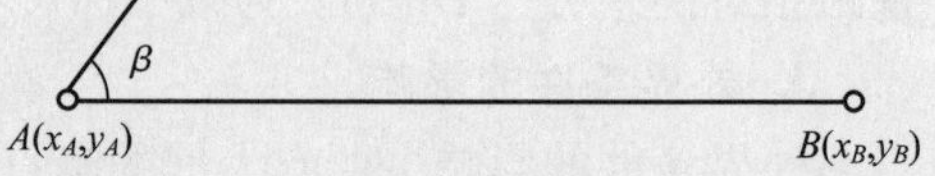

1. 计算测设数据

测设前,先根据已知点的坐标和待设点的坐标反算水平距离 d 和方位角,然后根据方位角求出水平角 β,水平角 β 和距离 d 是极坐标法的测设数据。其计算公式为

$$\alpha_{AB} = \arctan \frac{y_B - y_A}{x_B - x_A} \tag{3-25}$$

$$\alpha_{AP} = \arctan \frac{y_P - y_A}{x_P - x_A} \tag{3-26}$$

$$\beta = \alpha_{AB} - \alpha_{AP} \tag{3-27}$$

$$d_{AP} = \sqrt{(x_P - x_A)^2 + (y_P - y_A)^2} \tag{3-28}$$

图 3-29　极坐标法

2. 点位测设

实地测设时,可将经纬仪安置在 A 点,对中整平后,瞄准 B 点,水平度盘置零,逆时针方向测设 β 角,并在此方向上自 A 点测设 d_{AP} 长度,标定 P 点的位置。为确保精度,待其他各点全部测设完毕后,用其他点与 P 点的数据关系进行校核。

若采用电子全站仪测设,则不受地形条件的限制,测设距离可较长。尤其是电子全站仪既能测角又能测距,且内部固化有计算程序,可直接进行坐标放样。所以,应用极坐标法能极大地发挥全站仪的功能。

三、角度交会法

角度交会法适用于待测设点位离控制点较远或不便于量距的情况下。它是通过测设两个或多个已知角度,交会出待定点的平面位置。角度交会法又称方向交会法。

如图 3-30 所示,A,B,C 为坐标已知的平面控制点,P 为待测设点,其设计坐标为 $P(x_P,y_P)$,现根据 A,B,C 三点测设 P 点。

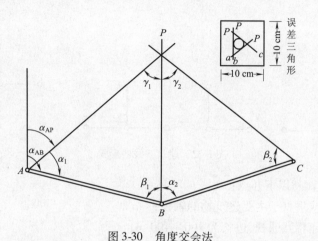

图 3-30　角度交会法

1. 计算测设数据

测设时,应先根据坐标反算公式分别计算出 α_{AB},α_{AP},α_{BP},α_{CP},α_{CB},然后计算测设数据 α_1,β_1,β_2。

2. 实地测设点位

在 A,B 两个控制点上安置经纬仪,分别测设出相应的 β 角,但应注意实地测设时的后视已知点与计算时所选用的后视方向相同。当测设精度要求较低时,可用标杆作为照准目标,通过两个观测者指挥把标杆移到待定点的位置。当精度要求较高时,先在 P 点处打下一个大木桩,并由观测员指挥,在木桩上依 AP,BP 绘出方向线及其交点 P。然后在控制点 C 上安置经纬仪,同样可测设出 CP 方向。若交会没有误差,此方向应通过前两方向线的交点,否则将形成一个"误差三角形",如图 3-30 所示。"误差三角形"的最大边长的限差视测设精度要求而定。例如,精密放样精度要求"误差三角形"的最大边长不超过 1 cm,若符合限差要求,取三角形的重心作为待定点 P 的最终位置。若误差超限,应重新交会。为提高交会精度,测设时交会角 γ_1,γ_2 宜在 $30°\sim150°$ 之间。

四、距离交会法

距离交会法是由两个控制点测设两段已知距离交出点的平面位置的方法。在施工场地平坦,量距方便且控制点离测设点不超过一尺段时采用此法较为适宜。

如图 3-31 所示,A,B,C 为已知平面控制点,1,2 为待测设点。首先,由控制点 A,B,C 和待设点 1,2 的坐标反算出测设数据 d_1,d_2,d_3,d_4。然后,分别从 A,B,C 点用钢尺测设已知距离 d_1,d_2 和 d_3,d_4。测设时,同时使用两把钢尺,由 A,B 测设长度 d_1,d_2 的交会定出 1 点;同样由 B、C 测设长度 d_3,d_4 可交会定出 2 点。最后,量取点 1 至点

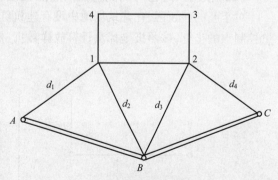

图 3-31　距离交会法

2 的长度,与设计长度比较,以检核测设的准确性。这种方法所使用的工具简单,多用于施工中距离较近的细部点放样。

活动五　建筑基线布设

对于建筑场地面积较小、平面布置相对简单、地势较为平坦而狭长的建筑场地,常在场地内布置一条线或几条基准线,作为施工测量的平面控制的基准线,称为建筑基线。

一、建筑基线的布置

根据建筑设计总平面图的施工坐标系及建筑物的分布情况,建筑基线可以在总平面图上设计成三点"一"字形、三点"L"形、四点"T"字形及五点"十"字形等形式,如图 3-32 所示。建筑基线的形式可以灵活多样,适合于各种地形条件。

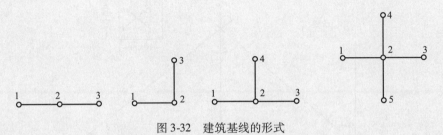

图 3-32　建筑基线的形式

建筑基线布设时应该注意以下几点:

(1)建筑基线应平行或垂直于主要建筑物的轴线;

(2)建筑基线主点间应相互通视,边长为 100~400 m;

(3)主点在不受挖土损坏的条件下,应尽量靠近主要建筑物;

(4)建筑基线的测设精度应满足施工放样的要求;

(5)基线点应不少于三个,以便检测建筑基线点有无变动。

二、建筑基线的测设方法

根据建筑场地的条件不同,建筑基线的测设方法主要有以下两种:

(一)根据建筑红线测设建筑基线

建筑红线也就是建筑用地的界定基准线。在城市建筑区,建筑用地的边界由城市规划部门在现场直接标定。图 3-33 中的 1,2,3 点就是在地面上标定出来的边界点,其连线 12,23 通常是正交的直线,称为"建筑红线"。一般情况下,建筑基线与建筑红线平行或垂直,故可根据建筑红线用平行推移法测设建筑基线 OA,OB。当把 A,O,B 三点在地面上用木桩标定后,安置经纬仪于 O 点,观测 $\angle AOB$ 是否等于 90°,其不符值不应超过 ±24″。量 OA,OB 距离是否等于设计长度,其不符值不应大于 1/10 000。若误差超限,应检查推平行线时的测设数据。若误差在许可范围之内,则适当调整 A,B 点的位置。

(二)根据附近已有的测量控制点测设建筑基线

对于新的建筑区,在建筑场地中没有建筑红线作为依据时,可利用建筑基线的设计坐标和附近已有测量控制点的坐标,按照极坐标法计算放样数据,然后进行放样,如图 3-34 所示。

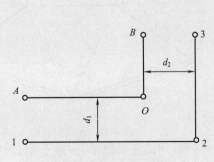

图 3-33　根据建筑红线测设

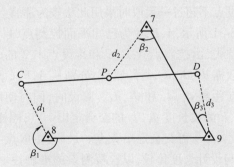

图 3-34　根据测量控制点测设

测设步骤如下：

（1）计算测设数据。根据建筑基线主点 C,P,D 及测量控制点 7,8,9 的坐标，反算测设数据 d_1,d_2,d_3 及 β_1,β_2,β_3。

（2）测设主点。分别在控制点 7,8,9 上安置经纬仪，按极坐标法测设出三个主点的定位点 C',P',D'，并用大木桩标定，如图 3-35 所示。

（3）检查三个定位点的直线性。安置经纬仪于 P'，检测 $\angle C'P'D'$，如果观测角值 β 与 180° 之差大于 24″，则进行调整。

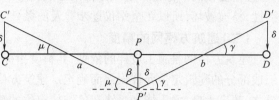

图 3-35　基线主点改正

（4）调整三个定位点的位置。先根据三个主点之间的距离 a,b 按下式计算出改正数 δ

$$\delta = \frac{ab}{a+b}\left(90° - \frac{\beta}{2}\right)''\frac{1}{\rho''} \tag{3-29}$$

当 $a=b$ 时，则得

$$\delta = \frac{a}{2}\left(90° - \frac{\beta}{2}\right)''\frac{1}{\rho''} \tag{3-30}$$

式中，$\rho''=206\ 265''$。然后将定位点 C',P',D' 三点（注意：P' 移动的方向与 C',D' 两点的相反）。按 δ 值移动三个定位点之后，再重复检查和调整 C,P,D，至误差在允许范围为止。

（5）调整三个定位点之间的距离。先检查 C,P 及 P,D 间的距离，若检查结果与设计长度之差的相对误差大于 1/10 000，则以 P 点为准，按设计长度调整 C、D 两点，最后确定 C,P,D 三点位置。

活动六　建筑方格网的布设

施工测量应建立施工控制网，分为平面控制网和高程控制网。平面控制网常用的有建筑方格网和建筑基线。对于地形较平坦的大、中型建筑场区，主要建筑物、道路及管线常按互相平行或垂直关系进行布置。为简化计算或方便施测，施工平面控制网多由正方形或矩形格网组成，称为建筑方格网。利用建筑方格网进行建筑物定位放线时，可按直角坐标进行，不仅容易推求测设数据，且具有较高的测设精度。

一、建筑方格网的布设原则

（一）布设原则

建筑方格网通常是在图纸设计阶段，由设计人员设计在总平面图上。有时也可根据总平面图中建筑物的分布情况、施工组织设计并结合场地地形，由施工测量人员设计。设计时，首先选定方格网的纵、横主轴线，这是方格网扩展的基础。选定是否合理，是否会影响控制网的精度和使用，因此布网时应考虑以下几点：

（1）主轴线应尽量选在整个场地的中部，方向与主要建筑物的基本轴线平行；

（2）纵横主轴线要严格正交成 90°；

（3）主轴线的长度以能控制整个建筑场地为宜；

（4）主轴线的定位点称为主点，一条主轴线不能少于三个主点，其中一个必是纵、横主轴线交点；

（5）主点间距离不宜过小，一般 300～500 m 以保证主轴线的定向精度，主点应选在通视良好、便于施测的位置。

图 3-36 中，MPN 和 CPD 即为按上述原则布置的建筑方格网主轴线。

主轴线拟定以后，可进行方格网线的布置。方格网线要与相应的主轴线成正交，网线交点应能通视；网格的大小视

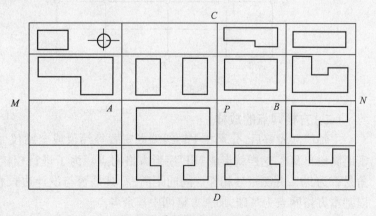

图 3-36　建筑方格网的布设

建筑物平面尺寸和分布而定,正方形格网边长多取 100～200 m,矩形格网边长尽可能取50 m或其倍数。

建筑方格网的轴线与建筑物轴线平行或垂直,因此,可用直角坐标法进行建筑物的定位,测设较为方便,且精度较高。但由于建筑方格网必须按总平面图的设计来布置,测设工作量成倍增加,其点位缺乏灵活性,易被破坏,所以在全站仪逐步普及的条件下,正逐步被导线或三角网所取代。

(二)建筑方格网的精度

建筑方格网是施工放样的依据,其精度指标,主要根据建筑物的设计要求和复杂程度,以及建筑物各组成部分的建筑定位允许误差而确定。建筑方格网精度要求越高,对测量的要求就越高,工作量就越大。反之,精度太低,又不能满足诸建筑结构定位的精度要求。因此,确定建筑方格网精度指标要考虑其合理性还要兼顾其适应性。

(1)建筑结构定位限差的确定。查验区的施工顺序遵照"先地下,后地表,先结构,后安装"的原则进行。各阶段不同施工部位对放样精度要求各不相同,比如桩基工程、管线开挖埋设工程、结构吊装工程等,对放样精度要求的差异很大。

比如,结构吊装工程的精度要求考虑一定精度储备。要求主轴线上各点位在 50 m 内误差不大于 ±10 mm,作为施工的建筑结构定位允许误差,即

$$允许误差\ \delta = 10/(50 \times 1\ 000) = 1/5\ 000$$

(2)建筑方格网精度指标的确定。建筑结构定位允许误差是建筑物竣工的最低精度要求,可理解为限差,其建筑方格网的精度应该更高,通常取定位允许误差的一半,即 $\delta/2$。

二、建筑方格网的测设

建筑方格网的测设包括主轴线放样和方格网点的放样两个步骤。

(一)主轴线放样

如图 3-37 所示,MN、CD 为建筑方格网的主轴线,它是建筑方格网扩展的基础。先测设主轴线 MON,其方法与建筑基线测设方法相同,但 $\angle MON$ 与180°之差应在 ±10″之内。MON 三个主点测设好后,将经纬仪或全站仪安置在 O 点,瞄准 A 点,分别向左、向右转 90°,测设另一主轴线 COD,同样用混凝土桩在地上定出其概略位置 C' 和 D'。然后精确测出 $\angle MOC'$ 和 $\angle MOD'$,分别算出它们与 90°之差 ε_1 和 ε_2,并计算出调整值 l_1 和 l_2(见图 3-38),公式为:

$$l = L\frac{\varepsilon}{\rho} \tag{3-31}$$

式中:L——OC' 或 OD' 的长度。

将 C' 沿垂直于 OC' 方向移动 l_1 距离得 C 点;将 D' 沿垂直于 OD' 方向移动 l_2 距离得 D 点。点位改正后,应检查两主轴线的交角及主点间距离,均应在规定限差之内。

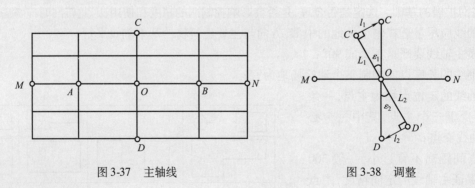

图 3-37　主轴线　　　　　　　　　　　　图 3-38　调整

(二)方格网点的放样

主轴线测设好后,分别在主轴线端点安置经纬仪或全站仪,均以 O 点为起始方向,分别向左、向右精密地测设出 90°,这样就形成"田"字形方格网点。为了进行校核,还要在方格网点上安置经纬仪,测量其角是否为 90°,并测量各相邻点间的距离,看其是否与设计边长相等,误差均应在允许范围之内。此后再以基本方格网点为基础,加密方格网中其余各点。

由于建筑方格网的测设工作量大,测设精度要求高,因此可以委托专业测量单位进行。

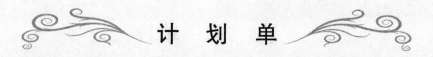

计 划 单

学习领域	建筑施工测量		
学习情境二	施工平面控制网的布设	工作任务3	建筑基线及建筑方格网的布设
计划方式	小组讨论、团结协作共同制订计划	计划学时	1
序 号	实施步骤		具体工作内容描述

制订计划 说明	（写出制订计划中人员为完成任务的主要建议或可以借鉴的建议、需要解释的某一方面）

	班 级		第 组	组长签字	
	教师签字			日 期	
计划评价	评语:

决　策　单

学习领域	建筑施工测量			
学习情境二	施工平面控制网的布设		工作任务3	建筑基线及建筑方格网的布设
决策学时	1			
方案对比	序号	方案的可行性	方案的先进性	实施难度	综合评价
	1				
	2				
	3				
	4				
	5				
	6				
	7				
	8				
	9				
	10				
决策评价	班　　级		第　　组	组长签字	
	教师签字		日　　期		
	评语：				

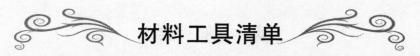

材料工具清单

学习领域	建筑施工测量					
学习情境二	施工平面控制网的布设			工作任务3	建筑基线及建筑方格网的布设	
清单要求	根据工作任务列出所需材料工具的名称、作用、型号及数量,标明使用前后的状况,并在说明中写明材料工具之间的相对联系或关系。					
序号	名称	作用	型号	数量	使用前状况	使用后状况
1						
2						
3						
4						
5						
6						
7						
8						
9						
10						

说明:(请简要说明各材料工具之间的相对联系或关系)

班　级		第　组	组长签字	
教师签字			日　期	
评　语				

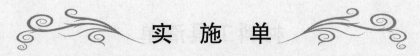

实 施 单

学习领域	建筑施工测量		
学习情境二	施工平面控制网的布设	工作任务3	建筑基线及建筑方格网的布设
实施方式	小组成员合作,共同研讨确定动手实践的实施步骤,每人均填写实施单	实施学时	7
序 号	实施步骤		使用资源
1			
2			
3			
4			
5			
6			
7			
8			

实施说明:

班 级		第 组	组长签字	
教师签字			日 期	
评 语				

作 业 单

学习领域	建筑施工测量		
学习情境二	施工平面控制网的布设	工作任务3	建筑基线及建筑方格网的布设
实施方式	小组成员动手实践,学生自己记录、计算测量数据,绘制测设略图		

（在此绘制记录表和测设略图,不够请加附页）

班　级		第　　组	组长签字	
教师签字			日　期	
评　语				

检 查 单

学习领域	建筑施工测量		
学习情境二	施工平面控制网的布设	工作任务3	建筑基线及建筑方格网的布设
检查学时	1		

序号	检查项目	检查标准	组内互查	教师检查
1	工作程序	是否正确		
2	完成的报告的点位数据	是否完整、正确		
3	测量记录	是否正确、整洁		
4	报告记录	是否完整、清晰		
5	描述工作过程	是否完整、正确		

	班 级		第 组	组长签字	
	教师签字		日 期		

检查评价	评语:

评 价 单

学习领域	建筑施工测量				
学习情境二	施工平面控制网的布设		工作任务3	建筑基线及建筑方格网的布设	
评价学时	1				
考核项目	考核内容及要求	分值	学生自评（10%）	小组评分（20%）	教师评分（70%）	实得分
计划编制（20）	工作程序的完整性	10				
	步骤内容描述	8				
	计划的规范性	2				
工作过程（45）	记录清晰、数据正确	10				
	布设点位正确	5				
	报告完整性	30				
基本操作（10）	操作程序正确	5				
	操作符合限差要求	5				
安全文明（10）	叙述工作过程应注意的安全事项	5				
	工具正确使用和保养、放置规范	5				
完成时间（5）	能够在要求的 90 min 内完成，每超时 5 min 扣 1 分	5				
合作性（10）	独立完成任务得满分	10				
	在组内成员帮助下完成得 6 分					
总分（Σ）		100				

	班　级		姓　名		学　号		总　评	
	教师签字		第　组	组长签字			日　期	
评价评语	评语：							

工作任务4 导线网的布设

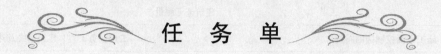

任 务 单

学习领域	建筑施工测量		
学习情境二	施工平面控制网的布设	工作任务4	导线网的布设
任务学时	24		
布 置 任 务			
工作目标	1. 掌握导线测量的工作内容； 2. 掌握经纬仪导线测量的工作步骤； 3. 学会全站仪导线测量的工作内容及近似平差计算的方法； 4. 掌握GPS卫星定位知识，能够利用静态GPS完成导线控制网的布设、观测、平差工作并得到报告文本； 5. 能够根据交接桩给定的导线点和工程图纸完成工作任务； 6. 能够在学习和工作中锻炼专业能力、方法能力和社会能力等职业能力。		
任务描述	根据交接桩给定的高级控制点及指定的项目场地及施工图纸，测量人员根据设计图纸所拟定的构造物形状要求布设能够指导施工放样的控制点，由该控制点形成的自由导线和顺路导线的复测和布设工作根据使用的测量仪器不同分为多种方法。 一、利用经纬仪配合钢尺或测距仪进行工作的方法分两步骤进行工作： 1. 外业工作，主要内容包括：踏勘选点及建立标志、测量转折角及边长、与高级控制点的连接测量； 2. 内业计算工作，就是根据已知的起算数据和外业的观测成果，经过误差调整，推算各导线点的平面坐标； 3. 编制导线点成果表。 二、利用全站仪进行导线测量。 三、利用静态GPS完成导线控制网的布设。		

学时安排	资讯	计划	决策或分工	实施	检查	评价
	8学时	1学时	1学时	12学时	1学时	1学时

提供资料	1. 建筑场地平面布置总图； 2. 工程测量规范； 3. 测量员岗位工作技术标准。
对学生的要求	1. 具备建筑工程识图与绘图的基础知识； 2. 具备建筑工程构造的知识； 3. 具备几何方面的基础知识； 4. 具备一定的自学能力、数据计算能力、沟通协调能力、语言表达能力和团队意识； 5. 严格遵守课堂纪律，不迟到、不早退；学习态度认真、端正； 6. 每位同学必须积极参与小组讨论； 7. 每组均完成"导线网的布设"工作的报告单。

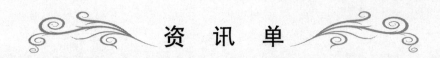

资 讯 单

学习领域	建筑施工测量		
学习情境二	施工平面控制网的布设	**工作任务4**	导线网的布设
资讯学时	8		
资讯方式	在图书馆杂志、教材、互联网及信息单上查询问题;咨询任课教师		
资讯问题	问题一:根据仪器不同目前常用的导线测量方法有哪些?		
	问题二:什么是控制测量? 其意义和分类有哪些?		
	问题三:什么是平面控制测量? 其分类和分级是如何描述的?		
	问题四:什么是导线测量? 导线的布设形式和等级有哪些?		
	问题五:利用经纬仪配合钢尺或测距仪布设导线工作步骤如何?		
	问题六:踏勘选点及建立标志应该注意哪些问题?		
	问题七:为什么要进行直线定向? 直线定向的标准方向有哪些?		
	问题八:导线测量的内业计算如何进行?		
	问题九:全站仪导线的方法有哪些?		
	问题十:全站仪一级导线测量的技术要求是什么?		
	问题十一:全站仪坐标导线程序测量的工作步骤有哪些?		
	问题十二:全站仪坐标导线近似测量如何进行?		
	问题十三:GPS 定位测量的原理是什么?		
	问题十四:GPS 测量技术的特点有哪些?		
	问题十五:GPS 坐标系统有哪些?		
	问题十六:GPS 的相对测量作业模式有哪几种?		
	问题十七:GPS 测量的技术设计包括哪些内容?		
	问题十八:GPS 的外业测量包括哪些工作内容?		
	问题十九:GPS 的内业处理应该注意哪些?		
	学生需要单独资讯的问题……		
资讯引导	1. 在信息单查找; 2. 在王剑英、王天成主编的《土建工程测量》教材中查找; 3. 在《路桥工程测量员岗位技术标准》中查找。		

信 息 单

在工程施工之前,根据交接桩给定的高级控制点和指定的项目场地及施工图纸,测量人员根据设计图纸所拟定的构造物形状要求布设能够指导施工放样的控制点,布设工作根据使用的测量仪器不同分为多种方法。包括利用经纬仪配合钢尺或测距仪进行工作的方法、利用全站仪进行导线测量及利用静态 GPS 完成导线控制网的布设。

一、导线测量的概念

导线测量是平面控制测量的一种方法,主要用于带状地区、隐蔽地区、城建区、地下工程、公路、铁路等控制点的测量。

所谓导线,就是将测区内相邻控制点连成直线而构成的连续折线。构成导线的控制点称为导线点,折线边称为导线边。导线测量,即在地面上按一定要求选定一系列的点依相邻次序连成折线,并测量各线段的边长和转折角,再根据起始数据确定各点平面位置的测量方法。

由于导线测量外业需要测量边长和转折角,导线的布设形式比较灵活,受场地范围影响较小,一般只要导线点间通视、地势较为平坦即可。在小地区进行大比例尺地形图测量时常采用导线测量进行平面控制。

二、导线的布设形式

根据测区的地形条件、工程要求以及已知高级控制点的分布情况,导线可布设成以下三种形式:

1. 附合导线

附合导线是布设在两已知点间的导线。如图 4-1 所示,从一高级控制点出发,最后附合到另一高级控制点上。如果测得各边长及各角度,就可以根据已知点的坐标和已知方向计算出各点的坐标。附合导线多用于在带状地区进行测图控制。此外,也广泛用于公路、铁路、管线、河道等工程的勘测与施工。

2. 闭合导线

闭合导线起止同一已知点。如图 4-2 所示,从一已知点出发,经过 1,2,3,4 点,最后又回到已知点,组成一闭合多边形。如果测得各边长及各角度,就可以根据已知点的坐标和已知方向计算出各点的坐标。闭合导线本身具有严密的几何条件,具有检核作用。导线附近若有高级控制点(三角点或导线点),应尽量使导线与高级控制点连接。连接的目的是获得起算数据,使之与高级控制点连成统一的整体。闭合导线多用于在面积较宽阔的独立地区进行测图控制。

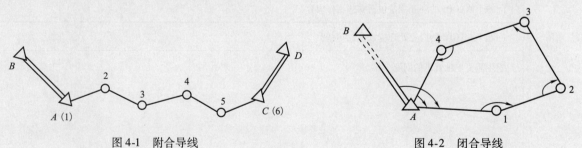

图 4-1 附合导线   图 4-2 闭合导线

3. 支导线

如图 4-3 所示,从一已知点出发,既不闭合到原起始点,也不附合于另一已知点上,这种导线称为支导线。支导线缺乏检核条件,其边数一般不得超过四条,适用于图根控制加密。

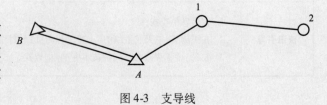

图 4-3 支导线

三、导线的等级

用导线测量的方法进行小地区平面控制测量,根据测区范围及精度要求,分为一级导线、二级导线、三级导线和图根导线四个等级。它们可作为国家四等控制点或国家E级GPS点的加密,也可以作为独立地区的首级控制。

活动一　利用经纬仪配合钢尺或测距仪布设导线

利用经纬仪配合钢尺或测距仪进行工作的方法分为两个步骤:

(1)外业工作,主要内容包括:踏勘选点及建立标志、测量转折角及边长、与高级控制点的连接测量;

(2)内业计算工作,主要内容包括:根据已知的起算数据和外业的观测成果,经过误差调整,推算各导线点的平面坐标。

一、踏勘选点及建立标志

踏勘选点之前,应调查收集公路施工平面图所示测区内已有的控制点数据资料,先在图上规划导线和布设方案,然后到实地踏勘、核对、修改,选定导线点位并建立标志。选定点位时,应注意以下几点:

(1)相邻导线间应通视良好,以便于测角和测边(如用钢尺量距,则地势应平坦)。

(2)点位应选择在土质坚实、便于保存标志和安置仪器的地方。

(3)应视野开阔,便于碎部测量和加密。

(4)各导线边长应大致相等,尽量避免相邻边长相差悬殊,图根导线平均边长应满足表4-1规定。

表4-1　各级导线测量的主要技术要求参考表

等级	导线长度/km	平均边长/km	测角中误差/(″)	测回数 DJ₆	测回数 DJ₂	角度闭合差/(″)	相对中误差
一级	4	0.5	±5	4	2	$\pm10\sqrt{n}$	1/15 000
二级	2.4	0.25	±8	3	1	$\pm16\sqrt{n}$	1/10 000
三级	1.2	0.1	±12	2	1	$\pm24\sqrt{n}$	1/5 000
图根	≤1.0 M	≤1.5 测图最大视距	首级 ±20 一般 ±30	1	—	首级 $\pm40\sqrt{n}$ 一般 $\pm60\sqrt{n}$	1/2 000

注:表中n为测站数,M为测图比例尺的分母。

(5)导线点应分布均匀,有足够密度,以便能控制整个测区。

导线点位置选定后,要用标志将点位在地面上固定下来。导线点若需要长期保存,或者在不易保管的地方及等级较高的点,应埋设混凝土桩或石桩,桩顶刻“+”字,以示导线点位(见图4-4)。对于临时性导线点、一般的图根点,要在每一个点位上打下一个大木桩,桩顶钉一小钉,作为导线点标志(见图4-5)。导线点设置好后应统一编号。为了便于以后寻找,应对导线点位绘制“点之记”,即测出与附近明显地物位置关系,绘制草图,注明尺寸(见图4-6)。

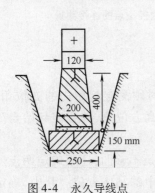

图4-4　永久导线点　　　　图4-5　临时导线点　　　　图4-6　点之记

二、测量转折角

导线转折角一般采用测回法测量，两个以上方向组成的角也可用方向法。导线转折角有左角和右角之分，导线前进方向右侧的角称为右角，反之则为左角。在闭合导线中均测多边形的内角，支导线应分别观测左角和右角，以资检核。不同等级的导线测角技术要求分别列入表 4-1 中。导线转折角一般用 D_6 型经纬仪观测一测回，对中误差应小于 3 mm，上、下两半测回较差不超过 ±40″时，取其平均值；导线转折角目前采用 D_2 型经纬仪观测一测回，对中误差应小于 3 mm，上、下两半测回较差不超过 ±25″时，取其平均值。

三、测量边长

导线边长测量可用测距仪测定，也可钢尺丈量方法。如采用测距仪（或全站仪）测量，应测定导线点间的水平距离。测距仪测距精度较高，一般均能达到小地区导线测量精度的要求。如采用钢尺丈量方法测量导线边长，应用检定过的钢尺采用精密丈量方法丈量，往返各一次，全长相对中误差不低于表 4-1 的要求。

当导线边跨越河流或其他障碍，不能直接丈量时，可采用做辅助点间接求距离的方法。如图 4-7 所示，导线边 FG 跨越河流，这时可以沿河一岸较平坦地段选定一个辅助点 P，使基线 FP 便于丈量，且接近等边三角形。丈量基线长度 b，观测内角 α,β,γ，当内角和与 180°之差不超过 ±60″时，可将闭合差反符号分配于三个内角，然后按改正后的内角，根据三角形正弦定理解算 FG 边的边长

$$FG = b\frac{\sin\alpha}{\sin\gamma} \tag{4-1}$$

距离测量是确定地面点位之间的长度，常用的距离测量方法有钢尺量距、普通视距测量和测距仪测距等。

四、与高级控制点的连接测量

连接测量的目的是获得导线的起算数据，一般情况下是利用高级控制点的坐标和控制边的坐标方位角求出导线起始点的坐标和起始边的坐标方位角，所以，当需要与高级控制点进行连测时，需进行连接测量。如图 4-8 所示，点 1,2,3,4,5 为一闭合导线，A,B 为其附近的已知高级控制点，则 β_A,β_1 为连接角，D_{A1} 为连接边。这样可根据 A 点坐标和 AB 的方位角及测定的连接角、连接边，计算出 1 点的坐标和边 1 – 2 的方位角，作为闭合导线的起始数据。

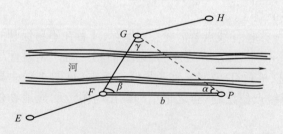

图 4-7 障碍量边示意

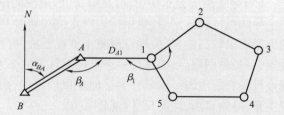

图 4-8 与高级控制点的连接测量

五、直线定向

布设的导线如果无法与已知控制点连测，可建立独立的坐标系统，这时须测定起始边的方位角。方位角一般可采用罗盘仪测定起始边磁方位角，或用陀螺仪测定起始边的真方位角，并假定起始点坐标作为起算数据。

测量学中，要确定地面上两点的相对位置，只是通过水平角度的测量还是不够的，还须确定两点所在直线与标准方向之间的夹角及距离，这样才可以确定点位在测量坐标系中的具体方位。其中，确定直线与标准方向之间的角度关系称直线定向。

（一）标准方向

1. 真子午线方向

通过地面上某点并指向地球南北极的方向称为该点的真子午线方向。指向北极的简称真北方向，指向南极的简称真南方向。真子午线方向可用天文测量的方法测定，通常采用陀螺仪测定。

2. 磁子午线方向

磁针自由静止时，磁针轴线所指的方向称为磁子午线方向。指向北方的简称磁北方向，指向南方的简称磁南方向。磁子午线方向可用罗盘仪测定。

3. 坐标纵轴方向

在测量工作中，常采用平面直角坐标确定地面点的位置，因此取坐标纵轴（x 轴）作为直线定向的基本方向。

（二）直线方向的表示方法

1. 方位角

从直线起点的标准方向北端起，顺时针方向量到该直线的水平夹角，称为该直线的方位角，其取值范围是 $0° \sim 360°$。因标准方向的不同，对应的方位角分别有真方位角（用 A 表示）、磁方位角（用 A_0 表示）和坐标方位角（用 α 表示）。由于地面各点的真北（或磁北）方向互不平行，用真（磁）方位角表示直线方向会给方位角的推算带来不便，所以在一般测量工作中，常采用坐标方位角来表示直线的方向。

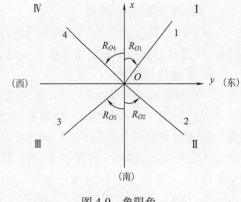

图 4-9　象限角

2. 象限角

某直线的象限角是由直线起点的标准方向北端或南端起，沿顺时针或逆时针方向量至该直线的锐角，用 R 表示。如图 4-9 所示，$O1$、$O2$、$O3$、$O4$ 四条直线的象限角及其与坐标方位角的关系列于表 4-2 中。

表 4-2　坐标方位角和象限角的换算

直　线	直线方向	象　　限	象限角	象限角与坐标方位角的关系
$O1$	北东	I	北东 R	$\alpha = R$
$O2$	南东	II	南东 R	$\alpha = 180° - R$
$O3$	南西	III	南西 R	$\alpha = R + 180°$
$O4$	北西	IV	北西 R	$\alpha = 360° - R$

3. 正、反坐标方位角

如图 4-10 所示，对于直线 12，1 是起点，2 是终点，α_{12} 称为直线 12 的正坐标方位角，α_{21} 称为直线 12 的反坐标方位角。同理，α_{21} 是直线 21 的正坐标方位角，α_{12} 是直线 21 的反坐标方位角。一条直线的正、反坐标方位角互差 $180°$，即

$$\alpha_{21} = \alpha_{12} + 180° \tag{4-2}$$

（三）坐标方位角的推算

在实际测量工作中，并不需要直接测定每条直线的坐标方位角，而是通过与已知坐标方位角的直线联测后，推算出各条直线的坐标方位角。如图 4-11 所示，已知 α_{12}，观测了水平角 β_2 和 β_3，要求推算直线 23 和直线 34 的坐标方位角，从图中分析可得

$$\alpha_{23} = \alpha_{21} - \beta_2 = \alpha_{12} + 180° - \beta_2$$

$$\alpha_{34} = \alpha_{32} + \beta_3 = \alpha_{23} + 180° + \beta_3$$

β_2 在推算路线前进方向的右侧，称为右折角；β_3 在左侧，称为左折角。由此可归纳出坐标方位角推算的一般公式：

$$\alpha_{前} = \alpha_{后} + 180° + \beta_{左} \tag{4-3}$$

$$\alpha_{前} = \alpha_{后} + 180° - \beta_{右} \tag{4-4}$$

计算中，如果 $\alpha_{前} > 360°$，应减去 $360°$。如果 $\alpha_{后} + 180° < \beta_{右}$，应先加 $360°$ 后再减 $\beta_{右}$。

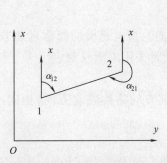

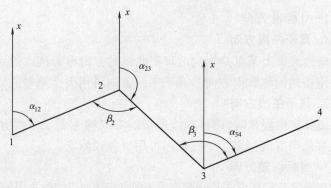

图 4-10　正、反坐标方位角　　　　　　　图 4-11　坐标方位角的推算

(四)直线定向的测量

在小地区建立独立的平面控制网时,常用罗盘仪测定起始边的磁方位角,作为控制网起始边的坐标方位角,将通过起始点的磁子午线作为坐标纵线。

1. 罗盘仪的构造

罗盘仪的构造如图 4-12 所示,它主要由望远镜、刻度盘、磁针和水准器组成。

望远镜用于照准目标,一侧装有竖直度盘,可用于测量竖直角。刻度盘由铜或者铝制成,最小分划为 1°或 30′,每 10°作一注记。注记形式有两种:一种是按逆时针方向注记 0°～360°,称为方位罗盘;另一种是在南北两端注记 0°,向两个方向注记到 90°,并注记有 NEWS,称为象限罗盘。刻度盘东西方向与实际相反。磁针用人造磁铁制成,中心有镶着玛瑙的圆形球窝,支在度盘中心的顶针上,可自由转动。我国在地球北半球,磁针北端下倾,故南端绕有铜丝或嵌有铅块,以使磁针水平,并分辨磁针南北极。水准器用于整平罗盘仪。

2. 磁方位角的测量

磁方位角用罗盘仪进行测量。操作步骤为对中、整平、瞄准、读数,即将罗盘仪安置在直线起点进行对中、整平,然后松开磁针固定螺旋放下磁针,再松开水平制动螺旋,转动仪器,用望远镜照准直线终点,待磁针静止,若度盘零度线对向目标,则读磁针北极所指读数即为该直线的磁方位角或象限角。

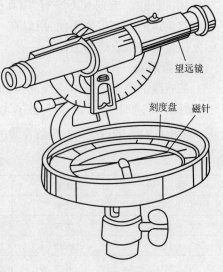

图 4-12　罗盘仪的构造

磁针是罗盘仪的主要部件,它容易受周围电磁场的影响而偏离磁子午线方向,因此,使用罗盘仪时,应避开附近的铁器、远离高压线、车间和铁栅栏等。罗盘仪的磁针使用不当容易脱落,使用完毕必须先固定磁针。

六、导线测量的内业计算

(一)坐标计算的基本公式

导线测量内业计算的目的,就是根据已知的起算数据和外业的观测成果,经过误差调整,推算各导线点的平面坐标。

进行导线内业计算前,应当全面检查导线测量外业成果有无遗漏、记错、算错,成果是否符合精度要求。然后绘制导线略图,注明实测的边长、转折角、起始方位角数据。

1. 坐标正算

根据已知点坐标、已知边长和该边方位角计算未知点坐标,称为坐标正算。

如图 4-13 所示,设 A 点坐标 (x_A, y_A),AB 边长 D_{AB} 和方位

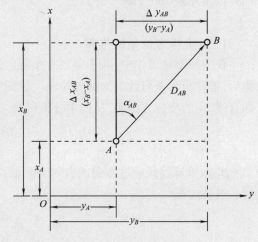

图 4-13　坐标正算、反算示意

角 α_{AB} 为已知时,在直角坐标系中的 A,B 两点坐标增量为:

$$\left.\begin{array}{l} \Delta x_{AB} = x_B - x_A = D_{AB}\cos\alpha_{AB} \\ \Delta y_{AB} = y_B - y_A = D_{AB}\sin\alpha_{AB} \end{array}\right\} \tag{4-5}$$

根据 A 点的坐标及算得的坐标增量,计算 B 点的坐标

$$\left.\begin{array}{l} x_B = x_A + \Delta x_{AB} \\ y_B = y_A + \Delta y_{AB} \end{array}\right\} \tag{4-6}$$

坐标正算公式用于计算点的坐标,作为确定点的平面位置的依据。

2. 坐标反算

坐标反算是根据两个已知点的坐标计算两点间的距离和坐标方位角。

在导线与已知点联测时,一般应根据两已知高级点的坐标反算出两点间的方位角或边长,作为导线的起算数据和校核之用。另外,在施工测设中也要按坐标反算方法计算出放样数据。

如图 4-13 所示,A,B 两点的坐标已知,分别为 x_A,y_A 和 x_B,y_B。则

$$\alpha_{AB} = \arctan\frac{\Delta y_{AB}}{\Delta x_{AB}} = \arctan\frac{y_B - y_A}{x_B - x_A} \tag{4-7}$$

$$D_{AB} = \sqrt{(x_B - x_A)^2 + (y_B - y_A)^2} \tag{4-8}$$

计算方位角时应注意,按式(4-7)计算出的是象限角,必须根据 $\Delta x,\Delta y$ 的正、负号决定 AB 边所在的象限后,才能换算为 AB 的坐标方位角。

3. 由转折角推算坐标方位角

导线测量的外业工作之一是测量转折角,而由公式(4-5)可知,计算导线点的坐标需要的是坐标方位角,所以必须由转折角和起始边的方位角推算出各导线边的方位角,然后再进行坐标计算。如图 4-14 所示,A,B,C,D 为已知点,起始边的方位角 $\alpha_{AB}(\alpha_{始})$ 和终止的方位角 $\alpha_{CD}(\alpha_{终})$ 为已知或用坐标反算求得。根据导线的转折角和起始边的方位角,推算各边的方位角:

$$\alpha_{B1} = \alpha_{AB} + 180° - \beta_B$$
$$\alpha_{12} = \alpha_{B1} + 180° - \beta_1$$
$$\alpha_{23} = \alpha_{12} + 180° - \beta_2$$
$$\alpha_{34} = \alpha_{23} + 180° - \beta_3$$
$$\alpha_{4C} = \alpha_{34} + 180° - \beta_4$$
$$\alpha_{CD} = \alpha_{4C} + 180° - \beta_C$$

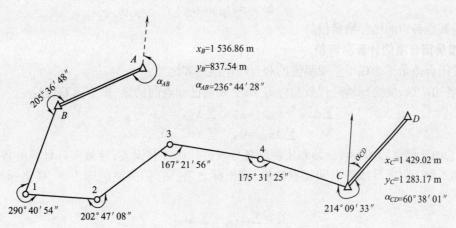

图 4-14 由转折角推算坐标方位角

(二)导线坐标计算的一般步骤

1. 角度闭合差的计算与调整

角度闭合差为实际观测角值的和与理论值的和之差。由于角度观测中不可避免地存在误差,使得观测角值的和与理论值的和不等,即存在角度闭合差 f_β:

$$f_\beta = \sum\beta_{测} - \sum\beta_{理} \tag{4-9}$$

对于不同的导线形式，$\sum \beta_{理}$是不同的。

$$\text{闭合导线}: \sum \beta_{理} = (n-2) \times 180° \tag{4-10}$$

附合导线：
$$\sum \beta_{理(右)} = (\alpha_{始} - \alpha_{终}) + n \times 180° \tag{4-11}$$

或
$$\sum \beta_{理(左)} = (\alpha_{终} - \alpha_{始}) + n \times 180° \tag{4-12}$$

式中，n 为包括连接角在内的导线转折角数。

对于对向附和导线角度闭合差的计算均按照闭合导线完成。

各级导线角度闭合差的容许值见表4-1。对于图根导线角度闭合差的容许值为

$$f_{\beta容} = \pm 40'' \sqrt{n} \tag{4-13}$$

若$|f_{\beta}| \leq |f_{\beta容}|$，说明所测水平角符合精度要求，则可进行角度闭合差的调整，否则说明所测水平角不符合精度要求，应对水平角重新检查或重测。角度闭合差的调整原则是将 f_{β} 以相反的符号平均分配到各观测角中。

各角的改正数为
$$\nu_{\beta} = -f_{\beta}/n$$
改正后的角度为
$$\beta_{改} = \beta_{测} + V_{\beta} \tag{4-14}$$

计算时，根据角度取位的要求，改正数可凑整到 $1''$，$6''$ 或 $10''$。若不能均分，一般情况下，给短边的夹角多分配一点，使各角改正数的总和与反号的闭合差相等，即 $\sum V_{\beta} = -f_{\beta}$，此条件用于计算检核。

2. 推算各个边的坐标方位角

根据起始边已知坐标方位角和改正后角值，按方位角推算公式推算各边的坐标方位角。

若转折角为右角，则方位角推算公式为

$$\alpha_{前} = \alpha_{后} + 180° - \beta_{右} \tag{4-15}$$

若转折角为左角，则方位角推算公式为

$$\alpha_{前} = \alpha_{后} + \beta_{左} - 180° \tag{4-16}$$

按上述方法按前进方向逐边推算坐标方位角，最后算出终边坐标方位角，应与已知的终边坐标方位角相等，否则应重新检查计算。必须注意，当计算出的方位角大于 $360°$ 时，应减去 $360°$，为负值时应加上 $360°$。

3. 坐标增量的计算

根据已推算出的导线各边的坐标方位角和相应边的边长，按式(4-5)计算各边的坐标增量。例如，如图4-14中导线边 $B1$ 的坐标增量为

$$\Delta x_{B1} = D_{B1} \cos \alpha_{B1} \tag{4-17}$$
$$\Delta y_{B1} = D_{B1} \sin \alpha_{B1} \tag{4-18}$$

同法算得其他各边的坐标增量值。

4. 坐标增量闭合差的计算和调整

坐标增量闭合差是指坐标增量观测值的和与理论值的和之差。

理论上，各边的纵、横坐标增量代数和应等于终、始两已知点间的纵、横坐标差，即：

附合导线：
$$\sum \Delta x_{理} = x_{终} - x_{始}, \qquad \sum \Delta y_{理} = y_{终} - y_{始} \tag{4-19}$$

闭合导线：
$$\sum \Delta x_{理} = 0, \qquad \sum \Delta y_{理} = 0 \tag{4-20}$$

而实际上，由于调整后的各转折角和实测的各导线边长均含有误差，导致实际计算的各边纵、横坐标增量的代数和不等于附合导线终点和起点的纵、横坐标之差。它们的差值即为纵、横坐标增量闭合差 f_x 和 f_y，即

$$f_x = \sum \Delta x_{测} - \sum \Delta x_{理} \tag{4-21}$$
$$f_y = \sum \Delta y_{测} - \sum \Delta y_{理} \tag{4-22}$$

由于 f_x 和 f_y 的存在，使导线推算出的导线点与已知点不能闭合，存在一个缺口的长度 $C - C'$，这个长度称为导线全长闭合差(见图4-15)，用 f_D 表示，计算公式为

$$f_D = \sqrt{f_x^2 + f_y^2} \tag{4-23}$$

导线越长，全长闭合差越大，因此，f_D 值的大小不能显示导线测量的精度，应当将 f_D 与导线全长 $\sum D$ 相比较。通常用相对闭合差来衡量导线测量的精度，计算公式为

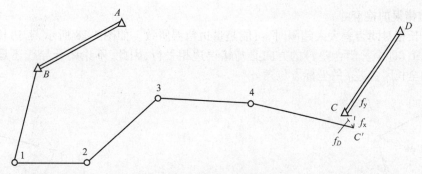

图 4-15 导线全长闭合差

$$K = \frac{f_D}{\sum D} = \frac{1}{\sum D / f_D} \tag{4-24}$$

导线的相对全长闭合差应小于容许相对闭合差 $K_容$。不同等级的导线的容许相对闭合差 $K_容$ 见表 4-1。图根导线的 $K_容$ 为 1/2 000。

若 K 大于 $K_容$，则说明成果不合格，应首先检查内业计算有无错误，然后检查外业观测成果，必要时重测。若 K 不超过 $K_容$，则说明测量成果符合精度要求，可以进行调整。调整的原则是：将 f_x 和 f_y 以相反符号按与边长成正比分配到相应的纵、横坐标增量中。以 ν_{xi}、ν_{yi} 分别表示第 i 边的纵、横坐标增量改正数，则：

$$\left. \begin{aligned} \nu_{xi} &= -\frac{f_x}{\sum D} \times D_i \\ \nu_{yi} &= -\frac{f_y}{\sum D} \times D \end{aligned} \right\} \tag{4-25}$$

纵、横坐标增量改正数之和应满足下式：

$$\left. \begin{aligned} \sum \nu_x &= -f_x \\ \sum \nu_y &= -f_y \end{aligned} \right\} \tag{4-26}$$

各边坐标增量计算值加改正数，即得各边的改正后的坐标增量，即

$$\Delta x_{i改} = \Delta x_i + \nu_{xi}$$
$$\Delta y_{i改} = \Delta y_i + \nu_{yi} \tag{4-27}$$

经过调整，改正后的纵、横坐标增量之代数和应分别等于终、始已知点坐标之差，以资检核。

5. 导线点的坐标计算

根据导线起始点的已知坐标及改正后的坐标增量，按式(4-5)依次推算出其他各导线点的坐标，最后推算出终点的坐标，其值应与已知坐标或给定坐标相同，以此作为计算检核。

由于支导线不具备闭合导线、附合导线的检核条件，因此不需要计算角度闭合差、坐标增量闭合差，也就是导线转折角与坐标增量计算值不需要改正计算，其余计算步骤和方法与闭合导线或附合导线相同，即由观测的转折角推算坐标方位角，然后由起点的坐标推算导线点的坐标。

(三)查找导线测量错误的方法

计算时，如果导线的角度闭合差或坐标增量闭合差远远超过规定的容许值，经核对原始记录无误，这时可能是测角或测边长发生了错误，必须进行实地复测。一般来说，错误往往发生在个别的角度或边长上，在进行野外实地复测之前，可以用下述方法查找测量错误发生在哪里，以便有目标地进行复测返工。

1. 个别测角错误的检查

检查的基本方法是通过按一定比例展绘导线来发现测角错误点，以下分叙检查闭合导线和附合导线错误的具体方法。

如图 4-16 所示，若闭合导线在点 3 测角发生错误，设测大了 $\Delta\beta$ 角，则点 4，1 将绕点 3 旋转 $\Delta\beta$ 角，分别位移至 4'，1' 而出现闭合差 1—1'。显然 △131' 为一等腰三角形，闭合差 1—1' 的垂直分线必然通过点 3。根据这一原理，可用下面的方法检查角度错误所在的点：从起点开始，按边长和转折角的观测值，用较大的比例尺展绘导线图，作图中闭合差的垂直平分线，该线通过或靠近的点，就是可能有测角错误的点。

如图 4-17 所示，对于附合导线检查的方法是：先在坐标纸上根据已知点的坐标数据绘出两侧高级控制点 $A，B，C，D$ 的位置，然后分别由 B 点、C 点开始利用角度与边长数据各自朝另一端展绘导线，即图中的 B—2—3—4—5'—C' 与 C—5—4—3'—2'—B，其交叉点(图中 4 点)即为有测角错误的点。

2. 个别量边错误的检查

当导线的全长相对闭合差大大超限时,可能是量边错误所致。如图 4-18 所示,若边长 3—4 测量有错误,则闭合差 1—1′(即全长闭合差 f)的方向必与错误边相平行,因此,不论闭合导线还是附合导线,均可按下式求出导线全长闭合差 f 的坐标方位角 α_f

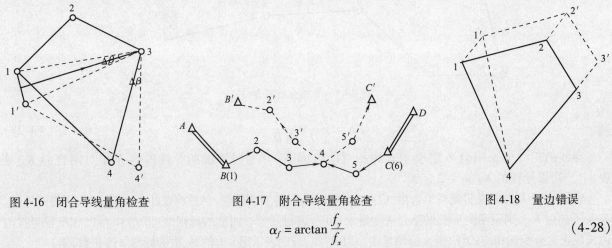

图 4-16　闭合导线量角检查　　　　图 4-17　附合导线量角检查　　　　图 4-18　量边错误

$$\alpha_f = \arctan \frac{f_y}{f_x} \tag{4-28}$$

坐标方位角与 α_f 或 $\alpha_f + 180°$ 相接近的导线边,是可能发生量边错误的边,因此,实际查找量边错误时,可以通过展绘导线图利用平行关系查找,也可以利用方位角相等关系。此外,还可用 $\frac{f_y}{f_x}$ 与 $\frac{\Delta y}{\Delta x}$ 的比值查找,比值接近时该组 $\Delta x, \Delta y$ 对应的边可能存在错误。

以上方法主要适用于个别转折角或边长发生错误的情况,如果多个角度和边长存在错误一般难以查出。因此,导线外业观测必须认真,以避免返工重测。

七、编制导线点成果表

导线平差计算完成后,应将计算结果汇总成成果表,以方便施工测量中查用。"导线点成果表"样表见表 4-3。

表 4-3　导线点成果表

序号	点名	坐标		边长/m	方位角	所在地
		x/m	y/m			
1	$C1$	5 253 102.989	570 406.881			K785 +911 右 80 m 水泥线杆基底平台右红油印
				1 422.428	299°14′ 32.65″	
2	$C2$	5 253 797.853	569 165.726			K787 +337 右 30 m 桥头左侧平台红油印
				1 422.429	284°22′ 57.78″	
3	$C3$	5 254 151.181	567 787.879			K788 +764 右 30 m 铁路桥头平台红油印
				2 546.850	276°57′ 10.54″	
4	$C4$	5 254 459.487	565 259.759			K791 +311 右 240 m 水渠桥头平台红油印
				954.281	272°23′ 30.33″	
...	...	...	...			...
				...	...	
备注						

第一栏:序号,导线点个数编写,注明有多少个导线点;

第二栏:点名,即导线点的编辑名称;

第三栏:导线点的 x, y 坐标值;

第四栏:边长,即相邻两导线点间距离;

第五栏:方位角,相邻导线点边方位角;

第六栏:所在地即导线点所在实地的确切地方,方便查找。

活动二　全站仪导线测量

随着目前全站仪的广泛使用,经纬仪逐渐退出了工程测量的历史舞台。开发商对于全站仪功能的开发及精度的提高进行了更多的科技投入。全站仪可以代替经纬仪、测距仪更加方便快捷、准确地进行一般导线测量,其本身的程序测量功能可以完成导线控制测量工作,还可以直接测量观测点的坐标,由此,业内人士创新了以观测坐标为基础的全站仪坐标导线近似测量方法。

一、全站仪的一般导线测量

全站仪的一般导线测量基本工作程序与经纬仪配合测距仪导线测量相同,均是测角、量边、与已知高级控制点进行连接测量,然后进行内业平差工作。由于全站仪的精度较高,通常用全站仪进行导线测量完成的都是一级导线,其技术要求见表4-4。

表4-4　一级导线测量基本技术要求

水平角测量(2″级仪器)			距 离 测 量		
测回数	同一方向值各测回较差	一测回内2C较差	测回数/读数		读数差
2	9″	13″	1	4	5 mm
闭合差					
方位角闭合差		$\leqslant \pm 10″\sqrt{n}$			
导线全长相对闭合差		$\leqslant 1/15\,000$			

注:表中 n 为测站数。

(一)实施要点及注意事项

1. 实施要点

(1)用于控制测量的全站仪的精度要达到相应等级控制测量的要求。

(2)测量前要对仪器按照要求进行检定、校准。

(3)必须使用与仪器配套的反射棱镜测距。

(4)在进行等级控制测量中不能使用气象、倾斜、常数的自动改正功能,应把这些功能关闭,而在测量数据中人工逐项改正。

(5)测量前要检查仪器参数和状态设置(如测量数据的单位、测距模式、棱镜常数等),可提前设置好,在测量过程中不能再改动。另外,要检查仪器电池的电量,尤其是在程序测量中不能关机,以保障程序测量的连续性。

2. 注意事项

(1)观测程序必须按照规范要求进行。

(2)观测成果应做到记录真实、字迹工整、注记明确。

(3)适时检查仪器设备的气泡偏差及对中情况,如有意外及时纠正,防止出现大面积超限错误等事故。

(4)观测完毕后应立即检查记录,计算各项观测误差是否超限,确认全部符合规定限差后方可迁站,以免造成不必要的返工或重测。

(二)导线测量实施及记录

如图4-19所示导线布设形式,其中老爷岭 A1 和猫耳洞 B1 是已知控制点,N1,N2,N3,N4 为待测控制点。按照表4-4的技术要求,采用2″级全站仪进行测角、量边,其中每个水平角均观测两个测回,每个边长均观测1个测回4个数据,全站仪一级导线测量原始测量记录及计算样例见表4-5。

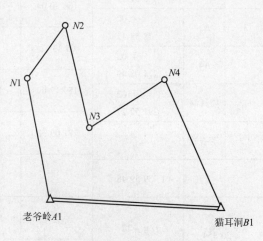

图4-19　导线布设形式

表 4-5　导线观测手簿

觇点	读数 盘左	读数 盘右	2C	半测回方向	一测回方向	各测回平均方向	附注
水平角观测							
N2	0 00 30	180 00 34		0 00 00 00	0 00 00 00	0 00 00	
A1	123 31 04	303 08 06		123 30 34 32	123 30 33 31	123 30 32	
N2	90 00 20	270 00 28		0 00 00 00	0 00 00 00		
A1	213 30 52	33 30 58		123 30 32 30	123 30 31		

边长		平距观测值	平距中数	边长		平距观测值	平距中数
N1 ∣ A1	1	143.999		N1 ∣ N2	1	84.241	
	2	143.999			2	84.241	
	3	143.996			3	84.241	
	4	143.998			4	84.241	
			143.998				84.241

（三）导线测量平差计算

其人工计算工作过程是将表 4-5 中测量所有数据整理,全部符合限差要求后挪移至表 4-6 中（2）、（3）、（5）竖列对应位置,其计算过程与前面的经纬仪导线平差计算方法一致,较烦琐,但必须掌握牢靠。导线平差计算示例见表 4-6。

表 4-6　导线平差计算示例

序号	点名	观测角	方位角	边长	v_x ΔX_i	X_i	v_y ΔY_i	Y_i
(1)	(2)	(3)	(4)	(5)	(6)	(7)	(8)	(9)
B1	猫耳洞					3 854 993.193		38 455 118.612
			271 09 38					
A1	老爷岭	+ 02 252 49 35	343 59 15	143.998	+0.002 +138.411	3 854 996.658	−0.007 −39.721	38 454 947.571
1	N1	+ 02 236 29 28	40 28 45	84.241	+0.001 +64.077	3 855 135.071	−0.004 +54.687	38 454 907.843
2	N2	+ 02 305 51 17	166 20 04	109.565	+0.001 −106.463	3 855 199.149	−0.005 +25.885	38 454 962.526
3	N3	+ 02 78 53 12	65 13 18	86.825	+0.001 +36.389	3 855 092.687	−0.004 +78.832	38 454 988.406
4	N4	+ 02 274 03 49	159 17 09	145.277	+0.002 −135.886	3 855 129.077	−0.007 +51.385	38 455 067.234
B2	猫耳洞	+ 02 291 52 27				3 854 993.193		38 455 118.612
A2	老爷岭		271 09 38					
	$\Sigma\beta$	1 439 59 48						
$K=\dfrac{1}{20\ 354}$	$f_\beta = -12''$		Σ	569.906	−3.472		+171.068	
			$f_x = -0.007$				$f_y = +0.027$	

续表

序号	点 名	观测角	方位角	边 长	v_x ΔX_i	X_i	v_y ΔY_i	Y_i
(1)	(2)	(3)	(4)	(5)	(6)	(7)	(8)	(9)

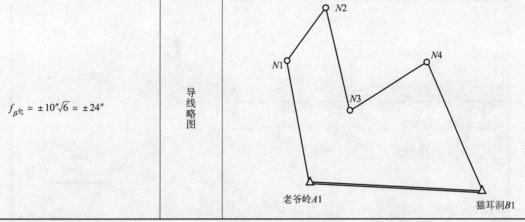

$f_{\beta 允} = \pm 10'' \sqrt{6} = \pm 24''$

导线略图

(四)使用 PA2005

表 4-7 和图 4-20 是一条符合导线的测量数据和简图,A,B,C 和 D 是已知坐标点,2,3 和 4 是待测的控制点。原始测量数据见表 4-7。

表 4-7 导线原始数据表

测 站 点	角度/(°)	距离/m	X/m	Y/m
B			8 345.870 9	5 216.602 1
A	85.302 11	1 474.444 0	7 396.252 0	5 530.009 0
2	254.323 22	1 424.717 0		
3	131.043 33	1 749.322 0		
4	272.202 02	1 950.412 0		
C	244.183 00		4 817.605 0	9 341.482 0
D			4 467.524 3	8 404.762 4

导线图如图 4-20 所示。

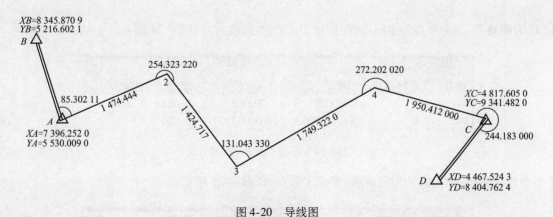

图 4-20 导线图

(1)在 PA2005 中输入以上数据,如图 4-21 所示。

(2)在测站信息区中输入 A,B,C,D,2,3 和 4 号测站点,其中 A,B,C,D 为已知坐标点,其属性为 10,其坐标如"原始数据表";2,3,4 点为待测点,其属性为 00,其他信息为空。如果要考虑温度、气压对边长的影响,就需要在观测信息区中输入每条边的实际温度、气压值,然后通过概算来进行改正。

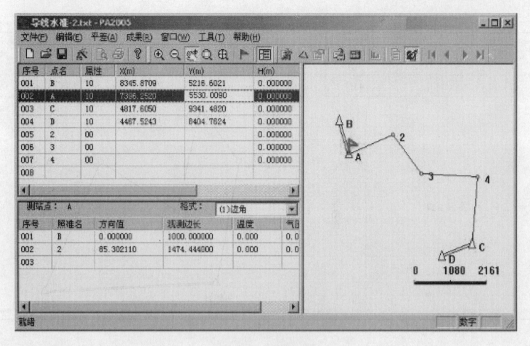

图 4-21 数据输入

（3）根据控制网的类型选择数据输入格式，此控制网为边角网，选择边角格式，如图 4-22 所示。

图 4-22 选择格式

（4）在观测信息区中输入每一个测站点的观测信息，为了节省空间只截取观测信息的部分表格示意图。

B,D 作为定向点，它没有设站，所以无观测信息，但在测站信息区中必须输入它们的坐标。

以 A 为测站点，B 为定向点时（定向点的方向值必须为零），照准 2 号点的数据输入，如图 4-23 所示。

| 测站点： | A | | 格式： | (1)边角 | ▼ |
序号	照准名	方向值	观测边长	温度	气压
001	B	0.000000	1000.000000	0.000	0.000
002	2	85.302110	1474.444000	0.000	0.000

图 4-23 测站 A 的观测信息

以 C 为测站点，以 4 号点为定向点时，照准 D 点的数据输入，如图 4-24 所示。

| 测站点： | C | | 格式： | (1)边角 | ▼ |
序号	照准名	方向值	观测边长	温度	气压
001	4	0.000000	0.000000	0.000	0.000
002	D	244.183000	1000.000000	0.000	0.000

图 4-24 测站 C 的观测信息

2 号点作为测站点时，以 A 为定向点，照准 3 号点，如图 4-25 所示。

| 测站点： | 2 | | 格式： | (1)边角 | ▼ |
序号	照准名	方向值	观测边长	温度	气压
001	A	0.000000	0.000000	0.000	0.000
002	3	254.323220	1424.717000	0.000	0.000

图 4-25 测站 2 的观测信息

以 3 号点为测站点,以 2 号点为定向点时,照准 4 号点的数据输入,如图 4-26 所示。

测站点：3			格式：	(1)边角	
序号	照准名	方向值	观测边长	温度	气压
001	2	0.000000	0.000000	0.000	0.000
002	4	131.043330	1749.322000	0.000	0.000

图 4-26　测站 3 的观测信息

以 4 号点为测站点,以 3 号点为定向点时,照准 C 点的数据输入,如图 4-27 所示。

测站点：4			格式：	(1)边角	
序号	照准名	方向值	观测边长	温度	气压
001	3	0.000000	0.000000	0.000	0.000
002	C	272.202020	1950.412000	0.000	0.000

图 4-27　测站 4 的观测信息

说明:①数据为空或前面已输入过时可以不输入(对向观测例外);
　　　②在电子表格中输入数据时,所有零值可以省略不输。
(5)以上数据输入完后,选择"文件→另存为"命令,将输入的数据保存为 PA2005 数据格式文件:

```
[STATION]　(测站信息)
B,10,8345.870900,5216.602100
A,10,7396.252000,5530.009000
C,10,4817.605000,9341.482000
D,10,4467.524300,8404.762400
2,00
3,00
4,00
[OBSER]　(观测信息)
A,B,,1000.0000
A,2,85.302110,1474.4440
C,4
C,D,244.183000,1000.0000
2,A
2,3,254.323220,1424.7170
3,2
3,4,131.043330,1749.3220
4,3
4,C,272.202020,1950.4120
```

上面[STATION](测站信息)是测站信息区中的数据,[OBSER](观测信息)是观测信息区中的数据。

以上介绍了电子表格的数据录入方法,为了便于讲解 PA2005 的平差操作全过程,这里以 demo 下的"三角高程导线．txt"文件为例讲解平差操作过程。

平差过程操作如下:

1. 打开数据文件

选择"文件"→"打开"命令,在图 4-28 所示对话框中找到"三角高程导线．txt"。

2. 近似坐标推算

根据已知条件(测站点信息和观测信息)推算出待测点的近似坐标,作为构成动态网图和导线平差的基础。

选择"平差"→"推算坐标"命令即可进行坐标推算,如图 4-29 所示。

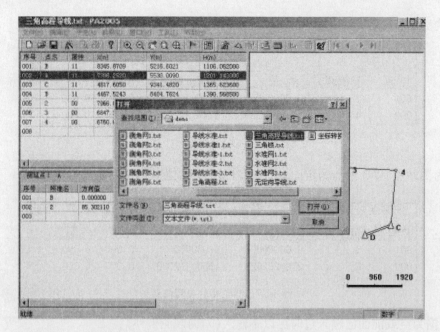

图 4-28　打开文件

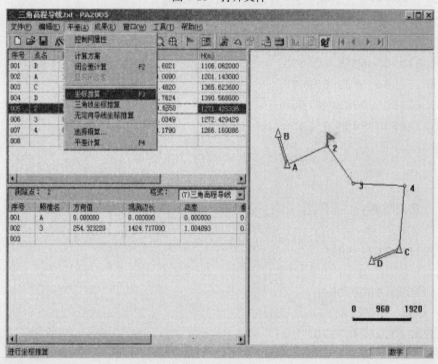

图 4-29　坐标推算

推算坐标的结果如图 4-30 所示。

序号	点名	属性	X(m)	Y(m)	H(m)
001	B	11	8345.8709	5216.6021	1106.062000
002	A	11	7396.2520	5530.0090	1201.143000
003	C	11	4817.6050	9341.4820	1365.623600
004	D	11	4467.5243	8404.7624	1390.568500
005	2	00	7966.6446	6889.6550	1271.425336
006	3	00	6847.2752	7771.0349	1272.429429
007	4	00	6760.0102	9518.1790	1266.160086

图 4-30　推算坐标结果

注意:每次打开一个已有数据文件时,PA2005 会自动推算各个待测点的近似坐标,并把近似坐标显示在测站信息区内。当数据输入或修改原始数据时则需要用此功能重新进行坐标推算。

3. 选择概算

主要对观测数据进行一系列的改化,根据实际的需要来选择其概算的内容并进行坐标的概算,如图 4-31 所示。

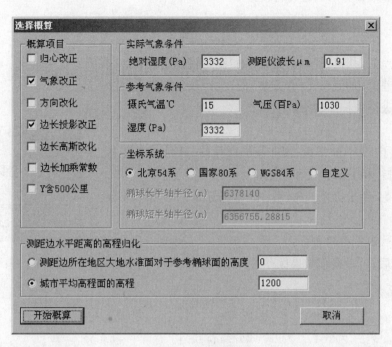

图 4-31　选择概算

选择概算的项目有:归心改正、气象改正、方向改化、边长投影改正、边长高斯改化、边长加乘常数改正和 Y 含 500 公里。需要参入概算时选择相应复选框即可。

1)归心改正

归心改正根据归心元素对控制网中的相应方向做归心计算。在 PA 2005 中只有在输入了测站偏心或照准偏心的偏心角和偏心距等信息时才能够进行此项改正。如没有进行偏心测量,则概算时不进行此项改正。

此实例数据中没有输入偏心信息,所以不用选择此概算项目。

2)气象改正

气象改正就是改正测量时温度、气压和湿度等因素对测距边的影响。

(1)实际气象条件(外业控制测量时的气象条件):

①绝对湿度:控制测量时的当地湿度,单位为 Pa。此项改正值非常小,一般不参与改正。

②测距仪波长:测距仪发射的电子波波长,单位为 μm。此实例数据中的电子波波长为 0.91 μm。

(2)参考气象条件(在此条件下测距仪所测的距离为真值,没有误差,也是标定的气象条件):

①摄氏气温:测距仪的标定温度,单位为 ℃。此实例数据中的标定温度为 15 ℃。

②气压:测距仪的标定气压。单位为百 Pa。此实例数据中的标定气压为 1 030 百 Pa。

③湿度:测距仪的标定湿度,单位为 Pa。此实例数据中的标定湿度为 3 332 Pa。

注意:如果外业作业时已经对边长进行了气象改正或忽略气象条件对测距边的影响,那么就不用选择此项改正。如果选择了气象改正,就必须输入每条观测边的温度和气压值,否则将每条边的温度和气压均当作零来处理。

3)方向改化

方向改化:将椭球面上方向值归算到高斯平面上。

4)边长投影改正

边长投影改正的方法有两种:一种为已知测距边所在地区大地水准面对于参考椭球面的高度而对测距边进行投影改正;另一种为将测距边投影到城市平均高程面的高程上。

5）边长高斯改化

边长高斯改化也有两种方法，根据"测距边水平距离的高程归化"的选择不同而不同。

6）边长加乘常数改正

利用测距仪的加乘常数对测边进行改正。

改正数：

$$\Delta S = a + b \times S$$

式中：a——固定误差值，其值在"计算方案"的"测距仪固定误差"中输入；

b——比例误差值，其值在"计算方案"的"测距仪比例误差"中输入。

此实例数据不进行边长加乘常数改正。

7）Y 含 500 km

若 Y 坐标包含了 500 km 常数，则在高斯改化时，软件将 Y 坐标减去 500 km 后再进行相关的改化和平差。

坐标系：54 系（54 年坐标系）；80 系（80 年坐标系）；84 系（84 年坐标系）。

概算结束后提示如图 4-32 所示。

单击"是"按钮后，可将概算结果保存为 txt 文本，结果如下：

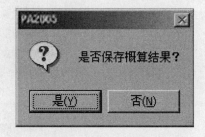

图 4-32　概算结束后提示

边长改化概算成果表

测站	照准	边长 (m)	改正数 (m)	改正后边长 (m)
A	2	1 474.444 0	−0.008 4	1 474.435 6
2	3	1 424.717 0	−0.016 1	1 424.700 9
3	4	1 749.322 0	−0.019 1	1 749.302 9
4	C	1 950.412 0	−0.035 6	1 950.376 4

边长气象改正成果表

测站	照准	边长 (m)	改正数 (m)	改正后边长 (m)
A	2	1 474.435 6	0.033 9	1 474.469 5
2	3	1 424.700 9	0.028 7	1 424.729 5
3	4	1 749.302 9	0.033 5	1 749.336 4
4	C	1 950.376 4	0.034 8	1 950.411 3

4. 计算方案的选择

选择控制网的等级、参数和平差方法。

注意：对于同时包含了平面数据和高程数据的控制网，如三角网和三角高程网并存的控制网，一般处理过程应为：先进行平面网处理，然后在高程网处理时 PA2005 会使用已经较为准确的平面数据（如距离等）来处理高程数据。对于精度要求很高的平面高程混合网，也可以在平面和高程处理间多次切换，迭代出精确的结果。

选择"平差"→"平差方案"命令即可进行参数的设置，如图 4-33 所示。

1）控制网等级

PA2005 提供的平面控制网等级有国家二等、三等、四等，城市一级、二级，图根及自定义。此等级与它的验前单位权中误差是一一对应的。如平面控制网等级为城市二级时它的验前单位权中误差为 8″，当选择自定义时验前单位权中误差可任意输入。

2）边长定权方式

边长定权方式包括测距仪、等精度观测和自定义。根据实际情况选择定权方式。

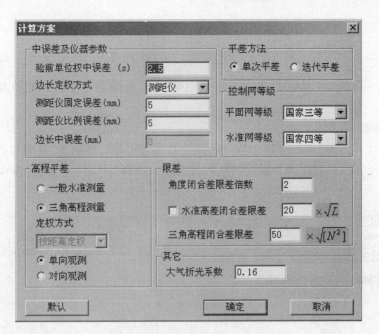

图 4-33 参数设置

(1)测距仪定权:通过测距仪的固定误差和比例误差计算出边长的权。

"测距仪固定误差"和"测距仪比例误差"是测距仪的检测常数,根据测距仪的实际检测数值(单位为毫米)来输入(此值不能为零或空)。

(2)等精度观测:各条边的观测精度相同,权也相同。

(3)自定义:自定义边长中误差。此中误差为整个网的边长中误差,它可以通过每条边的中误差来计算。

3)平差方法

平差方法有单次平差和迭代平差两种。

(1)单次平差:进行一次普通平差,不进行粗差分析。

(2)迭代平差:不修改权而仅由新坐标修正误差方程。

4)高程平差

高程平差包括一般水准测量平差和三角高程测量平差。当选择水准测量时其定权方式有按距离定权和按测站数定权两种。

(1)按距离定权:按照测段的距离来定权。

(2)按测站定权:按照测段内的测站数(即设站数)来定权,在观测信息区的"观测边长"框中输入测站数。

注意:软件中观测边长和测站数不能同时存在。

在高程平差中,还可选择单向观测和对向观测两个单选择钮。

(1)单向观测:每一条边只测一次。一般只有直觇没有反觇。

(2)对向观测:每一条边都要往返测,既有直觇又有反觇。

注意:单向观测和对象观测只在高程平差时有效。

5)限差

(1)角度闭合差计算限差倍数:闭合导线的闭合差容许超过限差($M\sqrt{N}$)的最大倍数。

(2)水准高差闭合差限差:规范容许的最大水准高差闭合差。其计算公式为 $n \times \sqrt{L}$,其中 n 为可变的系数,L 为闭合路线总长,以千米为单位。如果选中"水准高差闭合差限差"复选框,则可输入一个高程固定值作为水准高差闭合差。

(3)三角高程闭合差限差:规范容许的最大三角高程闭合差。其计算公式为 $n \times \sqrt{[N^2]}$,其中 n 为可变的系数,N 为测段长,以千米为单位,$[N^2]$ 为测段距离平方和。

6)其他

大气折光系数:改正大气折光对三角高程的影响,其计算公式为 $\Delta H = \dfrac{1-K}{2R}S^2$,其中 K 为大气垂直折光系数(一般为 $0.10 \sim 0.14$),S 为两点之间的水平距离,R 为地球曲率半径。此项改正只对三角高程起作用。

5. 闭合差计算与检核

根据观测值和"计算方案"中的设定参数来计算控制网的闭合差和限差,从而检查控制网的角度闭合差或高差闭合差是否超限,同时检查分析观测粗差或误差。选择"平差"→"闭合差计算"命令,计算结果如图 4-34 所示。

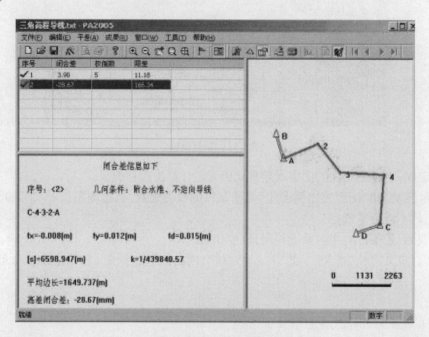

图 4-34　闭合差计算结果

左边的闭合差计算结果与右边的控制网图是动态相连的(右图中用红色表示闭合导线或中点多边形),它将数和图有机地结合在一起,使计算更加直观,检测更加方便。

(1)"闭合差":表示该导线或导线网的观测角度闭合差。

(2)"权倒数":即导线测角的个数。

(3)"限差":其值为权倒数开方×限差倍数×单位权中误差(平面网为测角中误差)。

对导线网,闭合差信息区包括 fx、、fy、fd、k、最大边长、平均边长以及角度闭合差等信息。若为无定向导线则无 fx,fy,fd,k 等项。闭合导线中若边长或角度输入不全,也没有 fx,fy,fd,k 等项。

在闭合差计算过程中,"序号"前面的"!"表示该导线或网的闭合差超限,"✓"表示该导线或网的闭合差合格。"X"则表示该导线没有闭合差。

此实例数据的角度闭合差和高差闭合差都合格。

在平差易的闭合差计算中提供了粗差检测报告。

具体操作步骤如下:

(1)打开数据文件并计算该导线或导线网的闭合差。

(2)单击某条闭合差的计算记录,显示出该闭合差的详细信息。(该粗差检测只针对导线或导线网而言,并且必须有该闭合差的详细信息)

(3)单击闭合差信息区内,即可显示"平面查错"和"闭合差信息"两个选项。

(4)单击"平面查错"项即可显示"平面角度、边长查错信息",如图 4-35 所示。

角检系数:指闭合导线或附合导线在往返推算时点位的偏移量。偏移量越小该点的粗差越大,偏移量越大该点的粗差越小。

边检系数:指闭合导线或附合导线的全长闭合差的坐标方位角与各条导线方位角的差值。差值越小该点的粗差越大,差值越大该点的粗差越小。

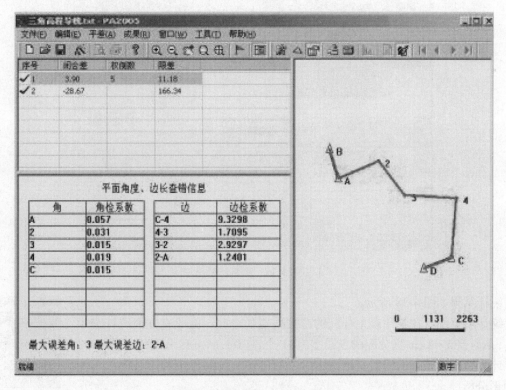

图 4-35 平面角度、边长查错信息

注意:

①在角度闭合差没有超限时才进行边长检查。

②当只存在一个角度或一条边长粗差时才能进行平面查错,当存在两个或两个以上的粗差时检测结果并不十分准确。

③如各检测系数相同或相差不大,则闭合导线或附合导线没有粗差。

[闭合差统计表]

==

序号:<1>几何条件:附合导线

路径:D-C-4-3-2-A-B

角度闭合差=3.90,限差=±11.18 fx=0.014(m),fy=0.008(m),fd=0.016(m)

[s]=6598.947(m),k=1/409531,平均边长=1649.737(m)

==

序号:<2>几何条件:三角高程

路径:C-4-3-2-A

高差闭合差=-28.67(mm),限差=±50 X SQRT(11.068)=±166.34(mm)

注意:闭合导线中没有 fx,fy,fd,[s],k 和平均边长的原因为该闭合导线数据输入中边长或角度输入不全(要输入所有的边长和角度)。

通过闭合差可以检核闭合导线是否超限,甚至可检查到某个点的角度输入是否有错。

6. 平差计算

选择"平差"→"平差计算"命令,即可进行控制网的平差计算,如图 4-36 所示。

平面网可按"方向"或"角度"进行平差,它根据验前单位权中误差(单位:度分秒)和测距的固定误差(单位:米)及比例误差(单位:百万分之一)来计算。

7. 平差报告的生成与输出

1)精度统计表

选择"成果"→"精度统计"命令,即可进行该数据的精度分析,如图 4-37 所示。

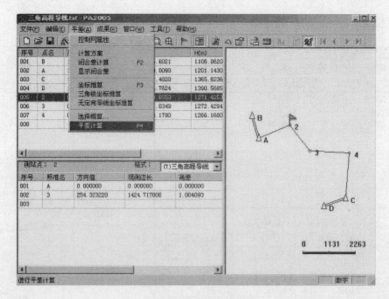

图 4-36　平差计算

精度统计结果如图 4-38 所示。

精度统计主要统计在某一误差分配的范围内点的个数。在此直方图统计表中可以看出,在误差 2～3 cm 区分配的点最多为 11 个,在 0～1 cm 区分配的点有 3 个。线性图统计表中有误差点的线性变化,如图 4-39 所示。

2) 网形分析

选择"成果"→"网形分析"命令,即可进行网形分析,如图 4-40 所示。

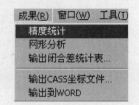

图 4-37　精度统计菜单

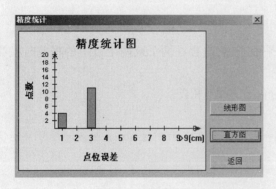

图 4-38　精度统计

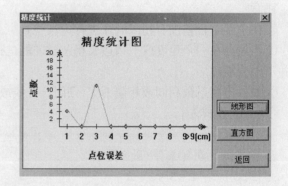

图 4-39　精度统计线性图

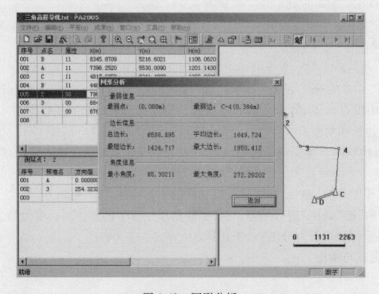

图 4-40　网形分析

对网形的信息进行分析：

（1）最弱信息：最弱点（离已知点最远的点）、最弱边（离起算数据最远的边）。

（2）边长信息：总边长、平均边长、最短边长、最大边长。

（3）角度信息：最小角度、最大角度。（测量的最小或最大夹角）

3）平差报告

平差报告包括控制网属性、控制网概况、闭合差统计表、方向观测成果表、距离观测成果表、高差观测成果表、平面点位误差表、点间误差表、控制点成果表等。也可根据自己的需要选择显示或打印其中某一项，成果表打印时其页面也可自由设置。它不仅能在 PA2005 中浏览和打印，还可输入到 Word 中进行保存和管理。

输出平差报告之前可进行报告属性的设置：

选择"窗口"→"报告属性"命令，如图 4-41 所示。

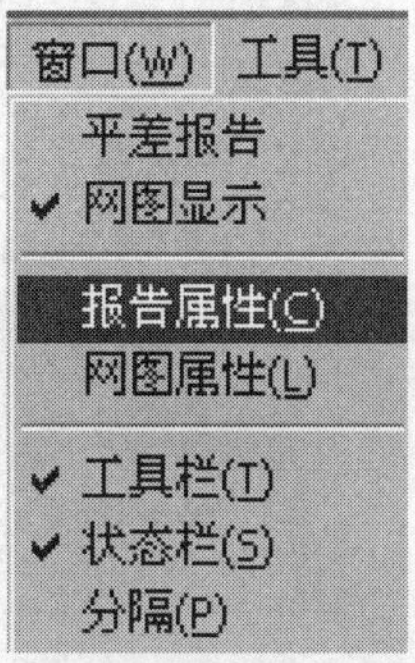

设置内容包括：

（1）成果输出：包括统计页、观测值、精度表、坐标表、闭合差等，需要打印某种成果表时选中相应复选框即可，如图 4-42 所示。

图 4-41　报告属性菜单

（2）输出精度：可根据需要设置平差报告中坐标、距离、高程和角度的小数位数。

（3）打印页面设置：设置打印时的左边距和右边距。

（4）报表模板：可自定义平差报告的输出格式。

流程如下：

①在"报表设置"中选中"自定义表格"复选框，如图 4-43 所示。

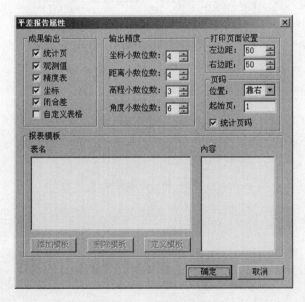

图 4-42　平差报告属性

图 4-43　自定义报表

"添加模板"：添加已定义的模板，其文件格式为 *.tem。

"删除模板"：删除已有的模板。

"定义模板"：自定义表格输出模板。

②定义模板。单击"定义模板"按钮，打开"报表模板自定义"对话框，如图 4-44 所示。

报表输出的类型分为两类：一类表格中涉及一点的内容，另一类表格中涉及两点的内容。

涉及一点的内容：坐标、高程、坐标中误差、高程中误差、点位误差长轴、点位误差短轴、点位 Y 方向误差、点位 X 方向误差、点位误差方位角和备注。

涉及两点的内容：方向观测值、方向改正数、方向平差值、方位角、边长观测、边长改正数、边长平差值、测段距离、测段高差、高差改正数、高差平差值、坐标、高程和备注。

③定义表格内容，如图 4-45 所示。

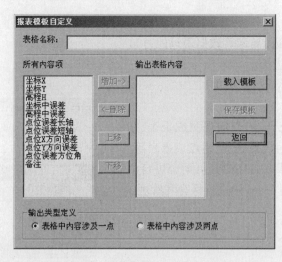

图4-44 "报表模板自定义"对话框

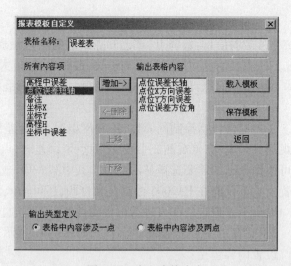

图4-45 定义表格内容

先选择"输出类型定义",如"表格中内容涉及一点",再选取表格内容项,如"点位误差短轴",单击"增加"按钮,根据需要将左框中的内容项移到"输出表格内容"中,这些内容就构成了自定义表格输出的内容。最后单击"保存模板"按钮,将此自定义表格内容保存为 * . tem 文件,以便以后调用。同时也可将此模板通过"载入模板"功能加载到软件中。

④添加模板。单击"添加模板"按钮,选择模板文件(* . tem),单击"打开"按钮即可,如图4-46 所示。
以后生成的平差报告中即有此定义表格的内容。

图4-46 添加模板

8. 控制网平差报告

1)控制网概况

(1)本成果为按平面网处理的平差成果。

计算软件:南方平差易 2005

网名: 计算日期:2015 -11 -30

观测人:×××

记录人:×××

计算者:×××

测量单位:××××

备注:××××

(2)平面控制网等级:国家三等,验前单位权中误差:2. 50(s);

高程控制网等级:国家四等。

(3)控制网数据统计结果:

[边长统计结果]总边长:6598.8950,平均边长:1649.7238,最小边长:1424.7170,最大边长:1950.4120

[角度统计结果]控制网中最小角度:85.3021,最大角度:272.2020

(4)控制网中最大误差情况:

最大点位误差[3] = 0.0094 (m)

最大点间误差 = 0.0116 (m)

最大边长比例误差 = 378378

（5）精度统计情况：

平面网验后单位权中误差＝1.12（s）

每公里高差中误差＝11.16（mm）

最弱点高程中误差［3］＝10.06（mm）

规范允许每公里高差中误差＝10（mm）

起始点高程

B	1106.0620（m）
A	1201.1430（m）
C	1365.6236（m）
D	1390.5685（m）

2）［闭合差统计报告］

几何条件：附合导线

路径：［D－C－4－3－2－A－B］

角度闭合差＝3.90，限差＝±11.18

$fx＝0.014（m），fy＝0.008（m），fd＝0.016（m）$

［s］＝6598.947（m），k＝1/409531，平均边长＝1649.737（m）

几何条件：三角高程

路径：［C－4－3－2－A］

高差闭合差＝－28.67（mm），限差＝±50 X SQRT（11.068）＝±166.34（mm）

路线长度＝6.599（km）

具体成果见表4-8～表4-14。

表4-8　方向观测成果表

测 站	照 准	方向值/dms	改正数/s	平差后值/dms	备 注
A	B	0.000 000			
A	2	85.302 110	0.28	85.302 138	
C	4	0.000 000			
C	D	244.183 000	1.28	244.183 128	
2	A	0.000 000			
2	3	254.323 220	0.48	254.323 268	
3	2	0.000 000			
3	4	131.043 330	0.76	131.043 406	
4	3	0.000 000			
4	C	272.202 020	1.10	272.202 130	

表4-9　三角高程观测成果表

测站	照准	距离/m	垂直角/dms	仪器高/m	觇标高/m
A	2	1 474.444 00	2.431 9	1.340 00	1.300 00
2	3	1 424.717 00	0.014 5	1.425 00	1.280 00
3	4	1 749.322 00	－0.124 6	1.354 00	1.300 00
4	C	1 950.412 00	2.542 1	1.510 00	1.300 00

表 4-10 高差观测成果表

测段起点号	测段终点号	测段距离/m	测段高差/m	高差较差/m	较差限差/m
A	2	1 474.444 00	70.282 3		
2	3	1 424.717 00	1.004 1		
3	4	1 749.322 00	−6.240 7		
4	C	1 950.412 00	99.463 5		

表 4-11 平面点位误差表

点　名	长轴/m	短轴/m	长轴方位/dms	点位中误差/m	备　注
2	0.006 36	0.003 90	157.430 845	0.007 5	
3	0.007 26	0.005 99	18.393 618	0.009 4	
4	0.006 69	0.004 78	95.573 888	0.008 2	

表 4-12 高程平差结果表

点　号	高差改正数/m	改正后高差/m	高程中误差/m	平差后高程/m	备　注
A			0.000 0	1 201.143 0	已知点
2	−0.006 4	70.275 9	0.008 4	1 271.418 9	
2			0.008 4	1 271.418 9	
3	−0.006 2	0.997 9	0.010 1	1 272.416 8	
3			0.010 1	1 272.416 8	
4	−0.007 6	−6.248 3	0.009 3	1 266.168 6	
4			0.009 3	1 266.168 6	
C	−0.008 5	99.455 0	0.000 0	1 365.623 6	已知点

表 4-13 平面点间误差表

点名	点名	长轴 MT/m	短轴 MD/m	D/MD	长轴方位 T/dms	平距 D/m	备注
A	2	0.007 46	0.003 90	378 378.31	157.430 845	1 474.469 72	
C	4	0.008 22	0.004 78	408 109.67	95.573 888	1 950.410 87	
2	A	0.007 46	0.003 90	378 378.31	157.430 845	1 474.469 72	
2	3	0.007 10	0.003 73	381 603.27	7.545 532	1 424.729 43	
3	2	0.007 10	0.003 73	381 603.27	7.545 532	1 424.729 43	
3	4	0.008 17	0.004 28	408 421.42	92.411 244	1 749.336 61	
4	3	0.008 17	0.004 28	408 421.42	92.411 244	1 749.336 61	
4	C	0.008 22	0.004 78	408 109.67	95.573 888	1 950.410 87	

表 4-14 控制点成果表

点　名	X/m	Y/m	H/m	备　注
B	8 345.870 9	5 216.602 1	1 106.062 0	已知点
A	7 396.252 0	5 530.009 0	1 201.143 0	已知点
C	4 817.605 0	9 341.482 0	1 365.623 6	已知点
D	4 467.524 3	8 404.762 4	1 390.568 5	已知点
2	7 966.652 7	6 889.679 5	1 271.418 9	
3	6 847.270 3	7 771.063 0	1 272.416 8	
4	6 759.991 7	9 518.221 0	1 266.168 6	

9. 打印

（1）选取打印对象。在"平差报告属性"对话框中设置打印内容，如图4-47所示。

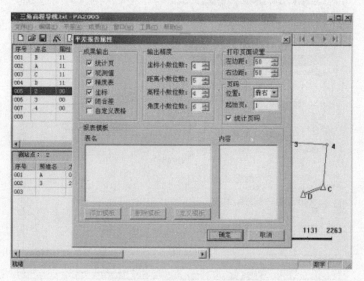

图4-47 "平差报告属性"对话框

（2）激活平差报告。在平差报告区中单击即可激活平差报告。

（3）打印设置。设置打印机的路径以及打印纸张大小和方向，如图4-48所示。

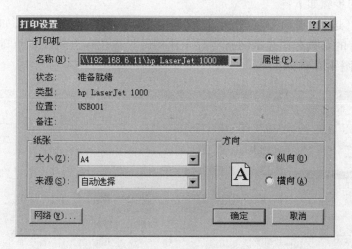

图4-48 打印设置

（4）打印预览，如图4-49所示。

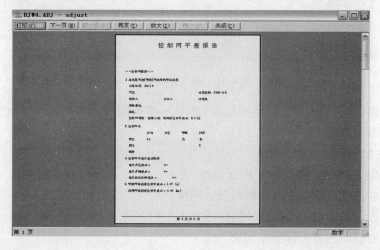

图4-49 打印预览

（5）打印。设置打印的页码和打印的份数后单击"打印"按钮即可，如图 4-50 所示。

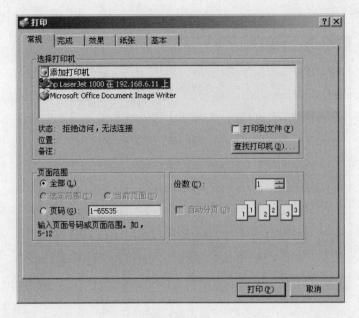

图 4-50　打印

说明：

控制网网图显示的步骤如下：

（1）网图属性设置（选择"窗口"→"网图属性"命令）设置网图显示的内容，如点位和点间误差椭圆等。网图属性中可设置的参数有："显示网格""显示比例尺""点位和点间误差椭圆""误差椭圆比例"，以及各种图形的颜色，如图 4-51 所示。

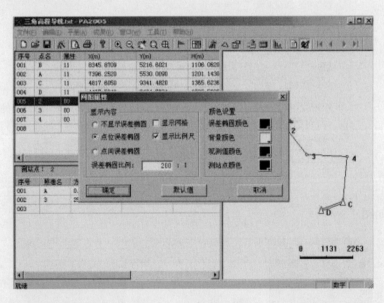

图 4-51　网图属性设置

（2）绘控制网网图（选择"窗口"→"网图显示"命令）：根据用户的需要将网图放大、缩小、平移、全图显示等，如图 4-52 所示。

网图打印的步骤如下：

（1）选取打印对象。（选择"窗口"→"网图属性"命令）。

（2）激活网图。在网图区中单击鼠标即可激活网图。

（3）打印设置。设置打印机的路径以及打印纸张大小和方向。

（4）打印预览。对打印内容进行整体浏览。

（5）打印。

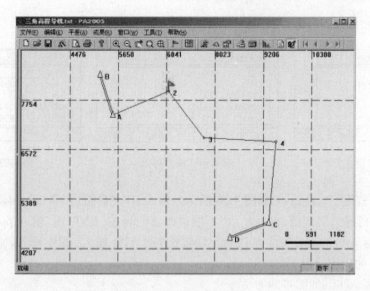

图 4-52　控制网网图

二、全站仪坐标导线程序测量

全站仪坐标导线程序测量是应用全站仪中的测量程序,在坐标导线测量程序下,依次测量导线点的坐标,再自动进行坐标平差工作。其实施要点和注意事项在前面已有描述。

(一)具体工作步骤

图 4-53 所示为一闭合导线,采用全站仪程序测量的工作程序具体描述如下:

(1)在 A1 点建站,进入全站仪程序测量中的导线测量;

(2)进行起始点测量,瞄准 B1 点定向后,旋转望远镜瞄准 N1 点测距;

(3)在全站仪不关机不退出程序的情况下移至 N1 点建站,倒退程序一步选择导线点测量,瞄准 A1 点定向后旋转望远镜瞄准 N2 点测距;

(4)重复以上操作在 N2 点建站;

(5)在 N3 点建站,瞄准 N2 点定向后旋转望远镜瞄准 A1 点测距,结束外业测量工作;

(6)在全站仪程序测量界面进行内业计算,选择测量计算模式、输入相关数据,计算出相应待测点 N1,N2,N3 的坐标,同时计算出误差。

(二)程序测量工作过程

以宾得 202DN 型号全站仪为例,用 PowerTopoLite 软件,按[F1][导线测量]键进入"导线测量"界面。

1. 起始点量测

选择"1. 起始点测量"进入导线测量,如图 4-54 所示。

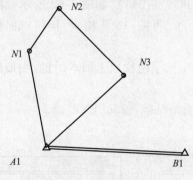

图 4-53　闭合导线图示

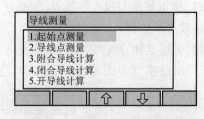

图 4-54　选择"1. 起始点测量"

1)测站点设置

(1)按[ENT]键进入仪器点设置界面,如图 4-55 所示。

(2)用箭头上下滚动屏幕,可显示操作界面,如图 4-56 所示。

（3）输入点名，PN，按［ENT］键进入 PN 界面，如图 4-57 所示。

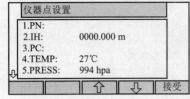
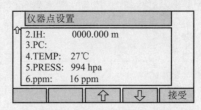
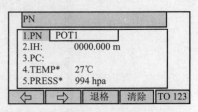

图 4-55　仪器点设置界面　　　　　图 4-56　操作界面　　　　　图 4-57　PN 界面

（4）输入仪器高、温度、气压、ppm，如图 4-58 所示。输入 IH 之后按［ENT］键，再输入温度，会显示"不能被改变"；按［ENT］键输入气压值，也会显示"不能被改变"；再按［ENT］键，输入 ppm 值也会显示"不能被改变"；温度、气压与 ppm 的设置只能在初始化设置（自动 ATM 输入，PPM 输入，NIL）中设置。以上的"不能被改变"在以上的操作过程中"自动"显示。

（5）按［ENT］键输入 PC，如图 4-59 所示。

（6）按［F5］［接收］键存储输入的数据。然后仪器会自动进入起始点水平角设置界面。

2）测站定向

（1）输入从起始点到后视点的方向角，如图 4-60 所示。

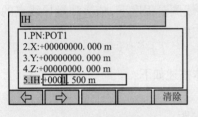

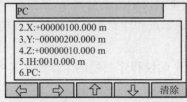
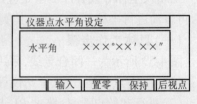

图 4-58　输入数据　　　　　图 4-59　输入 PC　　　　　图 4-60　输入方向角

注意：此界面为方向角设置，用于以后的导线计算。水平角的旋转取决于在"坐标轴定义"里对旋转的设置。

如要计算方向角，可按［F5］［反算］键跳到反算功能，输入 SP 作为起始点和 EP 点作为后视点。在导线成果界面用［ENT］键自动设置成果角度，在瞄准控制点后按［ENT］键。

（2）照准控制点按［ENT］键进入测距界面。

3）测量

（1）照准目标点，按［F1］［测距］键进行测距，如图 4-61 所示。

（2）按［F3］［测距/存储］键量测与保存旁视点。

（3）按［F2］［保存］键保存量测旁视点数据。

（4）按［F4］［修订］键编辑 PN（点名）、PH（棱镜高）和 PC（点代码），如图 4-62 所示。按［ENT］键用［↑］、［↓］键可以查看每个输入窗口，并输入 PN，PH 和点 PC，再按［F5］［接收］键可以保存可以接收的 PN，PH 和 PC 数据。

（5）按［ENT］键可量测与保存导线点，如果在一个测站上按了两次以上［ENT］键，则最后一次［ENT］键成为下一个导线点。

注意：在测量旁视点和导线点时，要正确使用［保存］［测距保存］键和［ENT］键。

（6）按［F5］［页替换］（见图 4-63）可进入其他页面。

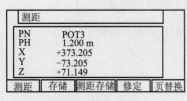
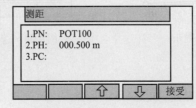
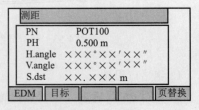

图 4-61　进行测距　　　　　图 4-62　编辑 PN，PH 和 PC　　　　　图 4-63　页替换

2. 导线点(角点)量测

(1)选择"2.导线点测量"(见图4-64),按[ENT]键进入"站点设置"界面。

(2)按[ENT]键进入瞄准控制点界面,如图4-65所示。

(3)按[ENT]键,屏幕显示"瞄准前一站"界面,如图4-66所示。

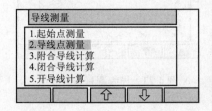

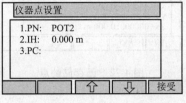

图4-64　选择"2.导线点测量"　　　图4-65　瞄准控制点界面　　　图4-66　瞄准前一站界面

(4)瞄准前一站,然后按[ENT]键,方向角被自动设定,并自动进入量测屏幕。

(5)瞄准目标点并按[F1][测距]键量测距离,如图4-67所示。

(6)按[F3][测距/保存]键量测与保存旁视点的量测数据。按[F2][保存]键保存旁视点的量测数据。按[F4][编辑]键可以编辑PN(点号)、PH(棱镜高)和PC(点代码)。用[ENT]键和用[↑]、[↓]键查看每个输入窗口,并输入PN、PH和PC,如图4-68所示。

(7)按[ENT]键保存角点(导线点)的量测数据。如果在一个站上按了两次以上的[ENT]键,则最后一次[ENT]点将成为下一个导线点。

注意:在导线和旁视点测量中要正确使用[保存][量测/保存]和[ENT]键。按[F5][页替换]键(见图4-69)可以查看其他界面。

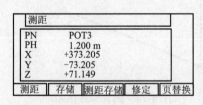

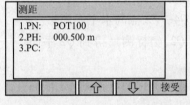

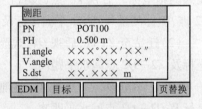

图4-67　量测距离　　　　　图4-68　编辑PN,PH和PC　　　　　图4-69　页替换

(8)结束导线测量。

说明:

固定导线:量测已知点并在最后的角点按[ENT]键。

闭合导线:量测起始点并在最后一个角点时按[ENT]键。

注意:在从最后一个导线点量测起始点时(闭合时),对起始点不要用同样的点名,如起始点原名T1可改成T1-1。

开放导线:无须在量测最后一个角点时按[ENT]键进入计算,因为不计算闭合差。

3. 计算

(1)从"导线测量"界面选择"3.附合导线计算"或"4.闭合导线计算"或"5.开导线计算"以计算导线(见图4-70)。

(2)按[ENT]键进入起始点坐标设置,输入起始点的点名,坐标和PC代码,如图4-71所示。

(3)如利用已存储的点,则可用[F2][列表]键加以显示,如图4-72所示。

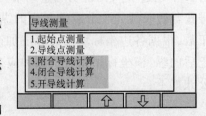

图4-70　"导线测量"界面

(4)按[ENT]键打开X坐标输入界面。输入所需要的数值,然后按[ENT]键进入Y坐标输入和Z坐标输入。然后进入终点坐标设置屏幕,输入终点的PN,X,Y,Z和PC。(只有对于固定导线,才显示终点的

PN,坐标和 PC)

（5）按［ENT］键可见导线测量结果界面，如图4-73所示。图中，"e/s"为闭合差/导线总长。

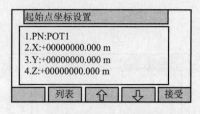

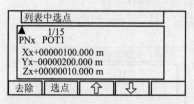

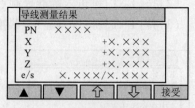

图4-71　设置起始点坐标　　　图4-72　已存储的点　　　图4-73　导线测量结果界面

（6）按［F1］与［F2］键依次显示角点。［F3］与［F4］键依次显示所有的点。按［F5］［接受］键可存储所有的导线点、碎部点以及已知点。

三、全站仪坐标导线近似测量

全站仪坐标导线测量是应用全站仪中的坐标测量功能，在外业观测时可以直接得到观测点的坐标，在成果处理时可将坐标作为观测值直接进行平差计算，由于其工作简便快捷、准确度高，得到了广泛应用。

如图4-74所示，闭合导线 $Q4$ 和 $Z1$ 为两个已知控制点，$Z2$，$Q2$，$Q3$ 为待测控制点，相邻两点均通视。导线控制测量的工作过程如下：

（1）自 $Q4$ 点全站仪建站，对中、整平后进入坐标测量程序，输入测站坐标。后视 $Z1$ 点，设置已知方位角或输入坐标，瞄准 $Z2$ 点，坐标测量得到 $Z2$ 平面坐标及 $Q4$—$Z2$ 点间水平距离。

（2）迁站至 $Z2$ 点，后视 $Q4$，观测 $Q2$，坐标测量得到 $Q2$ 平面坐标及 $Z2$—$Q2$ 点间水平距离。

（3）迁站至 $Q2$ 点，后视 $Z2$，观测 $Q3$，坐标测量得到 $Q3$ 平面坐标及 $Q2$—$Q3$ 点间水平距离。

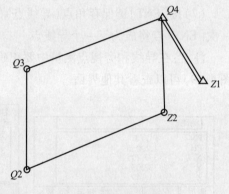

图4-74　闭合导线图示

（4）迁站至 $Q3$ 点，后视 $Q2$，观测 $Q4$，坐标测量得到 $Q4$ 平面坐标及 $Q3$—$Q4$ 点间水平距离。

外业观测完毕后，开始进行其内业平差工作。由于全站仪直接测得是每个点的坐标，因此内业平差直接利用坐标进行。$Q4$ 为已知点 (x_{Q4}, y_{Q4})，其外业实测的坐标观测值为 (x'_{Q4}, y'_{Q4})，则纵、横坐标闭合差为

$$\begin{cases} f_x = x'_{Q4} - x_{Q4} \\ f_y = y'_{Q4} - y_{Q4} \end{cases} \tag{4-29}$$

根据前面公式计算导线全长闭合差 f_D、导线的全长相对闭合差 K 与容许相对闭合差 $K_容$。若 K 大于 $K_容$，则说明结果不合格，应首先检查内业计算有无错误，然后检查外业观测结果，必要时重测。若 K 不超过 $K_容$，则说明测量结果符合精度要求，可以进行调整。调整的原则是：将 f_x 和 f_y 以相反符号按与边长成正比分配到相应的纵、横坐标增量中去。以 ν_{xi}，ν_{yi} 分别表示第 i 边的纵、横坐标增量改正数，根据各边坐标增量计算值加改正数，即得各边的改正后的坐标增量 $\Delta x_{i改}$，$\Delta y_{i改}$，经过调整，改正后的纵、横坐标增量之代数和应分别等于终、始已知点坐标之差，以资检核。各导线点的坐标计算公式如下：

$$\begin{cases} x_j = x'_i + \nu_{xi} \\ y_j = y'_i + \nu_{yi} \end{cases} \tag{4-30}$$

式中：x'_i，y'_i——第 i 点的坐标观测值。

图4-74所示闭合导线全站仪坐标测量近似平差计算见表4-15。

表 4-15　全站仪坐标测量闭合导线测量近似平差计算表

点号	坐标观测值			相邻点边长/	改正值 V_o/mm　坐标差			改正后坐标增量			坐标计算值		
	X'/m	Y'/m	H'/m	m	Δx/m	Δy/m	Δh/m	Δx改/m	Δy改/m	Δh改/m	X/m	Y/m	H/m
1	2	3	4	5	6	7	8	9	10	11	12	13	14
已知点点号 Z1	/	/	/								195 032.181	298 479.991	144.680
已知点点号 Q4	/	/	/	136.295	(0.007) −28.820	(−0.007) −133.213	(−0.001) 3.706	−28.813	−133.220	3.705	195 065.501	298 467.638	144.807
Q3	195 036.425	298 334.425	148.513	66.688	(0.003) −66.609	(−0.003) 3.238	(−0.001) 0.734	−66.606	3.235	0.733	195 036.688	298 334.418	148.512
Q2	194 970.072	298 337.663	149.247	145.768	(0.007) 38.520	(−0.008) 140.586	(0.001) −4.490	38.527	140.578	−4.491	194 970.082	298 337.653	149.245
Z2	195 008.592	298 478.249	144.757	57.866	(0.003) 56.889	(−0.003) −10.590	(0.001) 0.054	56.892	−10.593	0.053	195 008.609	298 478.231	144.754
已知点点号 Q4′	195 065.481	298 467.659	144.811								195 065.501	298 467.638	144.807
Σ				406.617	0.020	−0.021	−0.004	0	0	0			
	f_x = −0.020 m	f_y = 0.021 m	f_h	ΣD_i	0.004 m		$f_{h允}$	25 mm			$k = f_D/\Sigma D_i$	1/14 034	
					0.407 km		f_D	0.029			$k_容$	1/10 000	

四、全站仪的日常使用与维护

（一）全站仪保管的注意事项

（1）仪器的保管由专人负责，每天现场使用完毕带回办公室；不得放在现场工具箱内。

（2）仪器箱内应保持干燥，要防潮防水并及时更换干燥剂。仪器必须放置专门架上或固定位置。

（3）仪器长期不用时，应以一月左右定期取出通风防霉并通电驱潮，以保持仪器良好的工作状态。

（4）仪器放置要整齐，不得倒置。

（二）使用时应注意事项

（1）开工前应检查仪器箱背带及提手是否牢固。

（2）开箱后提取仪器前，要看准仪器在箱内放置的方式和位置，装卸仪器时，必须握住提手；将仪器从仪器箱取出或装入仪器箱时，请握住仪器提手和底座，不可握住显示单元的下部。切不可拿仪器的镜筒，否则会影响内部固定部件，从而降低仪器的精度。应握住仪器的基座部分，或双手握住望远镜支架的下部。仪器用毕，先盖上物镜罩，并擦去表面的灰尘。装箱时各部位要放置妥帖，合上箱盖时应无障碍。

（3）在太阳光照射下观测仪器，应给仪器打伞，并带上遮阳罩，以免影响观测精度。在杂乱环境下测量，仪器要有专人守护。当仪器架设在光滑的表面时，要用细绳（或细铅丝）将三脚架三个脚连起来，以防滑倒。

（4）当架设仪器在三脚架上时，尽可能用木制三脚架，因为使用金属三脚架可能会产生震动，从而影响测量精度。

（5）若测站之间距离较远，搬站时应将仪器卸下，装箱后背着走。行走前要检查仪器箱是否锁好，检查安全带是否系好。当测站之间距离较近，搬站时可将仪器连同三脚架一起靠在肩上，但仪器要尽量保持直立放置。

（6）搬站之前，应检查仪器与脚架的连接是否牢固，搬运时，应把制动螺旋略微关住，使仪器在搬站过程中不致晃动。

（7）仪器任何部分发生故障时，不勉强使用，应立即检修，否则会加剧仪器的损坏程度。

（8）光学元件应保持清洁，如沾染灰沙必须用毛刷或柔软的擦镜纸擦掉。禁止用手指抚摸仪器的任何光学元件表面。清洁仪器透镜表面时，请先用干净的毛刷扫去灰尘，再用干净的无线棉布沾酒精由透镜中心向外一圈圈地轻轻擦拭。除去仪器箱上的灰尘时切不可作用任何稀释剂或汽油，而应用干净的布块蘸中性洗涤剂擦洗。

（9）在潮湿环境中工作时，作业结束后，要用软布擦干仪器表面的水分及灰尘后装箱。回到办公室后立即开箱取出仪器放于干燥处，彻底凉干后再装箱内。

（10）冬天室内、室外温差较大时，仪器搬出室外或搬入室内，应隔一段时间后才能开箱。

（三）仪器转运时注意事项

（1）把仪器装在仪器箱内，再把仪器箱装在专供转运用的木箱内，并在空隙处填以泡沫、海绵、刨花或其他防震物品。装好后将木箱或塑料箱盖子盖好。需要时应用绳子捆扎结实。

（2）无专供转运的木箱或塑料箱的仪器不应托运，应由测量员亲自携带。在整个转运过程中，要做到人不离开仪器，如乘车，应将仪器放在松软物品上面，并用手扶着，在颠簸厉害的道路上行驶时，应将仪器抱在怀里。

（3）注意轻拿轻放、放正、不挤不压，无论天气晴雨，均要事先做好防晒、防雨、防震等措施。

活动三　静态 GPS 控制测量

GPS 测量是通过接收卫星发射的信号并进行数据处理，从而求定测量点的空间位置。相对于其他传统测量方法而言，GPS 有其独有的技术优势：测量的精度大大高于常规测量；不要求测站之间相互通视；自动化程度很高，操作十分简便；可以全天候作业；测量时间短等，可大大提高工作效率。正因为上述优点，使 GPS 接收机成为当今最主要的测量仪器之一。

在使用 GPS 系统进行测量之前，有必要先了解它是怎样快速、准确地测量地面点的空间位置的。全球卫星定位系统是一种结合卫星及通信发展的技术,利用导航卫星进行测时和测距。

一、卫星定位系统简介

卫星定位测量主要针对多元化的全球空间卫星定位系统而提出。美国的 GPS、俄罗斯的 GLONASS、欧洲的 GALILEO 和中国的北斗卫星导航系统都属于卫星定位系统,都具备进行地面点定位的功能。

(一)美国的 GPS

GPS 是 The Global Position System 的英文缩写,即全球定位系统。该系统于 1973 年由美国政府组织研究,耗费巨资,历经约 20 年,于 1993 年全部建成。该系统是伴随现代科学技术的迅速发展而建立起来的新一代精密卫星导航和定位系统,不仅具有全球性、全天候、连续的三维测速、导航、定位与授时能力,而且具有良好的抗干扰性和保密性。该系统的研制成功已成为美国导航技术现代化的重要标志,被视为 20 世纪继阿波罗登月计划和航天飞机计划之后的又一重大空间科技成就。

全球定位系统(GPS)由空间部分(21 颗工作卫星 +3 颗备用卫星)、地面控制系统(5 个地面监控站)和用户设备部分(GPS 接收机)组成,该系统采用的是 WGS-84 坐标系。

(二)俄罗斯的 GLONASS

GLONASS 起步比 GPS 晚 9 年。在全面总结第一代卫星导航定位系统优缺点的基础上,汲取美国 GPS 系统的建设经验,从 1982 年 10 月 12 日发射第一颗 GLONASS 卫星开始,到 1996 年全部建成,经历 13 年的周折,其间遭遇了苏联的解体,由俄罗斯接替部署,但始终没有中止或中断 GLONASS 卫星的发射。1995 年初只有 16 颗 GLONASS 卫星在轨工作,当年又进行了三次成功的发射,将 9 颗卫星送入轨道,完成了 24 颗工作卫星加 1 颗备用卫星的布局。经过数据加载、调整试验,整个系统于 1996 年 1 月 18 日正式运行。该系统采用了 PZ‑90 坐标系。GLONASS 的组成及工作原理与 GPS 类似,也是由空间部分、地面控制系统以及用户设备部分三部分组成。

(三)欧盟的 GALILEO 研制发射计划

GPS 和 GLONASS 分别受到美、俄两国军方的严密控制,其他民用部门使用该系统时,其信号的可靠性无法得到保证。长期以来,其他国家只能在美、俄的授权下从事接收机的制造、导航服务等从属性工作。为了能在卫星导航领域占有一席之地,欧盟认识到建立拥有自主知识产权的卫星导航系统的重要性和战略意义,同时在欧洲一体化的进程中,还会全面加强诸成员国间的联系与合作。在这种情况下,欧盟决定启动伽利略(GALILEO)计划:建设一个军民两用、与现有系统相兼容、高精度、全开放的全球卫星导航系统——GNSS。中国也已加入了该计划。

伽利略计划分四个阶段:论证阶段(1994—2001)、系统研制和在轨确认阶段(2001—2005)、星座布设阶段(2006—2007)、运营阶段(2008 至今)。

伽利略系统由 30 颗卫星(27 颗工作 +3 颗备用)组成,分布在三个中高度圆形轨道面上,轨道高度为23 616 km,每颗卫星除了搭载导航设备外,还增加了一台救援收发器,可以接收来自遇险用户的求救信号,并将该信号转发给地面救援协调中心,后者组织和调度对遇险用户的救援行动。

地面控制设备包括卫星控制中心和提供各项服务所必需的地面设备。

(四)中国的北斗卫星导航系统

中国北斗卫星导航系统(BeiDou Navigation Satellite System,BDS)作为中国独立发展、自主运行的全球卫星导航系统,是国家正在建设的重要空间信息基础设施,可广泛用于经济社会的各个领域。

北斗卫星导航系统能够提供高精度、高可靠的定位、导航和授时服务,具有导航和通信相结合的服务特色。这一系统在测绘、渔业、交通运输、电信、水利、森林防火、减灾救灾和国家安全等诸多领域得到应用,产生了显著的经济效益和社会效益。

中国北斗卫星导航系统是继美国 GPS、俄罗斯 GLONASS、欧盟伽利略系统之后,全球第四大卫星导航系统。北斗卫星导航系统 2012 年将覆盖亚太区域,2020 年将形成由 30 多颗卫星组网具有覆盖全球的能力。高精度的北斗卫星导航系统实现自主创新,既具备 GPS 和伽利略系统的功能,又具备短报文通信功能。

北斗卫星导航系统的建设目标是:建成独立自主、开放兼容、技术先进、稳定可靠的覆盖全球的北斗卫星导航系统,促进卫星导航产业链形成,形成完善的国家卫星导航应用产业支撑、推广和保障体系,推动卫星导航在国民经济社会各行业的广泛应用。北斗卫星导航系统由空间段、地面段和用户段三部分组成,空间段包括 5 颗静止轨道卫星和 30 颗非静止轨道卫星,地面段包括主控站、注入站和监测站等若干地面站,用户段包括北斗用户终端以及与其他卫星导航系统兼容的终端。

截至 2012 年 10 月 25 日 23 时 33 分,中国在西昌卫星发射中心用"长征三号丙"运载火箭,成功将第 16 颗北斗导航卫星发射升空并送入预定转移轨道。这是一颗地球静止轨道卫星,它与先期发射的 15 颗北斗导航卫星组网运行,形成区域服务能力。

2013 年上半年,北斗卫星导航系统向亚太大部分地区正式提供服务。

北斗卫星导航系统的工作原理:定位时,终端设备接收两颗卫星的信号,解算出与它们的相对距离,从而得知自己处于以两颗卫星为圆心的球面交线上。与此同时,终端将自己的计算结果发往地面控制中心,由控制中心从存储在计算机内的数字化地形图查寻到用户高程值,由于知道用户处于某一与地球基准球面平行的球面上,从而中心控制系统可最终计算出用户所在点的三维坐标。这个坐标经加密由出站信号发送给用户。北斗卫星导航系统可向终端设备提供全天候、24 小时的即时定位服务,定位最高精度可达 10 m。

2011 年 12 月 27 日起,北斗卫星导航系统开始向中国及周边地区提供连续的导航定位和授时服务的试运行服务。北斗系统试运行服务期间主要性能服务区为东经 84°到 160°,南纬 55°到北纬 55°之间的大部分区域;位置精度可达平面 25 m、高程 30 m;测速精度达到 0.4 m/s;授时精度达 50 ns。

二、GPS 的组成

前已叙及,GPS 由三大部分组成:空间部分、地面控制系统、用户设备部分,三者关系如图 4-75 所示。

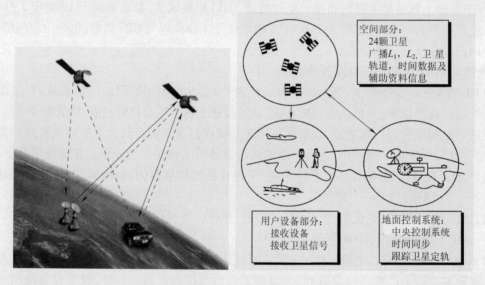

图 4-75　GPS 构成

(一)空间部分

1. 空间部分的构成

GPS 的空间部分,由 21 颗工作卫星和 3 颗在轨备用卫星组成,记作(21+3)GPS 星座。24 颗卫星均匀分布在 6 个轨道面内,轨道倾斜角为 55°,各个轨道平面之间相距 60°,即轨道的升交点赤经各相差 60°。每个轨道面内各颗卫星之间的升交角距相差 90°,一轨道面上的卫星比西边相邻轨道平面上的相应卫星超前 30°。卫星轨道的平均高度约为 20 200 km,当地球对恒星来说自转一周时,它们绕地球运行两周,即卫星绕地球一周的时间为 12 恒星时,对于世界时系统是 11 小时 58 分。这样,对于地面观测者来说,每天将提前 4 min 见到同一颗 GPS 卫星。位于地平线以上的卫星颗数随着时间和地点的不同而不同,最少可见到 4 颗,最多可见到 11 颗,GPS 卫星在空间的分布情况如图 4-76 所示。

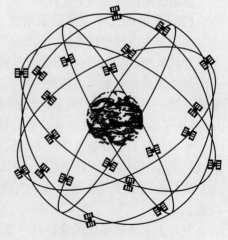

图 4-76　GPS 卫星星座

在用 GPS 信号导航定位时,为了解算测站的三维坐标,必须观测 4 颗 GPS 卫星,称为定位星座。这 4 颗卫星在观测过程中的几何位置分布对定位精度有一定的影响。

迄今,GPS 卫星已经设计了三代,分别为 Block Ⅰ、Block Ⅱ、Block Ⅲ。第一代(Block Ⅰ)卫星用于全球定位系统的实验,通常称为 GPS 实验卫星,这一代卫星共发射了 11 颗,设计寿命为 5 年,现已全部停止工作。第二代(Block Ⅱ、Block ⅡA、)用于组成 GPS 工作卫星星座,通常称为 GPS 工作卫星,第二代卫星共研制了 28 颗,设计寿命为 7.5 年,从 1989 年初开始,到 1994 年初已发射完毕。第三代(Block Ⅲ、Block ⅡR)卫星的设计与发射工作正在进行当中,以取代第二代卫星,进一步改善和提高全球定位系统的性能。

2. GPS 卫星及其作用

GPS 卫星的主体呈圆柱形,直径约为 1.5 m,质量约为 774 kg,两侧设有两块双叶太阳能板,能自动对日定向,以保证对卫星正常供电,如图 4-77 所示。

GPS 卫星的核心部件是高精度的时钟、导航电文存储器、双频发射器和接收机等。而 GPS 定位成功的关键在于高稳定度的频率标准,这种高稳定度的频率标准由高精度的原子钟提供。10^{-9} 精度量级时钟误差将会引起 30 cm 的站—星距离误差,因此每颗卫星一般安设两台铷原子钟和两台铯原子钟。GPS 卫星虽然发射几种不同频率的信号,但是它们均源于一个基准信号(频率为 10.23 MHz),所以仅需启用一台原子钟,其余原子钟作为备用。

图 4-77　GPS 工作卫星

在 GPS 中,卫星的作用如下:

(1)用 L 波段的两个无线波段(波长为 19 cm 和 24 cm)向用户连续不断地发送导航定位信号。用于粗略定位及捕获 P 码信号的伪随机码信号称为 C/A 码;用于精密定位的伪随机码信号称为 P 码。

(2)在卫星飞越注入站上空时,接受由地面注入站用 S 波段(波长为 10 cm)发送给卫星的导航电文和其他信息,并通过 GPS 信号电路实时地将其发送给广大用户。

(3)通过星载的高精度的原子钟提供精密的时间标准。

(4)接收地面主控站通过注入站发送到卫星的调度指令,适时地改正运行偏差或启用备用时钟等。

(二)地面控制系统

对于导航定位来说,GPS 卫星是一动态已知点。卫星的位置是依据卫星发射的星历(描述卫星运动及其轨道的参数)算得的。每颗 GPS 卫星所播发的星历,是由地面控制系统提供的。卫星上的各种设备是否正常工作,以及卫星是否一直沿着预定轨道运行,都要由地面设备进行监测和控制。地面控制系统的另一重要作用是保持各颗卫星处于同一时间标准——GPS 时间系统。这就需要地面站监测各颗卫星的时间,求出钟差,然后由地面注入站发给卫星,卫星再由导航电文发给用户设备。

1. 主控站

主控站只有一个,设在美国本土的科罗拉多斯普林斯(Colorado Springs)。主控站是全球定位系统的行政指挥中心,其主要任务如下:

(1)协调管理地面监控系统的全部工作;

(2)根据本站和其他监测站的所有观测资料,推算编制各卫星的星历、卫星钟差和大气层的修正参数等,并把这些数据传送到注入站;

(3)提供全球定位系统的时间基准。各监测站和 GPS 卫星的原子钟,均应与主控站的原子钟同步,或测出其间的钟差,并把这些信息编入导航电文,送到注入站;

(4)调整偏离轨道的卫星,使之沿预定的轨道运行;

(5)启用备用卫星以替代失效的工作卫星。

2. 注入站

注入站现有三个,分别设在印度洋的迪戈加西亚(Diego Garcia)、南大西洋的阿森松岛(Ascension)和太平洋的夸贾林(Kwajalein)。

注入站的主要设备包括一台直径为 3.6 m 的天线、一台 C 波段发射机和一台计算机。其主要任务是在主控站的控制下,将主控站推算和编制的卫星星历、钟差、导航电文和其他控制指令等,注入到相应卫星的存储系统,并监测注入信息的正确性。

3. 监测站

现有的五个地面站均具有监测站的功能。监测站是在主控站的直接控制下的数据自动采集中心。站内设有双频 GPS 接收机、高精度原子钟、计算机、环境数据传感器。接收机对 GPS 卫星进行不间断观测,以采集数据和监测卫星的工作状况。原子钟提供时间标准,而环境传感器收集有关当地的气象数据。所有观测资料由计算机进行初步处理,并存储和传送到主控站,并用以确定卫星的轨道。

整个 GPS 的地面控制系统,除主控站外均无人值守。各站间用现代化的通信网络联系起来,在原子钟和计算机的驱动和精确控制下,各项工作实现了高度的自动化和标准化。

(三)用户设备部分

GPS 的空间部分和地面控制系统是用户应用该系统进行定位的基础,而只有通过用户设备部分才能实现 GPS 定位的目的。

GPS 接收机的任务是:接收 GPS 卫星信号,并跟踪这些卫星的运行,对所接收到的 GPS 信号进行变换、放大和处理,以计算出 GPS 信号从卫星到接收机天线的传播时间,进而实时计算出测站的三维位置。

GPS 接收机的硬件和机内软件以及 GPS 数据的后处理软件构成完整的 GPS 用户设备。GPS 接收机的硬件分为天线单元和接收单元两大部分。对于测地型接收机来说,两个单元通常分成两个独立的部件,观测时将天线单元安置在测站上,接收单元置于测站附近的适当地方,用电缆线将两者连接成一个整体。也有的将天线单元和接收单元制作成一个整体,观测时将其安置在测站点上。而导航型 GPS 接收机功能简单,所以天线单元和接收单元均制作成一个整体。

GPS 接收机一般用蓄电池做电源,同时采用机内机外两种直流电源。设置机内电池的目的在于更换外电池时不中断连续观测,在用机外电池的过程中,机内电池自动充电。关机后,机内电池为 RAM 存储器供电,以防止丢失数据。

根据使用目的不同,用户要求的 GPS 信号接收机也各有差异。目前世界上已有几十家工厂生产 GPS 接收机,产品也有几百种。这些产品可以按照用途、载波频率等来进行分类。

1. 按接收机的用途分类

(1)导航型接收机。此类型接收机主要用于运动载体的导航,它可以实时给出载体的位置和速度。这类接收机一般采用 C/A 码伪距测量,单点实时定位精度较低,一般为 ±22 m,有 SA 影响时为 ±100 m。这类接收机价格便宜,应用广泛。根据应用领域的不同,此类接收机还可以进一步分为:车载型——用于车辆导航定位;航海型——用于船舶导航定位;航空型——用于飞机导航定位;星载型——用于卫星的导航定位。

(2)授时型接收机。这类接收机主要利用 GPS 卫星提供的高精度时间标准进行授时,主要用于天文台、地面监控站及一些对时间精度要求较高的场合。

(3)测地型接收机。测地型接收机主要用于精密大地测量和精密工程测量。其定位精度高,仪器结构复杂,价格较贵。

2. 按接收机的载波频率分类

(1)单频接收机。单频接收机只能接收 L_1 载波信号,测定载波相位观测值进行定位。由于不能有效消除电离层延迟影响,单频接收机只适用于短基线(<15 km)的精密定位。

(2)双频接收机。双频接收机可以同时接收 L_1,L_2 载波信号。利用两种频率对电离层延迟的不一样性,可以消除或减弱电离层对电磁波信号的延迟的影响,因此双频接收机可用于长达几千千米的精密定位。

三、GPS 测量技术的特点

相对于经典的测量技术(三角网、边角网、测边网和导线网)而言,GPS 测量技术的主要特点如下:

1. 定位精度高

应用实践已经证明,在 50 km 以内的基线上,GPS 相对定位精度可达到 $1 \times 10^{-6} D$;在 100 ~ 500 km 的基线上,GPS 相对定位精度可达到 $0.1 \times 10^{-6}D$;当基线长度大于 1 000 km 时,GPS 相对定位精度可达到 $0.001 \times 10^{-6}D$。在 300~1 500 m 的工程精密定位中,1 h 以上观测时解其平面位置误差小于 1 mm,与 ME-5000(目前最为精密的光电测距仪)电磁波测距仪测定的边长比较,其边长较差最大为 0.5 mm。

2. 观测时间短

随着 GPS 系统的不断完善,软件的不断更新,目前,20 km 以内相对静态定位仅需观测 15~20 min,甚至更短;快速静态相对定位测量时,当每个流动站与基准站相距在 15 km 以内时,流动站观测时间只需 1~2 min。

3. 测站间无须通视

GPS 测量不要求测站之间互相通视,只需测站上空开阔即可,因此可节省大量的造标费用(一般造标费用是建立控制网总费用的 30%~50%)。由于无须点间通视,点的位置根据需要可疏可密,使选点工作甚为灵活,也可省去经典控制网中传算点、过渡点的测量工作。

4. 可提供三维坐标

经典控制测量将平面与高程采用不同方法分别施测。GPS 可同时精确测定测站点的三维坐标。目前 GPS 水准可满足四等水准测量的精度,若进一步采取有关技术措施,则可以达到二等水准的精度。

5. 操作简便

随着 GPS 接收机不断改进,自动化程度越来越高,好多机型已达"傻瓜化"的程度;接收机的体积越来越小,重量越来越轻,极大地减轻了测量工作者的工作紧张程度和劳动强度。使野外工作变得轻松愉快。

6. 全天候作业

目前 GPS 观测可在一天 24 小时内的任何时间进行,不受阴天黑夜、起雾刮风、下雨下雪等气候的影响。

7. 功能多、应用广

GPS 系统不仅可用于测量、导航,还可用于测速、测时。测速的精度可达 0.1 m/s,测时的精度可达几十纳秒。其应用领域不断扩大。设计 GPS 系统的主要目的是用于导航、收集情报等军事目的。但是,后来的应用开发表明,GPS 系统不仅能够达到上述目的,而且用 GPS 卫星发来的导航定位信号能够进行厘米级甚至毫米级精度的静态相对定位,米级至亚米级精度的动态定位,亚米级至厘米级精度的速度测量和纳秒级精度的时间测量。因此,GPS 系统展现了极其广阔的应用前景。

四、GPS 卫星信号

1. GPS 卫星信号

GPS 卫星所发播的信号,包括载波信号、P 码(或 Y 码)、C/A 码和数据码(或称 D 码)等多种信号分量,而其中的 P 码和 C/A 码,统称为测距码。GPS 卫星信号的产生、构成和复制等,都涉及现代数字通信理论和技术方面的复杂问题,虽然 GPS 的用户一般可以不去深入研究,但了解其基本概念,对理解 GPS 定位的原理仍是必要的。

2. GPS 的测距码

GPS 卫星采用的两种测距码(即 C/A 码和 P 码(或 Y 码))均属伪随机码。但因其构成的方式和规律更为复杂,故在此不详细介绍,只介绍一下 GPS 测距码的性质、特点和作用。

1)C/A 码

C/A 码是由两个 10 级反馈移位寄存器相组合而产生的。两个移位寄存器于每星期日子夜零时在置 1 脉冲作用下全处于 1 状态,同时在频率为 $f_1 = f_0/10 = 1.023$ MHz 钟脉冲驱动下分别产生码长为 $N_u = 2^{10} - 1 = 1 023$ bit,周期为 $N_u t_u = 1$ ms 的 m 序列 $G_1(t)$ 和 $G_2(t)$。这时 $G_2(t)$ 序列的输出不是在该移位寄存器的最后一个存储单元,而是选择其中两个存储单元进行二进制相加后输出,由此得到一个与 $G_2(t)$ 平移等价的 m 序列 G_{2i}。再将其与 $G_1(t)$ 进行模二相加,便得到 C/A 码。由于 $G_2(t)$ 可能有 1 023 种平移序列,所以其分别与 $G_1(t)$ 相加后将可能产生 1 023 种不同结构的 C/A 码。这些相异的 C/A 码码长、周期和数码率均相同,即码长 $N_u = 2^{10} - 1 = 1 023$ bit;码元宽 $t_u = 1/f_1 \approx 0.977 52$ μs(相应距离为 293.1 m);周期 $T_u = N_u t_u = 1$ ms;数码率 $= 1.023$ Mbit/s。

这样,就可能使不同的 GPS 卫星采用结构相异的 C/A 码。

C/A 码的码长很短,易于捕获。在 GPS 定位中,为了捕获 C/A 码以测定卫星信号传播的时延,通常需要对 C/A 码逐个进行搜索。因为 C/A 码总共只有 1 023 个码元,所以若以每秒 50 码元的速度搜索,只需要约 20.5 s 便可达到目的。

由于 C/A 码易于捕获,而且通过捕获的 C/A 码所提供的信息可以方便地捕获 GPS 的 P 码,所以通常 C/A 码也称为捕获码。

C/A 码的码元宽度较大。假设两个序列的码元对齐误差,为码元宽度的 1/100,则这时相应的测距误差可达 2.9 m。由于其精度较低,所以 C/A 码也称为粗码。

2)P 码

GPS 卫星发射的 P 码产生的基本原理与 C/A 码相似,但其发生电路采用两组,各由两个 12 级反馈移位寄存器构成,情况更为复杂。而且线路设计的细节目前是保密的。通过精心设计,P 码的特征为:码长 $N_u \approx 2.35 \times 10^{14}$ bit;码元宽度 $t_u \approx 0.097\ 752\ \mu s$(相应距离为 29.3 m);周期 $T_u = N_u t_u \approx 267$ 天;数码率 10.23 Mbit/s。

P 码周期很长,约 267 天才重复一次。因此,实用上 P 码周期被分为 38 部分(每一部分周期为 7 天),码长约为 $6.19 \times 1\ 012$ bit,其中有 1 部分闲置,5 部分给地面监控站使用,32 部分分配给不同的卫星。这样,每颗卫星所使用的 P 码不同部分,便都具有相同的码长和周期,但结构不同。

因为 P 码的码长约为 $6.19 \times 1\ 012$ bit,所以,如果仍采用搜索 C/A 码的办法来捕获 P 码,即逐个码元依次进行搜索,当搜索的速度仍为每秒 50 码元时,那将是无法实现的。因此,一般都是先捕获 C/A 码,然后根据导航电文中给出的有关信息捕获 P 码。

另外,由于 P 码的码元宽度为 C/A 码的 1/10,这时若取码元的对齐精度仍为码元宽度的 1/100,则由此引起的相应距离误差约为 0.29 m,仅为 C/A 码的 1/10。所以 P 码可用于较精密的定位,故通常也称之为精码。

五、GPS 卫星定位基本原理

近年来中国广泛地开展了 GPS 的研究,且侧重于 GPS 定位的模型和数据处理软件。从 1988 年开始进行了大量的实际观测工作,特别是大陆架 GPS 卫星定位网的布设成功,标志着我国的卫星定位技术进入了一个新的阶段。为了提高广大普通民用定位系统的精度,出现了一种新的 GPS 实时定位技术,该定位技术可分为两种:普通差分定位系统和广域差分定位系统。前者即 GPS 系统,它由主站(即中心站)和移动站(即用户站)构成,并通过数据传输链构成网络系统。

(一)基本原理

测量学中有测距交会确定点位的方法。与其相似,无线电导航定位系统、卫星激光测距定位系统也是利用测距交会的原理确定点位。

就无线电导航定位来说,设想在地面上有三个无线电信号发射台,其坐标为已知,用户接收机在某一时刻采用无线电测距的方法分别测得接收机至三个发射台的距离 d_1, d_2, d_3,只需以三个发射台为球心,以 d_1, d_2, d_3 为半径作出三个定位球面,即可交会出用户接收机的空间位置。如果只有两个无线电发射台,则可根据用户接收机的概略位置交会出接收机的平面位置。这种无线电导航定位是迄今仍在使用的一种导航定位方法。

近代卫星大地测量中的卫星激光测距定位也是应用了测距交会定位的原理和方法。虽然用于激光测距的卫星(表面上安装有激光反射镜)是在不停地运动中,但总可以利用固定于地面上三个已知点上的卫星激光测距仪同时测定某一时刻至卫星的空间距离 d_1, d_2, d_3,应用测距交会的原理便可确定该时刻卫星的空间位置。如此,可以确定三个以上卫星的空间位置。如果在第四个地面点上(坐标未知)也有一台卫星激光测距仪同时参与测定了该点至三个卫星点的空间距离,则利用所测定的三个空间距离可以交会出该地面点的位置。

将无线电信号发射台从地面点搬到卫星上,组成一个卫星导航定位系统,应用无线电测距交会的原理,可由三个以上地面已知点(控制站)交会出卫星的位置;反之,利用三个以上卫星的已知空间位置,可交会出地面未知点(用户接收机)的位置。这便是 GPS 卫星定位的基本原理。

GPS 卫星发射测距信号和导航电文,导航电文中含有卫星的位置信息。用户用 GPS 接收机在某一时刻同时接收三颗以上的 GPS 卫星信号,测量出测站点(接收机天线中心)P 至三颗以上 GPS 卫星的距离并解算出该时刻 GPS 卫星的空间坐标,据此利用距离交会法解算出测站 P 的位置。如图 4-78 所示,设在时刻 t 在测站点 P 用 GPS 接收机同时测得 P 点至三颗 GPS 卫星 S_1,S_2,S_3 的距离 ρ_1,ρ_2,ρ_3,通过 GPS 导航电文解译出该时刻三颗 GPS 卫星的三维坐标分别为 $(X^j,Y^j,Z^j),j=1,2,3$。用距离交会的方法求解 P 点的三维坐标 (X,Y,Z) 的观测方程为

$$\left.\begin{aligned}
\rho_1^2 &= (X-X^1)^2 + (Y-Y^1) + (Z-Z^1)^2 \\
\rho_2^2 &= (X-X^2)^2 + (Y-Y^2) + (Z-Z^2)^2 \\
\rho_3^2 &= (X-X^3)^2 + (Y-Y^3) + (Z-Z^3)^2
\end{aligned}\right\} \tag{4-31}$$

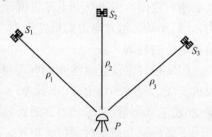

图 4-78　GPS 卫星定位原理

在 GPS 定位中,GPS 卫星是高速运动的卫星,其坐标值随时间在快速变化。需要实时地由 GPS 卫星信号测量出测站至卫星之间的距离,实时地由卫星的导航电文解算出卫星的坐标值,并进行测站点的定位。

依据测距的原理,其定位原理与方法主要有伪距法定位、载波相位测量定位以及差分 GPS 定位等。对于待定点来说,根据其运动状态可以将 GPS 定位分为静态定位和动态定位。静态定位指的是对于固定不动的待定点,将 GPS 接收机安置于其上,观测数分钟乃至更长的时间,以确定该点的三维坐标,又叫绝对定位。若以两台 GPS 接收机分别置于两个固定不变的待定点上,则通过一定时间的观测,可以确定两个待定点之间的相对位置,又叫相对定位。而动态定位则至少有一台接收机处于运动状态,测定的是各观测时刻(观测历元)运动中的接收机的点位(绝对点位或相对点位)。

利用接收到的卫星信号(测距码)或载波相位,均可进行静态定位。实际应用中,为了减弱卫星的轨道误差、卫星钟差、接收机钟差以及电离层和对流层的折射误差的影响,常采用载波相位观测值的各种线性组合(即差分值)作为观测值,获得两点之间高精度的 GPS 基线向量(即坐标差)。

下面首先介绍利用测距码进行伪距测量定位的原理,然后介绍载波相位测量观测值的数学模型,着重介绍静态相对定位的原理和方法,最后简述 GPS 动态定位的原理和差分 GPS 定位技术。

(二)伪距测量

伪距法定位是由 GPS 接收机在某一时刻测出的到四颗以上 GPS 卫星的伪距以及已知的卫星位置,采用距离交会的方法求定接收机天线所在点的三维坐标。所测伪距,就是由卫星发射的测距码信号到达 GPS 接收机的传播时间乘以光速所得出的量测距离。由于卫星钟、接收机钟的误差以及无线电信号经过电离层和对流层中的延迟,实际测出的距离 ρ' 与卫星到接收机的几何距离 ρ 有一定差值,因此一般称量测出的距离为伪距。用 C/A 码进行测量的伪距为 C/A 码伪距,用 P 码测量的伪距为 P 码伪距。伪距法定位虽然一次定位精度不高(P 码定位误差约为 10 m,C/A 码定位误差为 20 ~ 30 m),但因其具有定位速度快且无多值性问题等优点,仍然是 GPS 定位系统进行导航的最基本的方法。同时,所测伪距又可以作为载波相位测量中解决整波数(模糊度)不确定问题的辅助资料。

(三)载波相位测量

利用测距码进行伪距测量是全球定位系统的基本测距方法。然而由于测距码的码元长度较大,对于一些高精度应用其测距精度无法满足需要。如果观测精度均取至测距码波长的 1%,则伪距测量对 P 码而言量测精度为 30 cm,对 C/A 码而言为 3 m 左右。而如果把载波作为量测信号,由于载波的波长短 $\lambda L_1 = 19$ cm,$\lambda L_2 = 24$ cm,就可达到很高的精度。目前的大地型接收机的载波相位测量精度一般为 1 ~ 2 mm,有的精度更高。但载波信号是一种周期性的正弦信号,而相位测量又只能测定其不足一个波长的部分,因而存在着整周数不确定性的问题,便解算过程变得比较复杂。

在 GPS 信号中由于已用相位调制的方法在载波上调制了测距码和导航电文,因而接收到的载波的相位已不再连续,所以在进行载波相位测量以前,首先要进行解调工作,设法将调制在载波上的测距码和卫星导航电文去掉,重新获取载波,这一工作称为重建载波。重建载波一般可采用两种方法:一种是码相关法,另一种是平方法。采用前者,用户可同时提取测距信号和卫星电文,但用户必须知道测距码的结构;采

用后者,用户无须掌握测距码的结构,但只能获得载波信号而无法获得测距码和卫星电文。

(四)快速确定整周未知数法

1990 年 E. Frei 和 G. Beutler 提出了利用快速模糊度(即整周未知数)解算法进行快速定位的方法。采用这种方法进行短基线定位时,利用双频接收机只需观测一分钟便能成功地确定整周未知数。

六、GPS 绝对定位与相对定位

GPS 绝对定位也叫单点定位,即利用 GPS 卫星和用户接收机之间的距离观测值直接确定用户接收机天线在 WGS-84 坐标系中相对于坐标系原点——地球质心的绝对位置。绝对定位又分为静态绝对定位和动态绝对定位。因为受到卫星轨道误差、钟差以及信号传播误差等因素的影响。静态绝对定位的精度约为米级,而动态绝对定位的精度为 10 ~ 40 m。这一精度只能用于一般导航定位中,远不能满足大地测量精密定位的要求。

GPS 相对定位也叫差分 GPS 定位,是至少用两台 GPS 接收机,同步观测相同的 GPS 卫星,确定两台接收机天线之间的相对位置(坐标差)。它是目前 GPS 定位中精度最高的一种定位方法,广泛应用于大地测量、精密工程测量、地球动力学的研究和精密导航。

下面分别介绍绝对定位和相对定位的原理和方法。

(一)静态绝对定位

接收机天线处于静止状态下,确定观测站坐标的方法称为静态绝对定位。这时,可以连续地在不同历元同步观测不同的卫星,测定卫星至观测站的伪距,获得充分的多余观测量。测后通过数据处理求得观测站的绝对坐标。

如果观测的时间较长,接收机钟差的变化往往不能忽略。这时可将钟差表示为多项式的形式,把多项式的系数作为未知数在平差计算中一并求解。也可以对不同观测历元引入不同的独立钟差参数,在平差计算中一并解算。

在用户接收机安置在运动的载体上并处于动态情况下,确定载体瞬时绝对位置的定位方法,称为动态绝对定位。此时,一般同步观测四颗以上的卫星,利用公式即可求解出任一瞬间的实时解。

应用载波相位观测值进行静态绝对定位,其精度高于伪距法静态绝对定位。在载波相位静态绝对定位中,应注意对观测值加入电离层、对流层等各项改正,防止和修复整周跳变,以提高定位精度。整周未知数解算后,不再为整数,可将其调整为整数,解算出的观测站坐标称为固定解,否则称为实数解。载波相位静态绝对定位解算的结果可以为相对定位的参考站(或基准站)提供较为精密的起始坐标。

(二)静态相对定位

相对定位是用两台接收机分别安置在基线的两端,同步观测相同的 GPS 卫星,以确定基线端点的相对位置或基线向量,如图 4-79 所示。同样,多台接收机安置在若干条基线的端点,通过同步观测 GPS 卫星可以确定多条基线向量。在一个端点坐标已知的情况下,可以用基线向量推求另一待定点的坐标。

相对定位有静态相对定位和动态相对定位之分,这里仅介绍静态相对定位。

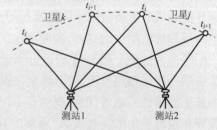

图 4-79　相对定位图示

在两个观测站或多个观测站同步观测相同卫星的情况下,卫星的轨道误差、卫星钟差、接收机钟差以及电离层和对流层的折射误差等对观测量的影响具有一定的相关性,利用这些观测量的不同组合(求差)进行相对定位,可有效地消除或减弱相关误差的影响,从而提高相对定位的精度。

GPS 载波相位观测值可以在卫星间求差,在接收机间求差,也可以在不同历元间求差。各种求差法都是观测值的线性组合。

七、GPS 相对测量作业模式

随着 GPS 定位技术的发展,GPS 定位测量已有多种测量作业方案可供选择。这些不同的测量方案也称 GPS 测量的作业模式。目前,在 GPS 接收系统硬件和软件的支持下,较为普遍采用的作业模式主要有静态测量模式、快速静态测量模式、实时动态定位测量模式等。下面简要介绍这些作业模式的特点及其适用范围。

(一)静态测量模式

(1)作业方法:采用两台(或两台以上)接收设备,分别安置在一条或数条基线的两个端点同步观测四颗以上卫星,每时段长 45 min 至 2 h 或更多。作业布置如图 4-80 所示。

(2)精度:基线的定位精度可达 5 mm + $1 \times 10^{-6}D$,其中 D 为基线长度(km)。

(3)特点:基线构成几何图形,检核条件充分,提高了成果可靠性,并且可以通过平差进一步提高定位精度。

(4)适用范围:建立全球性或国家级大地控制网,建立地壳运动监测网,建立长距离检校基线,进行岛屿与大陆联测、钻井定位及精密工程控制网建立等。

(5)注意事项:所有已观测基线应组成一系列封闭图形(见图 4-80),以利于外业检核。

(二)快速静态测量模式

(1)作业方法:在测区中部选择一个基准站,并安置一台接收设备连续跟踪所有可见卫星;另一台接收机依次到各点流动设站,同步观测四颗以上卫星,每点观测数分钟。作业布置如图 4-81 所示。

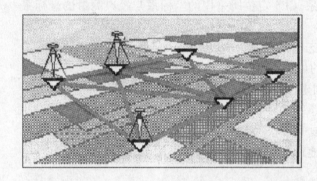

图 4-80 静态测量模式

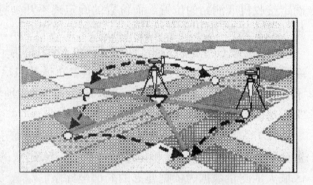

图 4-81 快速静态测量模式

(2)精度:流动站相对于基准站的基线中误差为 5 mm + $1 \times 10^{-6}D$。

(3)特点:作业速度快、精度高;流动接收机不需连续跟踪卫星,能耗低;两台接收机工作时,基线不适宜构成几何图形(见图 4-81),检核条件不充分,可靠性较差。

(4)适用范围:控制网的建立及其加密,工程测量,地籍测量,大批相距百米左右的点位定位。

(5)注意事项:在观测时段内应确保有五颗以上卫星可供观测;流动点与基准点间距离应不超过 20 km;流动站上的接收机在转移时,不必保持对所测卫星连续跟踪,可关闭电源以降低能耗。

(三)实时动态定位测量模式

(1)作业方法:如图 4-82 所示,在基准站上安置一台 GPS 接收机,对所有可见 GPS 卫星进行连续观测,并将其观测数据通过无线电传输设备实时地发送给用户观测站。在用户站上,GPS 接收机在接收 GPS 卫星信号的同时,通过无线电接收设备,接收基准站传输的观测数据和改正数据,然后根据相对定位的原理,实时地计算并显示用户站的三维坐标及其精度。

目前实时动态测量采用如下两种作业模式:

① 自由 RTK。首先在某厂起始点上静止地进行观测,以便采用快速解算整周未知数的方法实时地进行初

图 4-82 实时动态定位测量模式

始化工作。初始化后,流动的接收机在每一观测站上静止观测数历元,并连同基准站的同步观测数据,实时地解算流动站的三维坐标。

② 自动 RTK。首先在某一起始点上静止地观测数分钟,以使进行初始化工作。之后,运动的接收机按预定的采样时间间隔自动地进行观测,并连同基准站的同步观测数据,实时地确定采样点的空间位置。

对运动目标来说,可以在卫星失锁的观测点上静止地观测数分钟,以便重新初始化,或者利用动态初

始化(AROF)技术重新初始化;而对海上和空中的运动目标来说,则只能应用 AROF 技术,重新完成初始化的工作。

(2)精度:相对于基准点的瞬时点位精度为 1 ~ 2 cm。

(3)特点:实时动态测量技术,是以载波相位观测虽为根据的实时差分 GPS 测量技术,它是目前应用最广泛的 GPS 测量技术。

(4)应用范围:开阔地区的加密控制测量、地形测图、地籍测量、工程定位及碎部测量、剖面测量及线路测量、航空摄影测量和航空物探中采样点的实时定位,航道测量,道路中线测量,以及运动目标的精密导航等。

(5)注意事项:该方法要求接收机在观测过程中,保持对所测卫星的连续跟踪。一旦发生失锁,便需重新进行初始化工作。

八、GPS 测量的坐标系统

(一)GPS 坐标系统的特点

由 GPS 定位的原理可知,GPS 定位是以 GPS 卫星为动态已知点,根据 GPS 接收机观测的星、站距离来确定接收机或测站的位置。而位置的确定离不开坐标系,CPS 定位所采用的坐标系与经典测量的坐标系相同之处甚多,但也有其显著特点,主要有以下几点:

(1)由于 GPS 定位以沿轨道运行的 CPS 卫星为动态已知点,而 GPS 卫星轨道与地面点的相对位置关系是时刻变化的,为了便于确定 GPS 卫星轨道及卫星的位置,须建立与天球固连的空固坐标系。同时,为了便于确定地面点的位置,还须建立与地球固连的地固坐标系,因而,GPS 定位的坐标系既有空固坐标系,又有地固坐标系。

(2)经典大地测量是根据地面局部测量数据确定地球形状、大小,进而建立坐标系的,而 GPS 卫星覆盖全球,因而由 GPS 卫星确定地球形状、大小,建立的地球坐标系是真正意义上的全球坐标系,而不是以区域大地测量数据为依据建立的局部坐标系。

(3)GPS 卫星的运行是建立在地球与卫星之间的万有引力基础上的,而经典大地测量主要是以几何原理为基础的,因而 GPS 定位中采用的地球坐标系的原点与经典大地测量坐标系的原点不同。经典大地测量是根据本国的大地测量数据进行参考椭球体定位,以此参考椭球体中心为原点建立坐标系,称为参心坐标系。GPS 定位的地球坐标系原点在地球的质量中心,称为地心坐标系。进行 GPS 测量,常需进行地心坐标系与参心坐标系的转换。

(4)对于小区域而言,经典测量工作通常无须考虑坐标系的问题,只需简单地使新点与已知点的坐标系一致使可,而 GPS 定位中,无论测区多么小,也涉及 WGS-84 地球坐标系与当地参心坐标系的转换问题。这就对从事简单测量工作的技术人员提出了较高的要求,必须掌握坐标系的建立与转换的知识。

由此可见,GPS 定位中所采用的坐标系比较复杂。为便于读者学习掌握,可将 GPS 定位中所采用的坐标系进行分类,如表 4-16 所示。

表 4-16　GPS 测量坐标系分类

坐标系分类	坐标系特征
空固坐标系与地固坐标系	空固坐标系与天球固连,与地球自转无关,用来确定天体位置较方便;地固坐标系与地球固连,随地球一起转动,用来确定地面点位置较方便
地心坐标系与参心坐标系	地心坐标系以地球的质量中心为原点,如 WGS-84 坐标系和 ITRF 参考框架均为地心坐标系;而参心坐标系以参考椭圆体的几何中心为原点,如北京"54"坐标系和"80"国家大地坐标系
空间直角坐标系、球面坐标系、大地坐标系及平面直角坐标系	经典大地测量采用的坐标系通常有两种:一是以大地经纬度表示点位的大地坐标系;二是将大地经纬度进行高斯投影或横轴墨卡托投影后的平面直角坐标系。在 GPS 测量中,为进行不同大地坐标系之间的坐标转换,还会用到空间直角坐标系和球面坐标系
国家统一坐标系与地方独立坐标系	我国国家统一坐标系常用的是"80"国家大地坐标系和北京"54"坐标系,采用高斯投影,分 6°带和 3°带,而对于诸多城市和工程建设来说,因高斯投影变形以及高程归化变形而引起实地上两点间的距离与高斯平面距离有较大差异,为便于城市建设和工程的设计、施工,常采用地方独立坐标系,即以通过测区中央的子午线为中央子午线,以测区平均高程面代替参考椭圆体面进行高斯投影而建立的坐标系

(二) 高程系统

1. 正高

所谓正高,是指地面点沿铅垂线到大地水准面的距离。如图 4-83 所示,B 点的正高为

$$H_{正}^{B} = \sum \Delta H_i$$

由于水准面不平行,从 O 点出发,沿 OAB 路线用几何水准测量 B 点高程,显然

$$\sum \Delta h_i \neq \sum \Delta H_i$$

为此,应在水准路线上测量相应的重力加速度 g_i,则 B 点的正高为

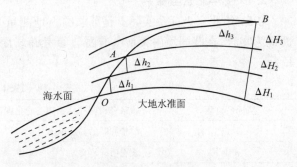

图 4-83 正高系统

$$H_{正}^{B} = \frac{1}{g_m^B} \int_{OAB}^{B} g\mathrm{d}h \tag{4-32}$$

式中,g 和 $\mathrm{d}h$ 可在水准路线上测得,而 g_m^B 为 B 点不同深度处的重力加速度平均值,只能由重力场模型确定,在没有精确的重力场模型的情况下,$H_{正}^B$ 无法求得。

2. 正常高

在式(4-32)中,用 B 点不同深度处的正常重力加速度 γ_m^B 代替实测重力加速度 g_m^B,可得 B 点正常高

$$H_{常}^{B} = \frac{1}{\gamma_m^B} \int_{OAB}^{B} g\mathrm{d}h \tag{4-33}$$

从地面点沿铅垂线向下量取正常高所得曲面称为似大地水准面。我国采用正常高系统,也就是说,我国的高程起算面实际上不是大地水准面而是似大地水准面。似大地水准面在海平面上与大地水准面重合,在我国东部平原地区两者相差若干厘米,在西部高原地区相差若干米。

3. 大地高

地面点沿椭球法线到椭球面的距离叫该点的大地高,用 H 表示。大地高与正常高有如下关系

$$\left.\begin{array}{l} H = H_{正} + N \\ H = H_{常} + \xi \end{array}\right\} \tag{4-34}$$

式中:N——大地水准面差距;

ξ——高程异常。

(三) GPS 测量中的常用坐标系

当涉及坐标系的问题时,有两个相关概念应当加以区分。一是大地测量的坐标系,它是根据有关理论建立的,不存在测量误差。同一个点在不同坐标系中的坐标转换也不影响点位。二是大地测量基准,它是根据测量数据建立的坐标系,由于测最数据有误差,所以大地测量基准也有误差,因而同一点在不同基准之间转换将不可避免地要产生误差。通常,人们对两个概念都用坐标系来表达,不加严格区分。如 WGS-84 坐标系和北京"54"坐标系实际上都是大地测量基准。

1. WGS-84 坐标系

WGS-84 坐标系是美国根据卫星大地测最数据建立的大地测量基准,是目前 GPS 所采用的坐标系。GPS 卫星发布的星历就是基于此坐标系的,用 GPS 所测的地面点位。如不经过坐标系的转换,也是此坐标系中的坐标。WGS-84 坐标系定义如表 4-17 所示。

表 4-17 WGS-84 坐标系定义

坐标系类型	WGS-84 坐标系属地心坐标系
原点	地球质量中心
z 轴	指向国际时间局定义的 BIH1984.0 的协议地球北极
x 轴	指向 BIH1984.0 的起始子午线与赤道的交点
参考椭球	椭球参数采用 1979 年第 17 届国际大地测量与地球物理联合会推荐值
椭球长半径	$a = 6\ 378\ 137$ m
椭球扁率	由相关参数计算的扁率:$\alpha = 1/298.257\ 223\ 563$

2. 1954 年北京坐标系

1954 年北京坐标系实际上是苏联的大地测量基准,属参心坐标系,参考椭球在苏联境内与大地水准面最为吻合,在我国境内大地水准面与参考椭球面相差最大为 67 m。1954 年北京坐标系定义如表 4-18 所示。

表 4-18　1954 年北京坐标系定义

坐标系类型	1954 年北京坐标系属参心坐标系
原点	位于苏联的普尔科沃
z 轴	没有明确定义
x 轴	没有明确定义
参考椭球	椭球参数采用 1940 年克拉索夫斯基椭球参数
椭球长半径	$a = 6\ 378\ 245$ m
椭球扁率	由相关参数计算的扁率:$\alpha = 1/298.3$

1954 年"54"坐标系存在以下问题:

(1)椭球参数与现代精确参数相差很大,且无物理参数;

(2)该坐标系中的大地点坐标是经过局部分区平差得到的,在区与区的接合部,同一点在不同区的坐标值相差 1 ~ 2 m;

(3)不同区的尺度差异很大;

(4)坐标是从我国东北传递到西北和西南,后一区是以前一区的最弱部作为坐标起算点,因此有明显的坐标积累误差。

3. 1980 年国家大地坐标系

1980 年国家大地测量坐标系是根据 20 世纪 50—70 年代观测的国家大地网进行整体平差建立的大地测量基准。椭球定位在我国境内与大地水准面最佳吻合。1980 年国家大地测量坐标系定义如表 4-19 所示。

表 4-19　1980 年国家大地测量坐标系定义

坐标系类型	1980 年国家大地测量坐标系属参心坐标系
原点	位于我国中部——陕西省泾阳县永乐镇
z 轴	平行于地球质心指向我国定义的 1968.0 地极原点(JYD)方向
x 轴	起始子午面平行于格林尼治平均天文子午面
参考椭球	椭球参数采用 1975 年第 16 届国际大地测量与地球物理联合会的推荐值
椭球长半径	$a = 6\ 378\ 140$ m
椭球扁率	由相关参数计算的扁率:$\alpha = 1/298.257$

1954 年北京坐标系和 1980 年国家大地坐标系中大地点的高程起算面是似大地水准面,是二维平面与高程分离的系统。而 WGS-84 坐标系中大地点的高程是以"84"椭球作为高程起算面的,所以是完全意义上的三维坐标系。

相对于 1954 年北京坐标系而言,1980 年国家大地坐标系的内符合性要好得多。

4. 2000 国家大地坐标系

2000 国家大地坐标系是全球地心坐标系在我国的具体体现。国家大地坐标系的定义包括坐标系的原点、三个坐标轴的指向、尺度以及地球椭球的四个基本参数的定义。2000 国家大地坐标系的原点为包括海洋和大气的整个地球的质量中心。根据《中华人民共和国测绘法》,我国自 2008 年 7 月 1 日起启用 2000 国家大地坐标系。2008 年 7 月 1 日后新生产的各类测绘成果需采用 2000 国家大地坐标系。

(四)地方坐标系

1. 投影过程中产生的变形

为了便于绘制平面图形,地面点应沿椭球法线投影到椭球面上,再通过高斯投影将地面点在椭球面上的投影点投影到高斯平面上。地面点的位置最终以平面坐标 x,y 和高程 H 表示,在这一投影过程中会产生以下两种变形。

1)高程归化变形

由于椭球面上两点的法线不平行,在不同高度上测量两点的两条法线之间的距离也不相同,高度越大,距离越长。如图4-84所示,将 A,B 两点沿法线投影到椭球面上,会引起椭球面上的距离 D_{AB} 与地面上的距离 S_{AB} 不等。其差值称为高程归化变形。对于一般工程而言,$(S_{AB} - D_{AB})/D_{AB}$ 应不超过 $1/40\ 000$。因 $(S_{AB} - D_{AB})/D_{AB} = H/R$,由此求得 H 应不超过 $160\ m$。在我国东部沿海地区,地面高程一般较小,可以不考虑高程归化变形。而对于中西部地区,地面高程较大,高程归化变形引起的图上长度与实地长度相差过大,不利于工程建设,

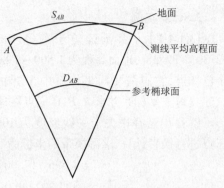

图4-84 高程归化变形

所以,需要用测区平均高程面代替椭球面,将地面点沿法线投影到测区平均高程面上之后,再进行高斯投影。

例如,某测区地面到北京"54"椭球的距离为 $1\ 500 \sim 1\ 800\ m$。则可选择 $1\ 650\ m$ 的高程面作为测区平均高程面,也就是将北京"54"椭球的长半径由 $6\ 378\ 245\ m$ 增大到 $63\ 279\ 895\ m$,而椭球扁率仍为 $1/298.3$。

2)高斯投影长度变形

在高斯投影时,中央子午线投影后长度不变,离中央子午线越远,长度变形越大。设 A,B 两点在椭球面上的长度为 D_{AB},在高斯平面上的长度为 L_{AB},则

$$\frac{L_{AB} - D_{AB}}{L_{AB}} = \frac{y_m^2}{2R^2}$$

一般工程要求这一变形不超过 $1/40\ 000$,由此求得 AB 离中央子午线的距离应不超过 $45\ km$。对于国家3°带,离中央子午线的最大距离可达 $167\ km$,所以,当测区到中央子午线的距离超过 $45\ km$ 时,应重新选择中央子午线。例如,某测区经度为 $106°12' \sim 106°30'$,则该测区所在3°带中央子午线经度为 $105°$,测区纬度为 $32°30' \sim 32°38'$,该测区离3°带中央子午线的最大距离为 $150\ km$,因此,在高斯投影时应另行选择中央子午线经度为 $106°21'$。

2. 建立地方坐标系的方法

当测区高程大于 $160\ m$ 或离中央子午线距离大于 $45\ km$ 时,不应采用国家统一坐标系而应建立地方坐标系。建立地方坐标系的最简单的方法如下:

(1)选择测区任意带中央子午线经度,使中央子午线通过测区中央,并对已知点的国家统一坐标 (x_i,y_i) 进行换带计算,求得已知点在该带中的坐标 (x_i',y_i');

(2)选择测区平均高程面的高程 h_0,使椭球长半径增大 h_0,或者将已知点在该带中的坐标增量增大 $(1 + h_0/R)$ 倍,求得改正后坐标增量 $(\Delta x', \Delta y')$。

$$\left.\begin{aligned}\Delta x' &= \Delta x\left(1 + \frac{h_0}{R}\right) \\ \Delta y' &= \Delta y\left(1 + \frac{h_0}{R}\right)\end{aligned}\right\} \tag{4-35}$$

(3)选择一个已知点作为坐标原点,使该点坐标仍为该带坐标不变,即

$$\left.\begin{aligned}x''_0 &= x'_0 \\ y''_0 &= y'_0\end{aligned}\right\} \tag{4-36}$$

或者给原点坐标加一个常数

$$\left.\begin{aligned}x''_0 &= x'_0 + C_x \\ y''_0 &= y'_0 + C_y\end{aligned}\right\} \tag{4-37}$$

或者直接取原点坐标为某值。

(4)其他各已知点坐标按原点坐标和改正后坐标增量计算,即

$$\left. \begin{array}{l} x''_i = x''_0 + \Delta x'_{0 \sim i} \\ y''_i = y''_0 + \Delta y'_{0 \sim i} \end{array} \right\} \qquad (4\text{-}38)$$

3. 计算实例

【例 4-1】 某测区位于东经 $106°12' \sim 106°30'$，北纬 $32°30' \sim 32°38'$，地面高程为 1 500～1 800 m，测区有 A,B,C 三个已知点，它们在"54"坐标系中 3° 带的坐标如表 4-20 所示。试建立地方坐标系并求 A,B,C 三点在地方坐标系中的坐标。

表 4-20 A,B,C 三个已知点的"54"坐标

A 点	x_A	3 597 360.333 m
	y_A	35 613 557.185 m
B 点	x_B	3 598 454.256 m
	y_B	35 619 466.228 m
C 点	x_C	3 605 432.018 m
	y_C	35 614 772.066 m

解:(1)选择中央子午线经度为 $106°21'00.00''$，对 A,B,C 三点进行换带计算，求得换带的坐标为

$$\left\{ \begin{array}{l} x'_A = 3\ 596\ 717.064 \text{ m} \\ y'_A = 499\ 832.492 \text{ m} \\ x'_B = 3\ 597\ 743.691 \text{ m} \\ y'_B = 505\ 752.578 \text{ m} \\ x'_C = 3\ 604\ 773.136 \text{ m} \\ y'_C = 501\ 138.759 \text{ m} \end{array} \right.$$

(2)选择测区平均高程面的高程为 $h_0 = 1\ 650$ m，并根据测区维度求得平均曲率半径为 $R = 6\ 369\ 200$ m，由此求得改正后坐标增量为

$$\left\{ \begin{array}{l} \Delta x'_{AB} = +1\ 026.893 \text{ m} \\ \Delta y'_{AB} = +5\ 921.620 \text{ m} \\ \Delta x'_{AC} = +8\ 058.159 \text{ m} \\ \Delta y'_{AC} = +1\ 306.605 \text{ m} \end{array} \right.$$

(3)选择 A 点为坐标原点，并取 A 点的地方坐标系坐标为

$$\left\{ \begin{array}{l} x''_A = 50\ 000.000 \text{ m} \\ y''_A = 50\ 000.000 \text{ m} \end{array} \right.$$

(4)由式(4-38)算得 B,C 两点在地方坐标系中的坐标为

$$\left\{ \begin{array}{l} x''_B = 51\ 026.893 \text{ m} \\ y''_B = 55\ 921.620 \text{ m} \\ x''_C = 58\ 058.159 \text{ m} \\ y''_C = 51\ 306.605 \text{ m} \end{array} \right.$$

由于高程归化变形与高斯投影变形的符号相反，所以可将地面长度投影到参考椭球面而不选择测区平均高程面，用适当选择投影带中央子午线的方法抵消高程归化变形。也可使中央子午线与国家统一坐标的中央子午线一致，而通过适当选择高程面来抵消高斯投影变形。

(五)坐标系统的转换

GPS 采用 WGS-84 坐标系，而在工程测量中所采用的是北京"54"坐标系或西安"80"坐标系或地方坐标系。因此，需要将 WGS-84 坐标系转换为工程测量中所采用的坐标系。

1. 空间直角坐标系的转换

如图 4-85 所示，WGS-84 坐标系的坐标原点为地球质量中心，而北京"54"坐标系和西安"80"坐标系的坐标原点是参考椭球中心。所以在两个坐标系之间进行转换时，应进行坐标系的平移，平移量可分解为 $\Delta x_0,\Delta y_0$ 和 Δz_0。又因为 WGS-84 坐标系的三个坐标轴方向也与北京"54"坐标系或西安"80"坐标系的坐标轴方向不同，所以还需将北京"54"坐标系或西安"80"坐标系分别绕 x 轴、y 轴和 z 轴旋转 $\omega_x,\omega_y,\omega_z$。此外，两坐标系的尺度也不相同，还需进行尺度转换。两坐标系间转换的公式如下:

$$\left\{ \begin{array}{c} x \\ y \\ z \end{array} \right\}_{84} = \left\{ \begin{array}{c} \Delta x_0 \\ \Delta y_0 \\ \Delta z_0 \end{array} \right\} + (1+m) \left[\begin{array}{ccc} 1 & \omega_z & -\omega_y \\ -\omega_z & 1 & \omega_x \\ \omega_y & -\omega_x & 1 \end{array} \right] \left\{ \begin{array}{c} x \\ y \\ z \end{array} \right\}_{54/80} \qquad (4\text{-}39)$$

式中:m——尺度比因子。

要在两个空间直角坐标系之间转换,需要知道三个平移参数($\Delta x_0, \Delta y_0, \Delta z_0$),三个旋转参数($\omega_x, \omega_y, \omega_z$),以及尺度比因子 m。为求得七个转换参数,在两个坐标系中至少应有三个公共点,即已知三个点在 WGS-84 中的坐标和在北京"54"坐标系或西安"80"坐标系中的坐标。在求解转换参数时,公共点坐标的误差对所求参数影响很大,因此所选公共点应满足下列条件:

(1)点的数目要足够多,以便检核;

(2)坐标精度要足够高;

(3)分布要均匀;

(4)覆盖面要大,以免因公共点坐标误差引起较大的尺度比因子误差和旋转角度误差。

在 WGS-84 坐标系与北京"54"坐标系或西安"80"坐标系的大地坐标系之间进行转换,除上述七个参数外,还应给出两坐标系的两个椭球参数,一个是长半径,另一个是扁率。

以上转换步骤中,计算人员只需输入七个转换参数或公共点坐标、椭球参数、中央子午线经度和 x, y 加常数即可,其他计算工作由软件自动完成。

在 WGS-84 坐标系与地方坐标系之间进行转换的方法与北京"54"坐标系或西安"80"坐标系类似,但有如下三点不同:

(1)地方坐标系的参考椭球长半径是在北京"54"坐标系或西安"80"坐标系的椭球长半径上加上测区平均高程面的高程 h_0;

(2)中央子午线通过测区中央;

(3)平面直角坐标 x, y 的加常数不是 0 和 500 km,而另有加常数。

2. 平面直角坐标系的转换

如图 4-86 所示,在两平面直角坐标系之间进行转换,需要有四个转换参数,其中两个平移参数(Δx_0,Δy_0),一个旋转参数 α 和一个尺度比因子 m。转换公式如下:

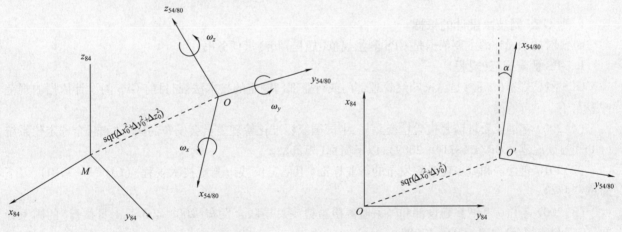

图 4-85 空间直角坐标系的转换　　　　图 4-86 平面直角坐标系的转换

$$\binom{x}{y}_{84} = (1+m)\left[\binom{\Delta x_0}{\Delta y_0} + \binom{\cos\alpha \ \sin\alpha}{-\sin\alpha \ \cos\alpha}\binom{x}{y}_{54/80}\right] \tag{4-40}$$

为求得四个转换参数,应至少有两个公共点。

3. 高程系统的转换

GPS 所测得的地面高程是以 WGS-84 椭球面为高程起算面的,而我国的 1956 年黄海高程系和 1985 年国家高程基准是以似大地水准面作为高程起算面的,所以必须进行高程系统的转换。使用较多的高程系统转换方法是高程拟合法、区域似大地水准面精化法和地球模型法。因目前还没有适合于全球的大地水准面模型,所以此处只介绍前两种方法。

1)高程拟合法

虽然似大地水准面与椭球面之间的距离变化极不规则,但在小区域内,用斜面域二次曲面来确定似大地水准面与椭球面之间的距离还是可行的。

(1)斜面拟合法。由式(4-40)知,大地高与正常高之差就是高程异常 ξ,在小区域内可将 ξ 看成平面位置 x,y 的一次函数,即

$$\xi = ax + by + c$$

或

$$H - H_{常} = ax + by + c \tag{4-41}$$

如果已知至少三个点的正常高 $H_{常}$ 并测出其大地高 H,则可解出式(4-41)中的系数 a,b,c,然后便可根据任一点的大地高按式(4-41)求得相应的正常高。

$$H_{常} = H - ax - by - c \tag{4-42}$$

(2)二次取面拟合法。二次曲面拟合法的方程式为

$$H - H_{常} = ax^2 + by^2 + cxy + dx + ey + f \tag{4-43}$$

如已知至少六个点的正常高并测得大地高,便可解出 $a,b,\cdots,f$ 等六个参数,然后根据任一点的大地高便可求得相应的正常高。

2)区域似大地水准面精化法

区域似大地水准面精化法就是在一定区域内采用精密水准测量、重力测量及 GPS 测量,先建立区域内精确的似大地水准面模型,然后便可根据此模型快速准确地进行高程系统的转换。精确求定区域似大地水准面是大地测量学的一项重要的科学目标,也是一项极具实用价值的工程任务。我国高精度省级似大地水准面精化工作正在部分省市展开。如青岛、深圳、江苏等省市已建成厘米级的区域似大地水准面模型。在具有如此高精度的似大地水准面模型的地方,用 GPS 测高程可代替三等水准。

国内外大量实践证明,GPS 所获得的平面坐标 (x,y) 具有很高的精度,可达 $10^{-7} \sim 10^{-9}$ 精度量级,并得到广泛的应用。近年来,随着计算机技术的迅速发展,出现了基于自适应映射的人工神经网络方法,这种方法不进行模型假设,减小了模型误差,对已知点数量的多少没有太高要求,故而在控制点稀少的地区也能够在高程转换中获得比较满意的结果。

九、GPS 测量的技术设计

(一)GPS 网技术设计的依据

GPS 网技术设计的主要依据是 GPS 测量规范(规程)和测量任务书。

1. GPS 测量规范(规程)

GPS 测量规范(规程)是国家测绘管理部门或行业部门制定的技术法规,目前 GPS 网设计依据的规范(规程)有:

(1)2009 年国家质量监督检验检疫总局、中国国家标准化管理委员会发布的国家标准《全球定位系统(GPS)测量规范》(GB/T 18314—2009),以下简称《规范》;

(2)2010 年住房和城乡建设部发布的行业标准《卫星定位城市测量技术规程》(CJJ 73—2010),以下简称《规程》;

(3)2007 年住房和城乡建设部和国家监督检验检疫总局联合发布(2008 年 5 月 1 日执行)的国家标准《工程测量规范》(GB 50026—2007);

(4)各部委根据本部门 GPS 工作的实际情况制定的其他 GPS 测量规程或细则。

2. 测量任务书

测量任务书或测量合同是测量施工单位上级主管部门或合同甲方下达的技术要求文件。这种技术文件是指令性的,它规定了测量任务的范围、目的、精度和密度要求,提交成果资料的项目和时间,完成任务的经济指标等。

在 GPS 方案设计时,一般首先依据测量任务书提出的 GPS 网的精度、密度和经济指标。在结合规范规定并现场踏勘后,具体确定布网方案和观测方案。

(二)GPS 网的精度、密度设计

1. GPS 测量精度标准及分类

对于各类 GPS 网的精度设计主要取决于网的用途。用于地壳形变及国家基本大地测量的 GPS 网可参照《规范》中 A,B,C,D,E 级的精度分级,见表 4-21;用于城市或工程的 GPS 控制网参照《规程》中的二、三、四等和一、二级,见表 4-22;2008 年施行的《工程测量规范》的精度分级见表 4-23。

表 4-21　《规范》的 GPS 测量精度分级

级别	主　要　用　途	平均距离/km	固定误差 A/mm	比例误差 B($\times 10^{-6}D$)
A	区域性的地球动力学和地壳形变测量	300	≤5	≤0.1
B	局部变形监测和各种精密测量	70	≤8	≤1
C	大、中城市及工程测量基本控制	10 ~ 15	≤10	≤5
D	大、中城市及测图、物探、建筑施工等控制测量	15 ~ 10	≤10	≤10
E		2 ~ 5	≤10	≤10

表 4-22　《规程》的 GPS 测量精度分级

等　级	平均距离/km	A/mm	B/($\times 10^{-6}D$)	最弱边相对中误差
二	9	≤10	≤2	1/12 万
三	5	≤10	≤5	1/8 万
四	2	≤10	≤10	1/4.5 万
一级	1	≤10	≤10	1/2 万
二级	<1	≤15	≤20	1/1 万

注:当边长小于 200 m 时,以边长中误差小于 20 mm 来衡量。

表 4-23　《工程测量规范》的 GPS 测量精度分级

等级	平均边长/km	固定误差 A/mm	比例误差系数 B(mm/km)	约束点间的边长相对中误差	平差后最弱边相对中误差
二等	9	≤10	≤2	≤1/250 000	≤1/120 000
三等	4.5	≤10	≤5	≤1/150 000	≤1/70 000
四等	2	≤10	≤10	≤1/100 000	≤1/40 000
一级	1	≤10	≤20	≤1/40 000	≤1/20 000
二级	0.5	≤10	≤40	≤1/20 000	≤1/10 000

各等级 GPS 相邻点间弦长精度用下式表示

$$\sigma = \sqrt{A^2 + (Bd)^2} \tag{4-44}$$

式中: σ——GPS 基线向量的弦长中误差(mm),亦即等效距离中误差;

A——GPS 接收机标称精度中的固定误差(mm);

B——GPS 接收机标称精度中的比例误差系数($\times 10^6 D$);

d——GPS 网中相邻点间的距离(km)。

在实际工作中,精度标准的确定要在遵守有关规范的前提下,根据任务合同、任务书的要在求或用户的实际需要来确定。具体布设中,可以分级布设,也可以越级布设,或布设同级全面网。

2. GPS 点的密度标准

各种不同的任务要求和服务对象对 GPS 点的分布要求也不同。对于国家特级(A 级)基准点及大陆地球动力学研究监测所布设的 GPS 点,主要用于提供国家级基准、精密定轨、星历计划及高精度形变信息,所以布设时平均距离可达数百千米。而一般城市和工程测量布设点的密度主要满足测图加密和工程测量需要,平均边长往往在几千米以内。因此,现行规范对 GPS 网中两相邻点间距离视其需要作出了表 4-21 的规定。现行规程对各等级 GPS 网相邻点的平均距离也在表 4-22 作了规定。现行《工程测量规范》各等级 GPS 网相邻点的平均距离的规定与规程的规定基本相同。

(三) GPS 网的基准设计

GPS 测量获得的是 GPS 基线向量,它属于 WGS-84 坐标系的三维坐标差,而实际需要的是国家坐标系或地方独立坐标系的坐标。所以,在 GPS 网的技术设计时,必须明确 GPS 成果所采用的坐标系统和起算数据,即明确 GPS 网所采用的基准。将这项工作称为 GPS 网的基准设计。

GPS 网的基准包括方位基准、尺度基准和位置基准,现分述如下:

1. 方位基准的确定

方位基准是对地面控制网进行的方位约束,以使控制网具有明确的整体方位,其确定方法通常如下:

给定网内某条边的方位角值;由网内两个以上的地方坐标系的已知坐标来确定网的方位基准;直接由 GPS 基线向量的方位来确定。

2. 尺度基准的确定

尺度基准是地面控制网相对于 WGS-84 坐标系 GPS 观测数据的整体缩放系数,其确定方法通常如下:由地面的高精度电磁波测距边长确定;由网内两个以上的起算点间的距离确定;直接由 GPS 基线向量的距离来确定。

3. 位置基准的确定

位置基准的确定就是确定控制网的起算点,有了起算点,通过观测的基线向量,即可推算控制网各点平面坐标。位置基准的确定应充分考虑以下几个问题:

为求定 GPS 点在地方坐标系(含国家坐标系)的坐标,应联测地方坐标系中的控制点若干个,用以坐标转换。在选择联测点时既要考虑充分利用旧资料,又要使新建的高精度 GPS 网不受旧资料精度较低的影响,因此,大中城市 GPS 控制网应与附近的国家控制点联测三个以上,小城市或工程控制可以联测 2~3 个点。

为保证 GPS 网进行约束平差后坐标精度的均匀性以及减少尺度比误差影响,对 GPS 网内重合地方坐标系制网点,除未知点联结图形观测外,对它们也要适当地构成长边图形。

GPS 网经平差计算后,可以得到 GPS 点在地面参照坐标系中的大地高,为求得 GPS 点的正常高,可据具体情况联测高程点,联测的高程点需均匀分布于网中,对丘陵或山区联测高程点应按高程拟合曲面的要求进行布设。具体联测宜采用不低于四等水准或与其精度相等的方法进行。GPS 点高程在经过精度分析后可供测图或其他方面使用。

新建 GPS 网的坐标系应尽量与测区过去采用的坐标系统一致,如果采用的是地方独立或工程坐标系,一般还应该知道以下参数,以利于进行坐标系的转换:

(1)所采用的参考椭球;

(2)坐标系的中央子午线经度;

(3)纵横坐标加常数;

(4)坐标系的投影面高程及测区平均高程异常值;

(5)起算点的坐标值。

(四)GPS 网的图形设计

在进行 GPS 网图形设计前,必须明确有关 GPS 网构成的几个概念,掌握网的特征条件计算方法。

1. GPS 网图形构成的几个基本概念

观测时段:测站上开始接收卫星信号到观测停止,连续工作的时间间隔。

同步观测:两台或两台以上接收机同时对同一组卫星进行的观测。

同步观测环:三台或三台以上接收机同步观测获得的基线向量所构成的闭合环。

独立观测环:由独立观测所获得的基线向量(独立基线)构成的闭合环,简称异步环。

独立基线:对于 K_i 台 GPS 接收机构成的同步观测环,观测一个时段有 $\dfrac{K_i(K_i-1)}{2}$ 观测基线,其中只有 K_i-1 条为独立基线。

非独立基线:除独立基线外的其他基线叫非独立基线,总基线数与独立基线数之差即为非独立基线数。

故规定全网独立观测基线总数,不宜少于必要观测量的 1.5 倍。必要观测量为网点数减 1。作业时,应准确把握以保证控制网的可靠性。

2. GPS 网同步图形构成及独立边的选择

对于由 K_i 台 GPS 接收机构成的同步图形中一个时段包含的 GPS 基线(或简称 GPS 边)有若干条,但其中仅有 K_i-1 条是独立的 GPS 边,其余为非独立 GPS 边。图 4-87 给出了当接收机数 $K_i=2~4$ 时所构成的同步图形。

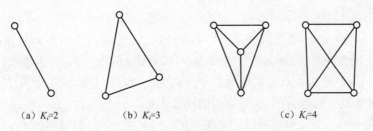

图 4-87 K_i 台接收机同步观测所构成的同步图形

对应于图 4-88,独立的 GPS 边可以根据具体需要作不同的选择(见图 4-88)。

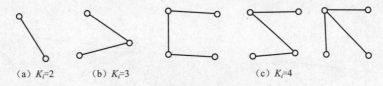

图 4-88 GPS 独立边的不同选择

当同步观测的 GPS 接收机数 $K_i \geq 3$ 时,会存在同步闭合环,观测时应对同步闭合环的闭合差进行检验。理论上,同步闭合环中各 GPS 边的坐标差之和(即闭合差)应为 0,但解由于算基线的数学模型不完善等原因,致使同步闭合环的闭合差不等于零。CPS 测量规范对这一闭合差的限差做了规定。

3. CPS 网的图形设计原则

GPS 网的图形设计主要取决于用户的要求,但是有关经费、时间和人力的消耗、测区的交通情况、所需接收设备的数量和后勤保障条件等,也都与网的图形设计有关。对此应当充分加以顾及,以期在满足用户要求的条件下尽量减少消耗。

为了满足用户和《工程测量规范》的要求,设计的一般原则是:

(1)应根据测区的实际情况、精度要求、卫星状况、接收机的类型和数量以及测区已有的测量资料进行综合设计;

(2)首级网布设时,宜联测两个以上高等级国家控制点或地方坐标系的高等级控制点;对控制网内的长边,宜构成大地四边形或中点多边形;

(3)控制网应由独立观测边构成一个或若干闭合环或附合路线,各等级控制网中构成闭合环或附合路线的边数不宜多于六条;

(4)各等级控制网中独立基线的观测总数,不宜少于必要观测量的 1.5 倍;

(5)加密网应根据工程需要,在满足本规范精度要求的前提下可采用比较灵活的布网方式。

对于采用 GPS-RTK 测图的测区,在控制网的设计中应顾及参考站点的分布及位置。

根据 GPS 测量的不同用途,组成 GPS 网的独立观测边应构成一定的闭合多边形。闭合多边形的边数通常为 3~6。由若干个闭合多边形构成的控制网称为环形网,如图 4-89 所示。

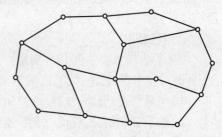

图 4-89 环形网

4. GPS 控制网的实施方案

1)同步网实施方案

当投入作业的接收机数目多于两台时,可以在同一时段内几个测站上的接收机同步观测。此时,由同步观测边所构成的几何图形称为同步网,或称作同步环路。

在 m 台接收机同时观测 S 条同步基线中,只有 $m-1$ 条独立基线,其余基线均可推算而得,属于非独立基线。同一条基线,其直接解算结果与独立基线推算所得结果之差,就产生了所谓坐标闭合差条件,用它可评判同步网的观测质量。

2)异步网实施方案

由多个同步网相互连接的 GPS 网称作异步网。各同步网之间的连接方式有点连式、边连式、网连式和混连式四种。

（1）点连式。如图 4-90 所示，点连式就是在观测作业时，相邻的同步图形间只通过一个公共点相连。这样，当有 m 台仪器共同作业时，每观测一个时段，就可以测得 $m-1$ 个新点，当这些仪器观测了 s 个时段后，就可以测得 $1+s(m-1)$ 个点。点连式观测作业方式的优点是作业效率高，图形扩展迅速；它的缺点是图形强度低，如果连接点发生问题，将影响到后面的同步图形。

（2）边连式。如图 4-91 所示，边连式就是在观测作业时，相邻的同步图形间有一条边（即两个公共点）相连。这样，当有 m 台仪器共同作业时，每观测一个时段，就可以测得 $m-2$ 个新点，当这些仪器观测了 s 个时段后，就可以测得 $2+s(m-2)$ 个点。边连式观测作业方式具有较好的图形强度和较高的作业效率。

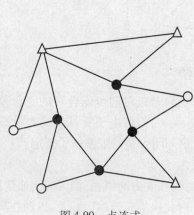

图 4-90　点连式

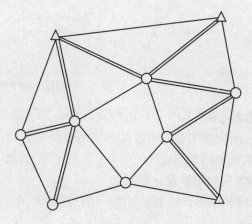

图 4-91　边连式

（3）网连式。网连式就是在作业时，相邻的同步图形间有三个（含三个）以上的公共点相连。这样以 3 个公共点为例，当有 $m(m>3)$ 台仪器共同作业时，每观测一个时段，就可以测得 $m-3$ 个新点，当这些仪器观测了 s 个时段后，就可以测得 $3+s(m-3)$ 个点。采用网连式观测作业方式所测设的 GPS 网具有很强的图形强度，但网连式观测作业方式的作业效率很低。

（4）混连式。在实际的 GPS 作业中，可以根据具体情况，有选择地灵活采用这几种方式作业，这就是混连式。混连式观测作业方式是实际作业中最常用的作业方式，它实际上是点连式、边连式和网连式的结合体。

（五）GPS 测量的外业准备及技术设计书编写

在进行 GPS 外业工作之前，必须做好实施前的测区踏勘、资料收集、器材筹备、观测计划拟定、GPS 仪器检校及设计书编写等工作。

1. 测区踏勘

接受下达任务或签订 GPS 测量合同后，就可依据施工设计图踏勘、调查测区。主要调查了解下列情况，为编写技术设计，施工设计，成本预算案提供依据。

（1）交通情况：公路、铁路、乡村便道的分布及通行情况；

（2）水系分布情况：江河、湖泊、池塘、水渠的分布，桥梁、码头及水路交通情况；

（3）植被情况：森林、草原、农作物的分布及面积；

（4）控制点分布情况：三角点、水准点、GPS 点、导线点的等级、坐标、高程系统，点位的数量及分布，点位标志的保存状况等；

（5）居民点分布情况：测区内城镇、乡村居民点的分布、食宿及供电情况；

（6）当地风俗民情：民族的分布，习俗及地方方言，习惯及社会治安情况。

2. 资料收集

根据踏勘测区掌握的情况，收集下列资料：

（1）各类图件：1:1 万 ~ 1:10 万比例尺地形图，大地水准面起伏图，交通图。

（2）各类控制点成果：三角点、水准点、GPS 点、多普勒点、导线点及各控制点坐标系统、技术总结等有关资料。

(3)测区有关的地质、气象、交通、通信等方面的资料。

(4)城市及乡、村行政区划表。

3. 设备、器材筹备及人员组织

设备、器材筹备及人员组织包括以下内容：

(1)筹备仪器、计算机及配套设备；

(2)筹备机动设备及通信设备；

(3)筹备施工器材，计划油料、材料的消耗；

(4)组建施工队伍，拟定施工人员名单及岗位；

(5)进行详细的投资预算。

4. 设计书编写

资料收集全后，编写设计书，主要内容如下：

(1)任务来源及工作量。包括 GPS 项目的来源、下达任务的项目、用途及意义；GPS 测量点的数量(包括待定点数、约束点数、水准点数、检查点数)；GPS 点的精度指标及坐标、高程系统。

(2)测区概况。测区隶属的行政管辖；测区范围的地理坐标；控制面积；测区的交通状况和人文地理；测区的地形及气候状况；测区控制点的分布及对控制点的分析、利用和评价。

(3)作业依据。选择在作业中应执行相关规范(规程)。

(4)布网方案。GPS 网点的图形及基本连接方法；GPS 网结构特征的测算；点位布设图的绘制。

(5)选点与理标。GPS 点位基本要求；点位标志的选用及埋设方法；点位的编号等。

(6)观测。对观测工作的基本要求；观测纲要的制定；对数据采集提出注意的问题。

(7)数据处理。数据处理的基本方法及使用的软件；起算点坐标的决定方法；闭合差检验及点位精度的评定指标。

(8)完成任务的保障措施。要求措施具体，方法可靠，能在实际工作中贯彻执行。

十、GPS 的外业测量及内业处理

GPS 测量外业包括 GPS 点的选定、埋石、数据采集、数据传输及数据预处理等工作。

(一)GPS 控制点的选择

由于 GPS 测量观测站之间不一定要求相互通视，而且网的图形结构也比较灵活，所以选点工作比常规控制测量的选点要简便。但由于点位的选择对于保证观测工作的顺利进行和保证测量结果的可靠性有着重要的意义，所以，在选点工作开始前，除收集和了解有关测区的地理情况和原有测量控制点分布及标架、标型、标石完好状况，决定其适宜的点位外，选点工作还应遵守以下原则：

(1)点位应设在易于安装接收设备、视野开阔的较高点上。

(2)点位目标要显著，视场周围 15°以上不应有障碍物，以减小 GPS 信号被遮挡或障碍物吸收。

(3)点位应远离大功率无线电发射源(如电视台、微波站等)，其距离不小于 200 m；远离高压输电线，其距离不得小于 50 m，避免电磁场对 GPS 信号的干扰。

(4)点位附近不应有大面积水域或不应有强烈干扰卫星信号接收的物体，以减弱多路径效应的影响。

(5)点位应选在交通方便，有利其他观测手段扩展与联测的地方。

(6)地面基础稳定，易于点的保存，每个控制点至少要有一个通视方向。

(7)选点人员应按技术设计进行踏勘，在实地按要求选定点位。

(8)当所选点位需要进行水准联测时，选点人员应实地踏勘水准路线，提出有关建议。

(9)应充分利用符合要求的旧有控制点。当利用旧点时，应对旧点的稳定性、完好性等进行检查，符合要求方可利用。

(二)标志埋设

GPS 网点一般应埋设具有中心标志的标石，以精确标志点位，点的标石和标志必须稳定、坚固，以利长久保存和利用。在基岩露头地区也可直接在基岩上嵌入金属标志。

每个点位标石埋设结束后,应做点之记。选点埋石工作结束后,应提交以下资料:

(1)点之记;

(2)GPS网的选点网图;

(3)土地占用批准文件与测量标志委托保管书;

(4)选点与埋石工作技术总结。

点名一般取村名、山名、地名、单位名,应向当地政府部门或群众进行调查后确定。利用原有旧点时点名不宜更改,点号编排(码)应适应计算机计算。

(三)观测工作

1. 观测工作依据的主要技术指标

GPS观测与常规测量在技术要求上有很大差别,对城市及工程GPS控制在作业中应按表4-24所列有关技术指标执行。

表4-24 《工程测量规范》各级GPS测量作业的基本技术要求

等 级		二等	三等	四等	一级	二级
卫星高度角/(°)	静态	≥15	≥15	≥15	≥15	≥15
	快速静态	—	—	—	≥15	≥15
有效观测卫星数	静态	≥5	≥5	≥4	≥4	≥4
	快速静态	—	—	—	≥5	≥5
观测时段长度/min	静态	≥90	≥60	≥45	≥30	≥30
	快速静态	—	—	—	≥15	≥15
数据采样间隔/s	静态	10~30	10~30	10~30	10~30	10~30
	快速静态	—	—	—	5~15	5~15
点位几何图形强度因子(PDOP)		≤6	≤6	≤6	≤8	≤8

注:当采用双频接收机进行快速静态测量时,观测时段长度可缩短10 min。

2. 拟定外业观测计划

观测工作是GPS测量的主要外业工作。观测开始之前,外业观测计划的拟定对于顺利完成数据采集任务,保证测量精度,提高工作效益都是极为重要的。

(1)拟定观测计划的主要依据是:

①GPS网的规模大小;

②点位精度要求;

③GPS卫星星座几何图形强度;

④参加作业的接收机数量;

⑤交通、通信及后勤保障(食宿、供电等)。

(2)观测计划的主要内容应包括:

①编制GPS卫星的可见性预报图:在高度角≥15°的限制下,输入测区中心某一测站的概略坐标,输入日期和时间,应使用不超过20天的星历文件,即可编制GPS卫星的可见性预报图。

②选择卫星的几何图形强度:在GPS定位中,所测卫星与观测站所组成的几何图形,其强度因子可用空间位置因子(PDOP)来代表,无论是绝对定位还是相对定位,PDOP值都不应大于6。

③选择最佳的观测时段:在卫星大于等于4颗且分布均匀,PDOP值小于6的时段就是最佳时段。

④观测区域的设计与划分:当GPS网的点数较多,网的规模较大,而参加观测的接收机数量有限,交通和通信不便时,可实行分区观测。为了增强网的整体性,提高网的精度,相邻分区应设置公共观测点,且公共点数量不得少于两个。

⑤编排作业调度表,作业组在观测前应根据测区的地形、交通状况、网的大小、精度的高低、仪器的数量、GPS网设计、卫星预报表和测区的天时、地理环境等编制作业调度表,以提高工作效益。作业调整度表包括观测时段、测站号、测站名称及接收机号等。GPS作业调整度见表4-25。

表 4-25 GPS 作业调整度

观测时段	观测时间	测站号/名		测站号/名		测站号/名		测站号/名	
		机号		机号		机号		机号	
1									
2									
3									
4									

3. 天线安置

（1）在正常点位，天线应架设在三脚架上，并安置在标志中心的上方直接对中，天线基座上的圆水准气泡必须整平。

（2）天线的定向标志线（见图 4-92）应指向正北，并顾及当地磁偏角的影响，以减弱相位中心偏差的影响。天线定向误差依定位精度不同而异，一般不应超过 ±(3°~5°)。

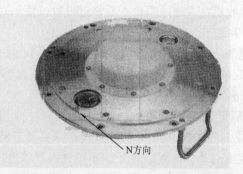

图 4-92 天线的定向标志线

（3）刮风天气安置天线时，应将天线进行三方向固定，以防倒地碰坏。雷雨天气安置天线时，应注意将其底盘接地，以防雷击天线。

（4）架设天线不宜过低，一般应距地面 1 m 以上。天线架设好后，在圆盘天线间隔 120 m 的三个方向分别量取天线高，三次测量结果之差不应超过 3 mm，取其三次结果的平均值记入测量手簿中，天线高记录取值 0.001 m。

（5）天线高量测备有专用测高尺，选择量测斜高或垂高两种测高方式中的一种量取天线高，如图 4-93 所示。

（6）复查点名并记入测量手簿中，将天线电缆与仪器进行连接，经检查无误后，方能通电启动仪器。

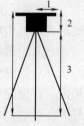

（a）斜高量测方式　（b）垂高量测方式

图 4-93 天线高量测方式

4. 开机观测

观测作业的主要目的是捕获 GPS 卫星信号，并对其进行跟踪、处理和量测，以获得所需要的定位信息和观测数据。

天线安置完成后，在离开天线适当位置的地面上安放 GPS 接收机，接通接收机与电源、天线、控制器的连接电缆，即可启动接收机进行观测。

（1）接收机和 GPS 天线连接。专用天线端子 RF（针状）连接 GPS 主机，天线电缆插入到主机 RF 端口并旋紧。

注意事项：天线电缆连接头的针必须对准天线端口上的孔。

（2）连接控制器（电子手簿）和 GPS 主机。

注意事项:控制器(电子手簿)端口与数据电缆接头的方向必须正确。

(3)给 GPS 主机供电。

接收机锁定卫星并开始记录数据后,观测员可按照仪器随机提供的操作手册进行输入和查询操作,在未掌握有关操作系统之前,不得随意按键和输入,一般在正常接收过程中禁止更改任何设置参数。

通常,在外业观测工作中,仪器操作人员应注意以下事项:

(1)当确认外接电源电缆及天线等各项连接完全无误后,方可接通电源,启动接收机。

(2)开机后接收机有关指示显示正常并通过自检后,方能输入有关测站和时段控制信息。

(3)接收机在开始记录数据后,应注意查看有关观测卫星数量、卫星号、相位测量残差、实时定位结果及其变化、存储介质记录等情况。

(4)一个时段观测过程中,不允许进行以下操作:关闭又重新启动;进行自测试(发现故障除外);改变卫星高度角设置;改变天线位置;改变数据采样间隔;按动关闭文件和删除文件等功能键。

(5)需要记录气象要素时,在每一观测时段始、中、末要各观测记录一次,当时段较长时可适当增加观测次数。

(6)在观测过程中要特别注意供电情况,除在出测前认真检查电池容量是否充足外,作业中观测人员不要远离接收机,听到仪器的低电压报警要及时予以处理,否则可能会造成仪器内部数据的破坏或丢失。对观测时段较长的观测工作,建议尽量采用太阳能电池板或汽车电瓶进行供电。

(7)仪器高一定要按规定始、末各量测一次,并及时输入仪器及记入测量手簿之中。

(8)接收机在观测过程中不要靠近接收机使用对讲机;雷雨季节架设天线要防止雷击,雷雨过境时应关机停测,并卸下天线。

(9)观测站的全部预定作业项目,经检查均已按规定完成,且记录与资料完整无误后方可迁站。

(10)观测过程中要随时查看仪器内存或硬盘容量,每日观测结束后,应及时将数据转存至计算机磁盘,确保观测数据不丢失。

5. 观测记录

在外业观测工作中,所有信息资料均须妥善记录。记录形式主要有以下两种:

(1)观测记录。观测记录由 GPS 接收机自动进行,均记录在存储介质(如硬盘、硬卡或记忆卡等)上,其主要内容有:载波相位观测值及相应的观测历元;同一历元的测码伪距观测值;GPS 卫星星历及卫星钟差参数;实时绝对定位结果;测站控制信息及接收机工作状态信息。

(2)测量手簿。测量手簿是在接收机启动前及观测过程中由观测者随时填写的。其记录格式在现行规范和规程中略有差别,视具体工作内容选择进行。

观测记录和测量手簿都是 GPS 精密定位的依据,必须认真、及时填写,坚决杜绝事后补记或追记。

外业观测中存储介质上的数据文件应及时复制一式两份,分别保存在专人保管的防水、防静电的资料箱内。存储介质的外面,适当处应贴制标签,注明文件名、网区名、点名、时段名、采集日期、测量手簿编号等。

接收机内存数据文件在转录到外存介质上时,不得进行任何剔除或删改,不得调用任何对数据实施重新加工组合的操作指令。

(四)数据处理及观测成果的质量检核

GPS 测量数据的测后处理一般均可借助相应的软件自动完成,随着定位技术的迅速发展,GPS 测量数据后处理软件的功能和自动化程度将不断增强和提高,所采用的模型也将不断改进。

对观测数据进行后处理的基本过程大体分为预处理、平差计算、坐标系统的转换或与已有地面网的联合平差。

1. 观测数据的预处理

预处理的主要目的是对原始观测数据进行编辑、加工和整理,为平差计算做准备。预处理工作的完善与否,对随后的平差计算以及平差结果的精度将产生重要影响,因此,对预处理的方法,采用的数学模型和评价数据质量的标准等,都必须仔细分析,慎重确定。观测数据的预处理通常采用随机附带的基线解算软件,也可以采用其他高精度商用软件。

观测数据的预处理基线向量的解算,其工作的主要内容有:

（1）数据传输。将 GPS 接收机记录的观测数据传输到磁盘或其他介质上，以提供计算机等设备进行处理和保存。

（2）数据分流。从原始记录中，通过解码将各种数据分类整理，剔除无效观测值和冗余信息，形成各种数据文件，如星历文件、观测文件和测站信息文件等，以供进一步处理。

以上两项工作一般也称为数据的粗加工。

（3）观测数据的平滑、滤波剔除粗差并进一步删除无效观测值。

（4）统一数据文件格式。为了统一不同类型接收机的数据记录格式、项目和采样间隔，统一为标准化的文件格式，以便统一进行处理。

（5）卫星轨道的标准化。为了统一不同来源卫星轨道信息的表达方式，和平滑 GPS 卫星每小时更新一次的轨道参数，一般采用多项式拟合法，平滑 GPS 卫星每小时发送的轨道参数，便观测时段的卫星轨道标准化。

（6）探测周跳、修复载波相位观测值。

（7）对观测值进行必要改正。在 GPS 观测值中加入对流层改正，单频接收的观测值中加入电离层改正。

（8）基线向量的解算。基线向量的解算一般采用多站、多时段自动处理的方式进行，具体处理过程中应注意以下几个问题：

①基线的解算一般采用双差观测值，对于边长超过 30 km 的基线，解算时应采用三差相位观测值。

②基线解算中所需基准点坐标，应按以下优先顺序采用：国家 GPSA、B 级网控制点或其他高等级 GPS 网控制点已有的 WGS-84 坐标系坐标值；国家或城市较高等级的控制点转换到 WGS-84 坐标系后的坐标值；观测时间不少于 30 min 的单点定位结果的平差值提供的 WGS-84 坐标系坐标值。

③在使用多台接收机同步观测的一个同步时段中，可采用单基线模式解算，也可只选独立基线按多基线模式统一解算。

④同一等级的 GPS 网，根据基线长度的不同，可采用不同的处理模型。若基线在 8 km 之内，可采用双差固定解；小于 30 km，可在双差固定解和双差浮动解之间选择最优结果；大于 30 km，则应采用三差解作为基线的解算结果。

⑤在同步观测时间小于 35 min 时的快速定位基线，应采用合格的双差固定解作为基线解算的最终结果。

最后需要说明，观测数据的预处理一般均由软件自动完成。因此，不断完善和提高软件的功能和自动化水平，对提高观测数据预处理的质量和效率是极为重要的。

2. 观测成果的外业检核

对野外观测资料首先要进行复查，内容包括：成果是否符合调度命令和规范的要求；进行的观测数据质量分析是否符合实际。然后进行下列项目的检核：

（1）同步观测环检核。当环中各边为多台接收机同步观测时，由于各边是不独立的，所以其闭合差应恒为零。例如，三边同步环中只有两条同步边可以视为独立的成果，第三边成果应为其余两边的向量和。但是，由于模型误差和处理软件的内在缺陷，使得这种同步环的闭合差实际上仍可能不为零。这种闭合差一般数值很小，不至于对定位结果产生明显影响，所以也可把它作为成果质量的一种检核标准。

一般规定，同步环坐标分量闭合差及环线全长闭合差应满足下式的要求

$$W_x \leqslant \frac{\sqrt{n}}{5}\sigma, \quad W_y \leqslant \frac{\sqrt{n}}{5}\sigma, \quad W_z \leqslant \frac{\sqrt{n}}{5}\sigma$$

$$W = \sqrt{W_x^2 + W_y^2 + W_z^2}$$

$$W \leqslant \frac{\sqrt{3n}}{5}\sigma \tag{4-45}$$

式中：σ——相应级别的规定中误差（按平均边长计算）；

n——同步环中基线边的个数；

W——同步环线全长闭合差（mm）。

（2）异步观测环检核。无论采用单基线模式或多基线模式解算基线，都应在整个 GPS 网中选取一组完全的独立基线构成独立环，各独立环的坐标分量闭合差和全长闭合差应符合下式

$$W_x \leqslant 2\sqrt{n}\,\sigma, \quad W_y \leqslant 2\sqrt{n}\,\sigma, \quad W_z \leqslant 2\sqrt{n}\,\sigma$$

$$W = \sqrt{W_x^2 + W_y^2 + W_z^2}$$

$$W \leqslant 2\sqrt{3n}\,\sigma \tag{4-46}$$

当发现边闭合数据或环闭合数据超出上述规定时，应分析原因并对其中部分或全部成果重测。需要重测的边，应尽量安排在一起进行同步观测。

（3）重复观测边的检核。同一条基线边若观测了多个时段，则可得到多个边长结果。这种具有多个独立观测结果的边就是重复观测边。对于重复观测边的任意两个时段的成果互差，均应小于相应等级规定精度（按平均边长计算）的 $2\sqrt{2}$ 倍。

3. 野外返工

对经过检核超限的基线在充分分析基础上，进行野外返工观测。基线返工应注意以下几个问题：

（1）无论何种原因造成一个控制点不能与两条合格独立基线相连接，则在该点上应补测或重测不少于一条独立基线。

（2）可以舍弃在复测基线边长较差、同步环闭合差、独立环闭合差检验中超限的基线，但必须保证舍弃基线后的独立环所含基线数不得超过六条；否则，应重测该基线或者有关的同步图形。

（3）由于点位不符合 GPS 测量要求而造成一个测站多次重测仍不能满足各项限差技术规定时，可按技术设计要求另增选新点进行重测。

4. GPS 网平差计算

在各项质量检核符合要求后，以所有独立基线组成的闭合图形，进行平差计算。平差计算的主要内容包括：

1）同步观测的基线向量平差。对于同一基线边，多历元同步观测值的平差计算。在同一测区中，同类精度的数据处理应采用相同的方法和相同的模型。由此所得的平差结果为基线向量（坐标差）及其相应的方差与协方差。

2）GPS 网三维无约束整体平差。利用上述基线向量的平差结果及其相应的方差—协方差阵作为相关观测量，以一个点的 WGS-84 坐标系的三维坐标作为起算数据，进行 GPS 网的三维无约束整体平差。整体平差的结果一般是网点的空间直角坐标、大地坐标和高斯平面直角坐标，以及相应的方差和协方差。

3）GPS 网的二维约束平差。

（1）原始观测量。不论何种型号的 GPS 接收机和何种版本的数据处理软件，在将野外观测数据进行预处理后，都能得到三种不同意义的原始观测量。就 ASHTECH 接收机的 GPS 处理软件而言，提供的三组原始观测量如下：

①两点大地坐标：$B_1, L_1, H_1; B_2, L_2, H_2$；

②基线矢量及定向：B, A_z, EI；

③基线三维分量：$\Delta X, \Delta Y, \Delta Z$。

这三组观测量虽然表现形式不同，但它们之间是互相等价的。它们之间存在着严格的数学转换关系，利用其中一种可以导出另外两种。因此在网的平差中，可以根据自己的需要选用。

（2）数据处理方法。GPS 观测量 $\Delta X, \Delta Y, \Delta Z$ 是基于 WGS-84 地心坐标系的观测值，它基于以地球质心为原点的空间直角坐标系。以往所进行的测量工作是基于本地坐标系，例如 1954 年北京坐标系，1980 年西安大地坐标系，×××城市坐标系等。同时，进行的测量工作是投影到平面上进行的，例如高斯投影面、横轴墨卡托投影面等。

数据处理的目的就是将空间的原始观测量，以最佳的方法进行平差，规划到当地的参考椭球上并投影到所采用平面上，并且使转换的误差最小。显然在这一过程中要进行三个环节的工作，即：

①平差：将观测误差按最小二乘法分配；

②转换：由空间地心坐标系转换到所采用的参考坐标系；

③投影:由空间坐标系投影到采用的平面上。

这样,将这三个环节进行组合,可以形成五种数据处理方法(见图4-94),细节内容不再赘述。

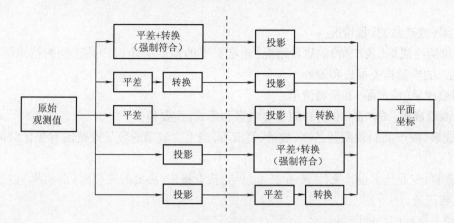

图 4-94　五种数据处理方法

(3)精度评定。控制网约束平差后的最弱边边长相对中误差,应满足的规定。CPS网观测精度的评定,应满足下列要求:

①GPS网的测量中误差按下式计算

$$m = \sqrt{\frac{1}{3N}\left(\frac{WW}{n}\right)}$$
$$W = \sqrt{W_x^2 + W_y^2 + W_z^2} \tag{4-47}$$

式中：　m——GPS网测量中误差;

　　　　N——GPS网中异步环的边数;

　　　　W——异步环的环闭合差;

W_x、W_y、W_z——异步环的各坐标分量闭合差。

②控制网的测量中误差应满足相应等级控制网的基线精度要求,并符合式(4-48)的规定。

$$m \leqslant \sigma \tag{4-48}$$

(4)平差后提交的资料。观测数据经上述处理后,需要输出打印的资料有:测区和各观测站的基本情况;参加平差计算的观测值数量、质量、观测时段的起止时间和延续时间;平差计算采用的坐标系统、基本常数和起算数据;平差计算的方法及所采用的先验方差与协方差;GPS网整体平差结果,包括空间整体直角坐标、大地坐标,以及相邻点之间的距离和方位角;GPS网与已有经典地面网的联合平差结果,主要包括地面网的坐标、等级、重合点数及其坐标值;联合平差采用的坐标系统、平差方法,平差后的坐标值以及网的转换参数;平差值的精度信息,包括观测值的残差分析资料,平差值的方差与协方差阵及相关系数阵等。

5. 技术总结报告的编写

GPS控制测量工作的内、外业工作都完成后,要编写技术总结报告,按照中华人民共和国测绘行业标准《测绘技术总结编写规定》(CH/T 1001—2005),技术总结主要包括如下内容。

1)概述

(1)测绘项目的名称、专业测绘任务的来源;专业测绘任务的内容、任务量和目标,产品交付与接收情况等。

(2)计划与实际完成情况、作业率的统计。

(3)作业区概况和已有资料的利用情况。

2)技术设计执行情况

(1)说明专业活动所依据的技术性文件,内容包括:专业技术设计书及其有关的技术设计更改文件,必要时也包括本测绘项目的项目设计书及其设计更改文件;有关的技术标准和规范。

(2)说明和评价专业技术活动过程中专业技术设计文件的执行情况,并重点说明专业测绘生产过程中专业技术设计书的更改情况(包括专业技术设计更改内容、原因的说明等)。

(3)描述专此测绘生产过程中出现的主要技术问题和处理方法、特殊情况的处理及其达到的效果等。

（4）当作业过程中采用新技术、新方法、新材料时，应详细描述和总结其应用情况。

（5）总结专业测绘生产中的经验、教训（包括重大的缺陷和失败）和遗留问题，并对今后生产提出改进意见和建议。

3）测绘成果（或产品）质量情况

说明和评价测绘成果（或产品）的质量情况（包括必要的精度统计）、产品达到的技术标准，并说明测绘成果（或产品）的质量检查报告和编号。

4）上交测绘成果（或产品）和资料清单

说明上交测绘成果（或产品）和资料的主要内容和形式，主要包括：

（1）测绘成果（或产品）：说明其名称、数量、类型等，当上交成果的数量或范围有变化时需附上交成果分布图。

（2）文档资料：专业技术设计文件、专业技术总结、检查报告，必要的文档簿（图历簿）以及其他作业过程中形成的重要记录。

（3）其他须上交和归档的资料。

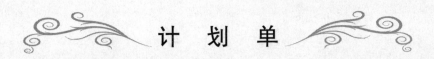

计 划 单

学习领域	建筑施工测量		
学习情境二	施工平面控制网的布设	工作任务4	导线网的布设
计划方式	小组讨论、团结协作共同制订计划	计划学时	1
序　号	实施步骤		具体工作内容描述
制订计划 说明	（写出制订计划中人员为完成任务的主要建议或可以借鉴的建议、需要解释的某一方面）		
计划评价	班　级		第　组	组长签字	
	教师签字		日　期		
	评语：				

决 策 单

学习领域	建筑施工测量		
学习情境二	施工平面控制网的布设	工作任务4	导线网的布设
决策学时	1		

方案对比	序号	方案的可行性	方案的先进性	实施难度	综合评价
	1				
	2				
	3				
	4				
	5				
	6				
	7				
	8				
	9				
	10				

决策评价	班　级		第　组	组长签字	
	教师签字			日　期	
	评语：				

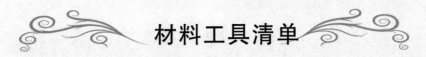

材料工具清单

学习领域	建筑施工测量					
学习情境二	施工平面控制网的布设			工作任务4	导线网的布设	
清单要求	根据工作任务列出所需材料工具的名称、作用、型号及数量，标明使用前后的状况，并在说明中写明材料工具之间的相对联系或关系。					
序号	名称	作用	型号	数量	使用前状况	使用后状况
1						
2						
3						
4						
5						
6						
7						
8						
9						
10						

说明：（请简要说明各材料工具之间的相对联系或关系）

班　级		第　　组	组长签字	
教师签字			日　　期	
评　语				

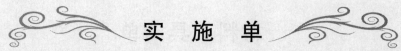

实 施 单

学习领域	建筑施工测量		
学习情境二	施工平面控制网的布设	工作任务4	导线网的布设
实施方式	小组成员合作,共同研讨确定动手实践的实施步骤,每人均填写实施单	实施学时	12
序　号	实施步骤		使用资源
1			
2			
3			
4			
5			
6			
7			
8			

实施说明:

班　级		第　组	组长签字	
教师签字			日　期	
评　语				

作 业 单

学习领域	建筑施工测量		
学习情境二	施工平面控制网的布设	工作任务4	导线网的布设
实施方式	小组成员动手实践,学生自己记录、计算、绘制点之记		

（在此绘制导线网,不够请加附页）

班　级		第　组	组长签字	
教师签字			日　期	
评　语				

检 查 单

学习领域	建筑施工测量			
学习情境二	施工平面控制网的布设		工作任务4	导线网的布设
检查学时	1			
序号	检查项目	检查标准	组内互查	教师检查
1	工作程序	是否正确		
2	完成的报告的点位数据	是否完整、正确		
3	绘制的导线网	是否正确、整洁		
4	报告记录	是否完整、清晰		
5	描述工作过程	是否完整、正确		

	班　级		第　组	组长签字	
检查评价	教师签字		日　期		
	评语： 				

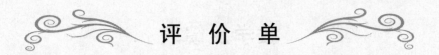

评 价 单

学习领域	建筑施工测量				
学习情境二	施工平面控制网的布设		工作任务4	导线网的布设	
评价学时	1				
考核项目	考核内容及要求	分值	学生自评 （10%）	小组评分 （20%）	教师评分 （70%）	实得分
计划编制 （20）	工作程序的完整性	10				
	步骤内容描述	8				
	计划的规范性	2				
工作过程 （45）	记录清晰、数据正确	10				
	布设点位正确	5				
	报告完整性	30				
基本操作 （10）	操作程序正确	5				
	操作符合限差要求	5				
安全文明 （10）	叙述工作过程应注意的安全事项	5				
	工具正确使用和保养、放置规范	5				
完成时间 （5）	能够在要求的 90 min 内完成，每超时 5 min 扣 1 分	5				
合作性 （10）	独立完成任务得满分	10				
	在组内成员帮助下完成得 6 分					
总分（Σ）		100				

班 级		姓 名		学 号		总 评	
教师签字		第 组	组长签字			日 期	

评语：

评价评语

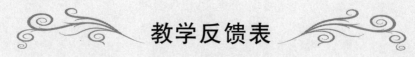

教学反馈表

学习领域		建筑施工测量			
学习情境 2	施工平面控制网的布设		学时		26
序号	调查内容		是	否	理由陈述
1	你是否喜欢这种自主学习的上课方式？				
2	你感觉进行咨询学习是学习的难点吗？				
3	针对每个工作任务你是否学会了如何进行资讯？				
4	你对计划和决策感到困难吗？				
5	你认为本学习情境的工作任务对将来的工作有帮助吗？				
6	通过本学习情境的学习，你学会如何进行导线网的布设了吗？				
7	你能根据工程施工图纸中在现场确定导线布设吗？				
8	你学会利用全站仪进行导线测量了吗？				
9	通过几天来的工作和学习，你对自己的表现是否满意？				
10	你对小组成员之间的合作是否满意？				
11	你认为本学习情境还应学习哪些方面的内容？（请在下面空白处填写）				

你的意见对改进教学非常重要，请写出你的建议和意见。

被调查人签名			调查时间	

学习情境 三

大比例尺地形图的应用与测量

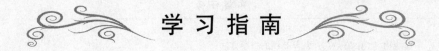

学习指南

学习目标

学生在任务单和资讯问题的引导下,通过自学及咨询教师,明确大比例尺地形图的应用与测量学习情境中工作任务的目的和实施中的关键要素(工具、材料、方法),通过学习掌握地物、地貌的标示方法、等高线的描绘方法等知识,根据给定的地形图完成"地形图的工程应用"模拟训练及利用给定的测量仪器设备完成指定场地的"大比例尺地形图测绘"工作,并在学习的工作中锻炼专业能力、方法能力和社会能力等综合职业能力。

工作任务

工作任务5 大比例尺地形图的工程应用
工作任务6 经纬仪水准仪联合测图
工作任务7 数字化测图

学习情境描述

在分组的情况下,让学生团队共同完成本学习情境的各个工作任务。首先利用地形图作为训练工具,使学生掌握与地形图识读相关的知识以及工程建设上对于地形图的应用相关知识,使学生掌握地形图应用相关技能;然后给定不同的测量仪器设备,安排学生完成指定真实的现场场地的地形图外业测量工作,利用 CASS 软件完成地形图的内业展点、绘制、剪辑及出图等工作。

工作任务5 大比例尺地形图的工程应用

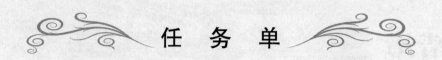

任 务 单

学习领域	建筑施工测量		
学习情境三	大比例尺地形图的应用与测量	工作任务5	大比例尺地形图的工程应用
任务学时	8		
布置任务			
工作目标	1. 掌握地物、地貌的标示方法、等高线的描绘方法； 2. 掌握地形图的工程应用知识； 3. 能够根据给定地形图完成工作任务； 4. 能够在学习和工作中锻炼专业能力、方法能力和社会能力等合职业能力。		
任务描述	建筑工程测量人员在工程勘察、工程设计、工程施工以及竣工后养护维护阶段均要识图地形图，掌握在地形图上求点坐标、两点间水平距离、点高程和直线坡度等，进而完成工程相关应用：在地形图上按照限定坡度选定最短线路，按照指定方向绘制纵断面图，确定汇水面积，确定制定区域的面积，确定场地平整时的填挖边界，计算土方量等。		

学时安排	资讯	计划	决策或分工	实施	检查	评价
	2 学时	0.5 学时	0.5 学时	4 学时	0.5 学时	0.5 学时

提供资料	1. 建筑场地平面布置总图； 2. 某区域地形图； 3. 工程测量规范； 4. 测量员岗位工作技术标准。
对学生的要求	1. 具备建筑工程识图与绘图的基础知识； 2. 具备建筑工程构造的知识； 3. 具备几何数学方面的基础知识； 4. 具备一定的自学能力、数据计算能力、沟通协调能力、语言表达能力和团队意识； 5. 严格遵守课堂纪律，不迟到、不早退；学习态度认真、端正； 6. 每位同学必须积极参与小组讨论； 7. 每组均完成"大比例尺地形图的工程应用"工作的报告单。

资 讯 单

学习领域	建筑施工测量		
学习情境三	大比例尺地形图的应用与测量	工作任务5	大比例尺地形图的工程应用
资讯学时	2		
资讯方式	在图书馆杂志、教材、互联网及信息单上查询问题;咨询任课教师		
资讯问题	问题一:地形图的具体功用是什么? 地形图的概念是什么?		
	问题二:什么是比例尺? 举例说明其分类形式。		
	问题三:举例描述比例尺的精度。		
	问题四:地形图有哪些注记?		
	问题五:举例说明地物符号的分类。		
	问题六:地貌用什么表示? 其有什么特点?		
	问题七:绘图描绘典型地貌。		
	问题八:地形图的用途主要包括哪几个方面?		
	问题九:如何确定地形图上某点的坐标、两点间的水平距离、某直线的坐标与方位角、某点的高程及两点间的坡度?		
	问题十:地形图上面积的量算方法有哪些?		
	问题十一:如何绘制一定方向的地形断面图?		
	问题十二:如何按限制坡度线选择最短路线?		
	问题十三:如何确定汇水面积?		
	问题十四:如何进行土地整理及土石方量的估算?		
	问题十五:描述南方CASS7.0软件的应用环境。		
	问题十六:用CASS7.0软件的"工程应用"下拉菜单可以查询哪些内容?		
	问题十七:用CASS7.0软件进行土方量的计算有哪些模式?		
	问题十八:用CASS7.0软件生成断面图有哪几种方法?		
	学生需要单独资讯的问题……		
资讯引导	1. 在本教材信息单中查找; 2. 在《测量员岗位技术标准》查找。		

信 息 单

在国民经济建设中,各项工程建设的规划、设计都需要了解工程建设地区的地形和环境条件等,以便使规划、设计符合实际情况。通常以地形图的形式提供这些资料。在各项工程建设的施工阶段,必须参照相应的地形图、规划图、施工图等图纸资料,以保证施工能严格按照规划、设计要求完成。因此,地形图是制定规划、进行工程建设的重要依据和基础资料。

传统地形图通常绘制在纸质材料上,具有直观性强、使用方便等优点,但同时存在易损毁、不便保存、难以更新等缺点。数字地形图是以数字形式存储在计算机存储介质上的地形图,与传统的纸质地形图相比,数字地形图具有明显的优越性和广阔的发展前景。随着计算机技术和数字化测绘技术的迅速发展,数字地形图已广泛应用于国民经济建设、国防建设和科学研究的各个方面,如国土资源规划与利用、工程建设的设计和施工、交通工具的导航等。

活动一 地形图的基本知识

地球表面十分复杂,有高山、平原、河流、湖泊,还有各种各样的人工建造物。其中地面上有各种各样的固定物体,通常称之为地物,包括房屋、农田、道路等。地表面的高低起伏形态(如高山、丘陵、盆地等)称为地貌。地物和地貌总称为地形。通过野外实地测量,可将地面上的各种地物、地貌按铅垂方向投影到同一水平面上,再按一定的比例缩小绘制成图,既表示出各种地物,又用等高线表示出地貌的图称为地形图,如图5-1(a)所示;在图上仅表示地物平面位置的图称为平面图,如图5-1(b)所示。

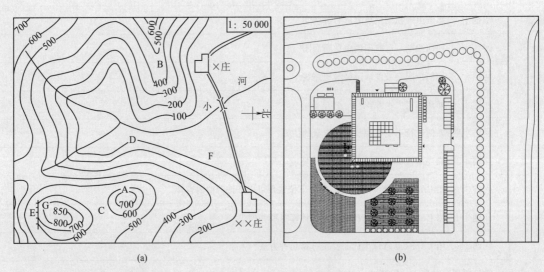

(a)　　　　　　　　　　　　　(b)

图5-1　地形图和平面图

一、地形图比例尺及比例尺精度

(一)比例尺

地形图上任一段线段的长度与它所代表的地面上相应线段的实际水平距离之比称为地形图的比例尺。比例尺有数字比例尺、图示比例尺两类。

1. 数字比例尺

数字比例尺用分子为1的分数表达,分母为整数。设地形图中某一线段长度为d,相应实地的水平距离为D,则地形图的比例尺为

$$\frac{d}{D} = \left(\frac{D}{d}\right)^{-1} = \frac{1}{M} \tag{5-1}$$

也可写成1:M,M为比例尺分母。

比例尺的大小是以比例尺的比值来衡量的。比例尺的分母 M 越小,比值越大,比例尺就越大,表示地物和地貌就越详尽。数字比例尺通常标注在地形图的下方。

通常称 1:100 万、1:50 万和 1:20 万比例尺为小比例尺;1:10 万,1:5 万,1:2.5 万比例尺为中比例尺;1:1 万,1:5 000,1:2 000,1:1 000 和 1:500 比例尺为大比例尺。1:100 万,1:50 万,1:20 万,1:10 万,1:5 万,1:2.5 万,1:1 万七种比例尺的地形图为国家基本比例尺地形图。大比例尺的地形图通常是直接为满足各种工程设计、施工而测绘的。不同比例尺的地形图一般有不同的用途。如 1:1 万和 1:5 000 地形图为基本比例尺地形图,是国民经济建设部门进行总体规划、设计的一项重要依据,也是编制其他更小比例尺地形图的基础。1:2 000 比例尺地形图常用于城市详细规划及工程项目初步设计。1:1 000 和 1:500 比例尺地形图,主要供各种工程建设的技术设计、施工设计和工业企业的详细规划使用等。

2. 图示比例尺

为了便于应用,以及减小由于图纸伸缩而引起的使用中的误差,通常在地形图上绘制图示比例尺。图 5-2 为 1:1 000 的图示比例尺,以 2 cm 为基本单位,最左端的一个基本单位分成 10 等分。从图示比例尺上可直接读得基本单位的 1/10,估读到 1/100。

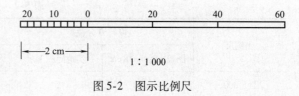

图 5-2 图示比例尺

(二)比例尺精度

通常人眼在图上能分辨的最小距离一般为 0.1 mm,因此,在图上量度或者实地测图描绘时,只能达到图上 0.1 mm 的精确性,所以,把图上 0.1 mm 所表示的实地水平长度称为比例尺精度,用 ε 表示,即

$$\varepsilon = 0.1M \tag{5-2}$$

比例尺越大,其比例尺精度也越高。工程常用的几种大比例尺地形图的比例尺精度如表 5-1 所示。

表 5-1 比例尺精度表

比例尺	1:500	1:1 000	1:2 000	1:5 000
比例尺精度/m	0.05	0.1	0.2	0.5

比例尺精度的概念对测图和设计用图都有重要的意义。其一,根据测图比例尺,确定实地量距的最小尺寸。例如,测 1:1 000 图时,实地量距只需取到 10 cm,因为即使量地再精细,在图上也无法表示出来。其二,根据工程要求选用合适的比例尺。例如,一项工程设计用图,要求图上能反映 5 cm 的细节,则所选图的比例尺就不能小于 1:500。

图的比例尺越大,其表示的地物、地貌就越详细,精度也越高;但比例尺越大,测图所耗费的人力、财力和时间也越多。因此,在各类工程中,究竟选用何种比例尺测图,应从实际情况出发,合理选择,而不要盲目追求大比例尺的地形图。

二、地形图图外注记

为了图纸管理和使用的方便,在地形图的图框外有许多注记,如图号、图名、接图表、图廓、坐标格网线等。

(一)地形图图名

图名就是一幅图纸的名称,常用图幅内最著名的地名、最大的村庄或厂矿企业的名称来命名。图名一般注在地形图北图廓外上方中央位置。

(二)地形图图号和分幅

图号即图的编号。图名和图号标在北图廓上方的中央,图号标注在图名的下方。

为了测绘、管理和使用方便,需要将大面积的各种比例尺的地形图进行分幅和编号。分幅的方法有两种:梯形分幅和矩形分幅。国家基本比例尺地形图均采用经纬线分幅法,由于高斯投影后的图幅呈梯形,故又称梯形分幅法;另一种分幅的形式是矩形分幅,即按一定间隔的坐标格网线划分图幅范围,主要应用于 1:5 000~1:500 的大比例尺地形图。

1. 梯形分幅及编号

1:100 万地形图的分幅与编号是梯形分幅及编号的基础,按照国际统一规定进行。作法是将整个地球表面用子午线分成 60 个 6°的纵列,自经度 180°起,自西向东用阿拉伯数字 1～60 编列号。同时,由赤道起分别向南向北直至 88°止,以每隔 4°的纬度圈分成许多横行,横行用大写的拉丁字母 A、B、C、…、V 标明。以两极为中心,以纬度 88°为界的圆,则用 Z 标明。

2. 矩形分幅与编号

1:500～1:2 000 大比例尺地形图常采用矩形分幅,图幅一般为 50 cm×50 cm 或 40 cm×50 cm,以纵横坐标的整千米数或整百米数作为图幅的分界线。1:5 000 的地形图若为工程设计、施工及规划管理等服务也可按矩形分幅。当分幅图幅大小为 50 cm×50 cm 时,又称正方形分幅。各种比例尺地形图的图幅大小见表 5-2。

表 5-2　矩形分幅及面积

比例尺	40×50 分幅		50×50 分幅		
	图幅大小 cm×cm	实地面积 km²	图幅大小 cm×cm	实地面积 km²	一幅 1:5 000 图所含幅数
1:5 000	40×50	5	40×40	4	1
1:2 000	40×50	0.8	50×50	1	4
1:1 000	40×50	0.2	50×50	0.25	16
1:500	40×50	0.05	50×50	0.625	64

正方形图幅的编号,一般可采用以下几种方法。

(1)坐标千米数编号。坐标千米数编号是用图幅西南角的 x 坐标和 y 坐标的千米数来编号。x 坐标在前,y 坐标在后,中间用连字符连接。例如,一图幅西南角坐标为 $x=3\ 267.0$ km,$y=50.0$ km,则其编号为 3 267.0-50.0。编号时,1:5 000 地形图,坐标取至 1 km;1:2 000,1:1 000 地形图,坐标取至 0.1 km;1:500地形图,坐标取至 0.01 km。

(2)自然序数法编号。对带状测区或小面积较小的测区,可按测区统一顺序进行编号,一般从左到右,从上到下用阿拉伯数字 1,2,3,4,…编定,如图 5-3 中××－15(××为测区名称)。

(3)行列式编号。行列式编号一般横行以字母为代号(如 A,B,C,…)从上往下排列,纵列以阿拉伯数字为代号从左向右排列来编定,以先行后列,中间加上连字符,如图 5-4 中 A-4。

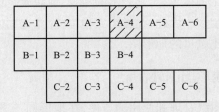

图 5-3　自然序号编号　　　　　　　图 5-4　行列式编号

(三)接图表

说明本图幅与相邻图幅的关系,供索取相邻图幅时使用。通常是中间一格画有斜线的代表本图幅,四邻分别注明相应的图号或图名,并绘注在北图廓的左上方,如图 5-5 所示。

(四)图廓和坐标格网线

图廓是图幅四周的范围线。矩形图幅有内图廓和外图廓之分。内图廓是地形图分幅时的坐标格网线,也是图幅的边界线。外图廓是距内图廓以外一定距离绘制的加粗平行线,仅起装饰作用。在内图廓外四角处注有坐标值,并在内图廓线内侧,每隔 10 cm 绘有 5 mm 的短线,表示坐标格网线位置。在图幅内每隔 10 cm 绘有坐标格网交叉点,如图 5-5 所示。

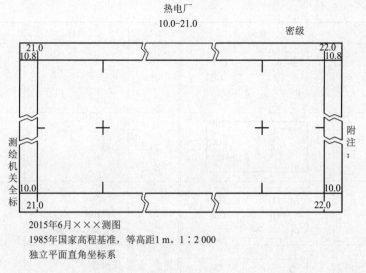

图 5-5 接图表

(五)投影方式、坐标系统、高程系统

地形图测绘完成后,都要在图上标注本图的投影方式、坐标系统和高程系统,以备日后使用时参考。地形图都是采用正投影的方式完成的。

坐标系统指该幅图是采用以下哪种方式完成的:1980 年国家大地坐标系、城市坐标系、独立平面直角坐标系。

三、地物符号与地貌符号

(一)地物符号

地球表面的地物种类繁多,形态复杂,一般可分为两类:一类是自然地物,如河流、湖泊等;另一类为人工地物,如房屋、道路、农田、管线等。在地形图上表示地物的类别、大小、形状及其在图上的位置的符号称为地物符号。国家测绘总局于 1988 年颁发的《地形图图式》统一了地形图的规格要求、地物、地貌符号和注记,供测图和识图时使用。

表 5-3 是 GB/T 20257.1—2007《1:500,1:1 000,1:2 000 地形图图式》所规定的部分地物符号,根据地物的大小和描绘的方法可分为几种类型。

表 5-3 大比例尺地形图图式

编号	名称	符号	编号	名称	符号
1	坚固房屋 4——房屋层数	竖4　1.5	5	经济作物地	0.8　3.0　10.0
2	普通房屋 2——房屋层数	2　1.5	6	水生 经济作物	3.0　藕　0.5
3	窑洞 1. 住人的 2. 不住人的 3. 地面下的	1　2.5　2 3	7	稻田	0.2　2.0　10.0
4	台阶	0.5　0.5　0.5	8	菜地	2.0　2.0　10.0

编号	名称	符号	编号	名称	符号
9	花圃		23	大车路	
10	草地		24	小路	
11	旱地		25	三角点 凤凰山——点名 394.463——高程	
12	灌木林		26	图根点 1——埋石的 2——不埋石的	
13	低压线		27	水准点	
14	高压线		28	水塔	
15	电杆		29	旗杆	
16	电线架		30	烟囱	
17	砖、石及混凝围墙		31	气象站(台)	
18	土围墙		32	消火栓	
19	栅栏 栏杆		33	阀门	
20	篱笆		34	水龙头	
21	公路		35	钻孔	
22	简易 公路		36	路灯	

1. 比例符号

　　地物的轮廓较大,能按比例尺将地物的形状、大小和位置缩小绘在图上以表达轮廓性的符号。这类符号一般是用实线或点线表示其外围轮廓,如房屋、湖泊、森林、农田等,见表 5-3 中的 1～12 号。

2. 非比例符号

一些具有特殊意义的地物,轮廓较小,不能按比例尺缩小绘在图上时,采用统一尺寸,用规定的符号来表示,如三角点、水准点、烟囱、消火栓等。这类符号在图上只能表示地物的中心位置,不能表示其形状和大小,见表5-3中的25~36号。

3. 半比例符号

对于一些带状的地物,其长度能按比例缩绘,而宽度不能按比例缩绘,需用一定的符号表示的称为半比例符号,也称线状符号,如管线、铁路、公路、围墙、通信线路等。半比例符号只能表示地物的位置(符号的中心线)和长度,不能表示宽度,见表5-3中的13~24号。

4. 地物注记

地形图上对一些地物的性质、名称等加以注记和说明的文字、数字或特定的符号,称为地物注记,例如房屋的层数,河流的名称、流向、深度,工厂、村庄的名称,控制点的点号、高程,地面的植被种类等。

需要注意的是,比例符号与半比例符号的使用界限并不是绝对的。如公路、铁路等地物,在1:500~1:2 000比例尺地形图上是用比例符号绘出的,但在1:5 000比例尺以上的地形图上是按半比例符号绘出的。比例符号与非比例符号之间也是同样的情况。一般来说,测图比例尺越大,用比例符号描绘的地物越多;比例尺越小,用非比例符号表示的地物越多。

(二)地貌符号

地貌形态多种多样,可按其起伏的变化的程度分成平地、丘陵、山地、高山,见表5-4。

表5-4　地貌分类

地貌形态	地面坡度	地貌形态	地面坡度
平地	2°以下	山地	6°~25°
丘陵	2°~6°	高山	25°以上

图上表示地貌的方法有多种,对于大、中比例尺地形图主要采用等高线法。对于特殊地貌则采用特殊符号表示。

1. 等高线

等高线是地面上高程相同的相邻点连成的闭合曲线。

如图5-6所示,设想有一座高出平静水面的小山头,山顶被水淹没时的水面高程为100 m,小山与水面相交形成的水涯线为一闭合曲线,曲线的形状随小山与水面相交的位置而定,曲线上各点的高程相等。例如,当水面高为95 m时,曲线上任一点的高程均为95 m;若水位继续降低至90 m,85 m,则水涯线的高程分别为90 m,85 m。将这些水涯线垂直投影到水平面 H 上,并按一定的比例尺缩绘在图纸上,就将小山用等高线表示在地形图上。这些等高线的形状和高程客观地显示了小山的空间形态。

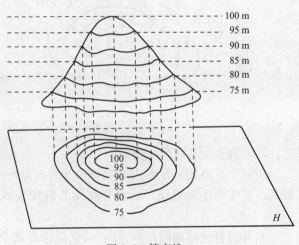

图5-6　等高线

2. 等高距与等高线平距

相邻等高线之间的高差称为等高距或等高线间隔,常以 h 表示。如图5-7中的等高距是5 m。在同一幅地形图上,等高距是相同的。

相邻等高线之间的水平距离称为等高线平距,常以 d 表示。等高线平距 d 的大小与地面的坡度有关。等高线平距越小,地面坡度越大;平距越大,则坡度越小;坡度相同,平距相等。因此,可根据地形图上等高线的疏、密可判定地面坡度的缓、陡。

等高距选择过小,会成倍地增加测绘工作量。对于山区,有时会因等高线过密而影响地形图清晰。等高距的选择,应该根据地形类型和比例尺大小,并按照相应的规范执行。表5-5是大比例尺地形图基本等高距参考值。

表5-5 大比例尺地形图基本等高距

地貌类型	比例尺			
	1:500	1:1 000	1:2 000	1:5 000
平地	0.5	0.5	1	2
丘陵	0.5	1	2	5
山地	1	1	2	5
高山	1	2	2	5

3. 典型地貌的等高线

地面的形状虽然纷繁复杂,但通过仔细研究和分析就会发现它们是由几种典型的地貌综合而成的。通常是由山头、洼地、山脊、山谷、鞍部、陡崖或者峭壁组成的。如果了解和熟悉典型地貌的等高线特征,对于我们识读、应用和测绘地形图的能力很有帮助。

1)山头和洼地的等高线

山头的等高线特征如图5-7所示,洼地的等高线特征如图5-8所示。山头与洼地的等高线都是一组闭合曲线,但它们的高程注记不同。内圈等高线的高程注记大于外圈为山头;反之,小于外圈者为洼地。也可以用示坡线表示山头或洼地。示坡线是垂直于等高线的短线,用以指示坡度下降的方向,往外标注是山头,往内标注的则是洼地。

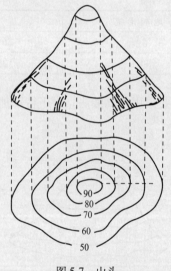

图5-7 山头

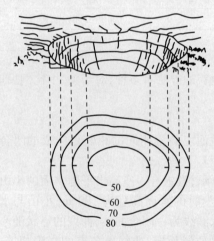

图5-8 洼地

2)山脊和山谷的等高线

山的最高部分为山顶,从山顶向某个方向延伸的高地称为山脊。山脊的最高点连线称为山脊线。山脊等高线的特征表现为一组凸向低处的曲线(见图5-9)。

相邻山脊之间的凹部称为山谷,它是沿着某个方向延伸的洼地。山谷中最低点的连线称为山谷线,如图5-10所示,山谷等高线的特征表现为一组凸向高处的曲线。因山脊上的雨水会以山脊线为分界线而流向山脊的两侧,所以山脊线又称分水线。在山谷中的雨水由两侧山坡汇集到谷底,然后沿山谷线流出,所以山谷线又称集水线。山脊线和山谷线合称为地性线。

3)鞍部的等高线

鞍部是相邻两山头之间呈马鞍形的低凹部位(见图5-11中的 S 形)。鞍部等高线的特征是对称的两组山脊线和两组山谷线,即在一圈大的闭合曲线内,套有两组小的闭合曲线。

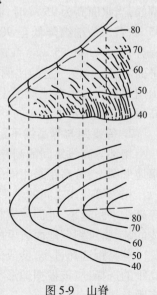

图5-9 山脊

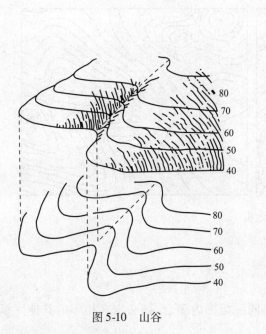

图 5-10　山谷

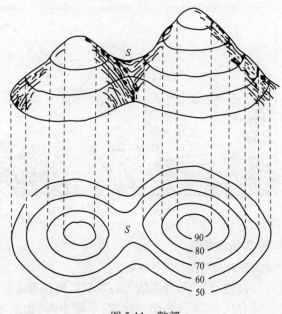

图 5-11　鞍部

4）陡崖和悬崖的等高线

陡崖是坡度在 70°以上或为 90°的陡峭崖壁,因用等高线表示将非常密集或重合为一条线,故采用陡崖符号来表示,如图 5-12 所示。

悬崖是上部突出,下部凹进的陡崖。上部的等高线投影到水平面时,与下部的等高线相交,下部凹进的等高线用虚线表示,如图 5-13 所示。

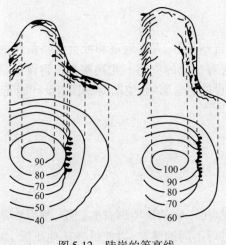

图 5-12　陡崖的等高线

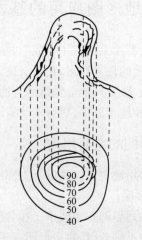

图 5-13　悬崖的等高线

认识了典型地貌的等高线特征以后,进而就能够认识地形图上用等高线表示的各种复杂地貌。图 5-14 所示为某一地区综合地貌。

4.　等高线的分类

等高线可分为首曲线、计曲线,间曲线和助曲线。

首曲线也称等高线,是指从高程基准面起算,按规定的基本等高距描绘的等高线,用宽度为 0.15 mm 的细实线表示。

计曲线是指从高程基准面起算,每隔四条基本等高线有一条加粗的等高线。为了读图方便,计曲线上也注出高程。

间曲线是当基本等高线不足以显示局部地貌特征时,按二分之一基本等高距所加绘的等高线,用长虚线表示。按四分之一基本等高距所加绘的等高线,称为助曲线,用短曲线表示。描绘时均可不闭合。

图 5-14 综合地貌

5. 等高线的特性

等高线的特性包括以下内容。

(1)等高性:同一条等高线上各点的高程相等。

(2)闭合性:等高线是闭合曲线,不能中断,如果不在同一幅图内闭合,则必定在相邻的其他图幅内闭合。

(3)非交性:除在绝壁或悬崖处外等高性会重合或相交,其他地形的不同高程的等高性不能相交。

(4)正交性:等高线经过山脊或山谷时改变方向,因此山脊线与山谷线应和改变方向处的等高线的切线垂直相交。

(5)密陡疏缓性:等高线平距与地面坡度成反比。

活动二   地形图应用的基本内容

地形图是测绘工作的主要成果,是包含了丰富的自然地理、人文地理和社会经济信息的载体,并且具有可量性、可定向性等特点,在经济建设的各个方面有着广泛的应用。尤其在工程建设中,可借助地形图了解自然和人文地理、社会经济诸方面因素对工程建设的综合影响,使勘测、规划、设计能充分利用地形条件、优化设计和施工方案,更好地节省工程建设费用。

一、地形图的主要用途

地形图的用途主要包括以下方面。

1. 地质勘探

主要用在地质调查实践中。在各种目的不同、比例尺不同的地质调查实践中,都需要地形图做底图。在地质调查的不同阶段,对地形图有不同的要求,并进行不同的整饰,以使最终在地质图上能正确反映出各种地质现象的基本特征。

2. 矿山开采

在矿山的地质勘探和设计、施工阶段,必须预先测绘地形图和进行相应的测绘工作,以保证勘探与施工的质量。在矿山生产阶段,需要通过测绘工作及时反映矿山生产现状,并在地形图的基础上绘制井上下对照图,为矿山安全生产创造条件。

3. 城市用地的用地分析

在规划设计前,首先按城市各项建设对地形的要求,结合地形图进行用地的地形分析,以便充分合理地利用和改造原有地形。如在地形图上标明分水线、集水线和地面流水方向。在地形图划分不同坡度的地段以对照适用的各项城市建设,对特殊地段包括如冲沟、坎地、沼泽等进行分析以便结合地质勘探资料判断是否可作为建设用地。

4. 城市规划

在城市规划中地形图的应用更为普遍。根据城市用地范围的大小,在总体规划阶段,常选用1:10 000或1:5 000 比例尺的地形图。在详细规划阶段,为了满足房屋建筑和各项工程初步设计的需要,常选用

1:2 000,1:1 000 或 1:500 等比例尺的地形图。具体在进行小区规划或建筑群体布置时,要根据地貌的情况合理地处理建筑群体布置、服务性建筑布置、建筑通风、建筑日照等几方面的问题。

5. 工程建设

在房屋建筑、农田水利、道路交通等各项工程建设中都离不开地形图的应用,并且贯穿从勘测设计、施工建设到竣工运营等整个阶段。

此外,在国防建设如国界的划分、战略的制定或战役的指挥以及国土整治、环境保护、土地利用、农田水利、科学研究等诸多方面都要用到地形图等测绘资料。

随着测绘技术、遥感技术、计算机制图技术的发展,信息更多更全面的数字地形图和 4D 产品不断涌现。这些产品代表了测绘技术的重要发展方向,并已广泛地应用于国民经济建设的各个方面。

二、读图方法

正确地识读地形图是一个工程技术人员必须具备的基本技能,要求其能将地形图上的各种注记、符号的含义准确地判读出来。在地形图识读时,一般按先图外后图内、先地物后地貌、先注记后符号、先主要后次要的顺序逐一识读。

1. 图外注记识读

首先了解该图的测绘年月及测绘单位,判定图的新旧,然后了解图的比例尺、图幅范围、坐标系统、高程系统、等高距及相邻图幅的关系等。

2. 地物识读

地形图识读的主要内容是地物识读。地物识读主要是根据《地形图图式》符号、注记来了解地物的分类和位置,因此熟悉地物符号是提高识读能力的关键。在识读地物时,可按以下几个方面来归类识读。

(1)测量控制点。包括三角点、导线点、图根点、水准点等。

(2)居民地。包括居住房屋、寺庙、学校等。

(3)工矿企业建筑。包括矿井、石油井、加油站、变电室、燃料库、露天设备等,一般指国民经济建设的重要设施。

(4)独立地物是判定方位、确定位置的重要标志,如纪念像、纪念碑、独立树、旗杆、水塔、宝塔、亭等。

(5)道路。包括公路、铁路、涵洞、隧道、桥梁、高架桥、天桥、车站等。

(6)管线和垣栅。管线主要包括各种电力线、通信线,以及地上、地下的各种管道、检修井、阀门等。垣栅指长城、砖石城墙、栅栏、围墙、篱笆等。

(7)水系及其附属设施。包括河流、水库、沟渠、湖泊、渡口、拦水坝、码头等。

(8)植被是覆盖在地表上的各种植物的总称。在地形图上可表示出植物分布、类别、面积等,包括树林、旱地、经济林、耕地等。

(9)境界。包括国界、省界、县界、乡界。

3. 地貌识读

地貌主要根据等高线来识读,由等高线的疏密程度及其变化情况判断地面坡度的变化、地势起伏的大体趋势,是否有山头、鞍部、山脊和山谷,其大致的走向如何等。还应熟悉特殊地貌如陡崖、冲沟等的表示方法,这样对地形图上的整个地貌有个基本了解。另外,对地形图上的土质如沙地、戈壁滩、石块地、龟裂地等也应有所了解。

三、地形图应用的基本内容

地形图应用的基本内容包括确定地形图上某点的坐标、两点间的水平距离、某直线的坐标与方位角、某点的高程及两点间的坡度及面积的量算。

(一)确定图上某点的平面坐标

点的平面坐标可以利用地形图上的坐标格网的坐标值确定。

如图 5-15 所示,欲求图上 A 点的坐标,首先找出 A 点所处的小方格,并用直线连接成小正方形 $abcd$,过 A 点作格网线的平行线,交格网边于 g、e 点,再量取 ag 和 ae 的图上长度,即可获得 A 点的坐标为

$$\begin{cases} x_A = x_a + ag \times M \\ y_A = y_a + ae \times M \end{cases} \tag{5-3}$$

式中:M——地形图比例尺分母。

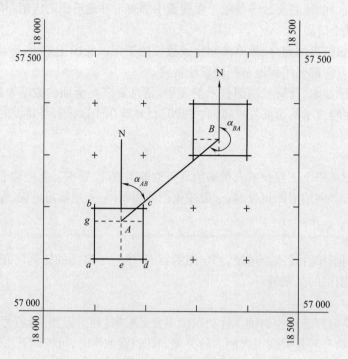

图 5-15 确定图上某点的平面坐标及水平距离

如果精度要求较高,则应考虑图纸伸缩的影响,设图上坐标方格边长的理论值为 l(通常 $l = 100$ mm),则 A 点坐标可按下式计算:

$$\begin{cases} x_A = x_a + \dfrac{l}{ab}ag \times M \\ y_A = y_a + \dfrac{l}{ab}ae \times M \end{cases} \tag{5-4}$$

式中:ab,ad,ag,ae ——图上量取的长度(单位为 cm)量至 0.1 mm;

　　　M ——比例尺分母。

(二) 求图上两点间的水平距离

确定图上两点间的水平距离,可以用两种方法。

1. 图解法

如图 5-15 所示,欲求 A,B 两点间的距离,可以直接用直尺量取 A,B 两点间的图上长度 d_{AB},再根据比例尺计算两点间的距离 D_{AB},即

$$D_{AB} = d_{AB} \times M \tag{5-5}$$

也可以直接用卡规在图上直接卡出线段长度,再与图示比例尺比量,得出图上两点间的水平距离。

2. 解析法

解析法即利用两点的坐标计算出两点间的距离。

如图 5.15 所示,先按式(5-3)求出 A,B 两点的坐标值,然后按下式计算两点的距离。

$$D_{AB} = \sqrt{(x_B - x_A)^2 + (y_B - y_A)^2} \tag{5-6}$$

一般来说,解析法求距离的精度高于图解法,但图解法更方便、直接,而且若地形图上有图示比例尺,用图解法既方便,又能保证精度。

(三) 确定图上某直线的坐标与方位角

1. 解析法

如图 5-15 所示,欲求 A,B 两点间连线的坐标方位角,可以先求出 A,B 两点间的坐标,然后按下式计

算 AB 直线的方位角 α_{AB}。

$$\alpha_{AB} = \arctan\frac{y_B - y_A}{x_B - x_A} \tag{5-7}$$

2. 图解法

如果精度要求不高,也可以过 A,B 两点分别作坐标纵轴的平行线,然后测量专用量角器量出 α_{AB} 和 α_{BA},取其平均值作为最后结果,即

$$\overline{\alpha_{AB}} = \frac{1}{2}\left[\alpha_{AB} + (\alpha_{BA} \pm 180°)\right] \tag{5-8}$$

这种方法受量角器最小分划的限制,精度不高,但比较方便。

(四)确定图上某点的高程

如果所求点恰好位于某等高线上,该点高程即为该等高线的高程。如图 5-16 所示,图上 A 点高程为 38 m。若所求点不在等高线上,则应根据比例内插法确定该点的高程。在图 5-16 中,欲求 B 点高程,首先过 B 点作相邻两条等高线的近似公垂线,与等高线相交于 m,n 两点,在图上量取 mn 和 mB 的长度,则 B 点高程为

$$H_B = H_m + \frac{mB}{mn}h \tag{5-9}$$

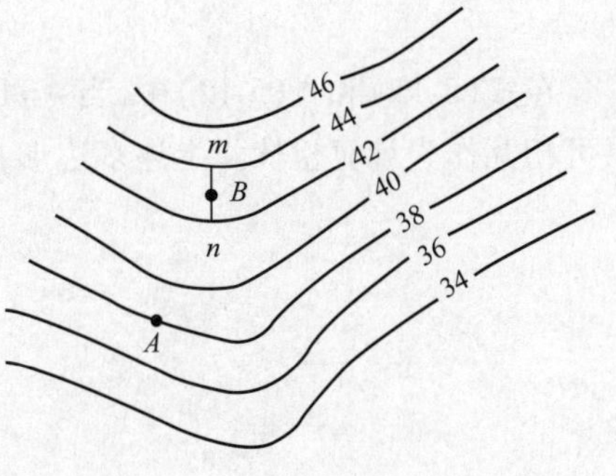

式中:h——等高距(单位为 m);

H_m——m 点的高程。

图 5-16　确定图上某点的高程

实际求图上的某点高程时,常用目估法判断 mB 和 mn 的比例来确定 B 点的高程。

(五)确定图上两点间的坡度

在图 5-15 中,若求 A,B 两点间的坡度,必须先用式(5-9)求出两点的高程,则 AB 直线的平均坡度为

$$i = \frac{h_{AB}}{D_{AB}} = \frac{H_B - H_A}{D_{AB}} \tag{5-10}$$

式中:h_{AB}——A,B 两点间的高差;

D_{AB}——A,B 两点间的实际水平距离;

i——一般用百分率(%)或千分率(‰)表示。

按式(5-10)求得的是两点间的平均坡度,当直线跨越多条等高线,且相邻等高线之间的平距不等时,则所求的坡度与实地坡度不完全一致。

四、图形面积的量算

在实践中求得地形图上面积的方法很多,应根据不同的精度要求、现有的量算工具情况选择不同的方法。

(一)几何图形法

当所量算的图形为多边形时,可将多边形划分为若干几何图形来计算。常用的几何图形有三角形、梯形和矩形等。一般是利用分规和比例尺,在图上直接量出几何图形的各几何要素(一般为线段长度),通过公式计算面积。

如图 5-17 所示,想要得到多边形 12345 的面积,可先将其分解成Ⅰ,Ⅱ,Ⅲ三个三角形,分别求出各三角形面积,然后计算面积总和即可得到整个多边形的面积。

(二)坐标计算法

若多边形面积较大,且各顶点的坐标已知,则可以根据公式用坐标计算面积。如图 5-18 所示,$ABCD$ 为任意四边形,各顶点按顺时针方向编号,其坐标分别为 (x_1, y_1),(x_2, y_2),(x_3, y_3),(x_4, y_4),各顶点向 x 轴投影得 A',B',C',D' 点,则四边形 $ABCD$ 的面积等于梯形 $C'CDD'$ 的面积加梯形 $DD'AA'$ 减去梯形 $CC'BB'$ 和梯形 $BB'AA'$ 的面积,即

$$A = \frac{1}{2}(y_3 + y_4)(x_3 - x_4) + \frac{1}{2}(y_4 + y_1)(x_4 - x_1) -$$

$$\frac{1}{2}(y_3 + y_2)(x_3 + x_2) - \frac{1}{2}(y_2 + y_1)(x_2 - x_1)$$

$$= \frac{1}{2}[x_1(y_2 - y_4) + x_2(y_3 - y_1) + x_3(y_4 - y_2) + x_4(y_1 - y_3)]$$

若多边形有 n 个顶点,则上式可推广为

$$A = \frac{1}{2}\sum_{i=1}^{n} x_i(y_{i+1} - y_{i-1}) \tag{5-11}$$

若将各顶点投影于 y 轴,同理可得

$$A = \frac{1}{2}\sum_{i=1}^{n} y_i(x_{i+1} - x_{i-1}) \tag{5-12}$$

在式(5-11)和式(5-12)中,当 $i = 1$ 时,$i - 1$ 取 n;当 $i = n$ 时,$i + 1$ 取 1。式(5-11)和式(5-12)计算的结果可相互作为计算检核。上述多边形若按逆时针编号,则面积值为负号,但最终取值为正。

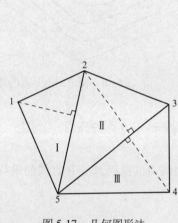

图 5-17　几何图形法

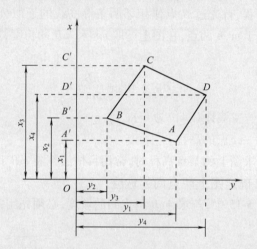

图 5-18　坐标计算法

(三)膜方法

膜方法是利用透明胶片、玻璃、赛璐珞等制成的模片,在模片上建立一组有单位面积的方格、平行线等,利用这种模片覆盖图形,量算出图形的图上面积值,再根据地形图的比例尺,计算出所测图形的实地面积。根据模片的不同,可分为以下两种方法。

1. 透明方格法

如图 5-19 所示,在透明模片上绘制有正方形格网,每个小方格的边长为 1 mm,将其覆盖在待测算面积的图形上,数出图形内整方格数 n_1 和不是整格的方格数 n_2,由此计算总格数,$n = n_1 + \frac{1}{2}n_2$,然后用总格数 n 乘以每格所代表的实际面积,即得所求图形的面积。

2. 平行线法

如图 5-20 所示,欲计算曲线内的面积,可用绘有间距为 d 的平行线透明纸蒙在待测图形上,也可将平行线直接绘在图形上,由此将欲测面积的图形分成若干近似梯形。用尺量出各梯形中间(图中虚线)长度 c,由下式可计算图上面积 A:

$$A_{图} = c_1 d + c_2 d + \cdots + c_n d$$

则实地面积为

$$A_{实} = \sum_{i=1}^{n} c_i d \times M^2 \tag{5-13}$$

式中:M——地形图比例尺分母。

膜方法量算工作简单,方法容易掌握,同时又能保证一定的精度,因此在曲边图形面积量算中是一种常用的方法。

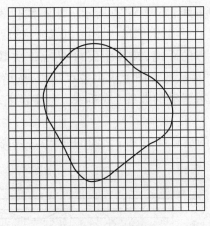

图 5-19 透明方格网

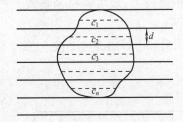

图 5-20 平行线法

（四）求积仪法

求积仪是一种可在图纸上量算各种不同形状图形面积的仪器,有机械求积仪和电子求积仪两种。电子求积仪具有操作简单、功能全、精度高等特点。

图 5-21 是日本 KP-90N 型电子求积仪。该仪器由动极轴、电子计算器和跟踪臂三部分组成。动极轴两端为金属滚轮(动极),可在垂直于动极轴的方向上滚动。计算器与动极轴之间由活动枢纽连接,使得计算器能绕枢纽旋转。跟踪臂与计算器固连在一起,右端是描迹放大镜,用以走描图形的边界。借助动机的滚动和跟踪臂绕的旋转,可使描迹放大器红圈中心沿图形边缘运动。仪器底面有一积分轮,它随描迹放大镜的移动而转动,并获得一种模拟量。微型编码器安装在下面,它可将积分轮所得模拟量转换成电量,测量得到的数据经专用电子计算器运算后,直接按八位数将面积值显示在显示器上。

具体量测时,可先将欲测面积的地形图水平固定在图板上,将仪器放在图形轮廓的中间偏左处,动极轴与跟踪臂大致垂直,描迹放大镜大致放在图形中央,然后在图形轮廓线上标记起点,如图 5-22 所示。测量时,先打开电源开关,用手握住描迹放大镜,使描迹镜中心点对准起点,按下"STAR"键后沿图形轮廓线顺时针方向移动,准确地跟踪一周后回到起点,再按"OVER"键。此后显示器上显示的数值,即为所测量的图形面积,再开始测量前,可选单位为 m² 或 km²,将比例尺分母输入计算器,当测量一周回到起点时,即得所测图形的实地面积。

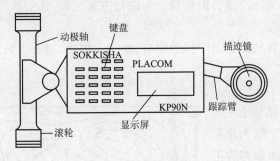

图 5-21 电子求积仪

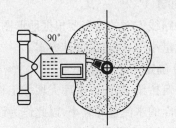

图 5-22 电子求积仪工作

有关电子求积仪的具体操作方法及其他功能可参阅使用说明书。

五、工程建设中地形图的应用

工程建设中地形图的应用包括绘制一定方向的地形断面图、按限制坡度线选择最短路线、确定汇水面积、进行土地整理及土石方量的估算。

（一）绘制一定方向的地形断面图

在道路、管线等各种线路工程设计中,为了进行填挖方量的计算,以及合理地确定线路的纵坡,都需要了解沿线路方向的地面起伏情况,为此要按设计线路绘制纵断面图,利用地形图可绘制纵断面图。

如图 5-23 所示的地形图,其比例尺为 1:2 000,等高线为 1 m。欲沿 MN 路线绘制纵断面图,可在绘图纸或方格纸上绘制 MN 水平线,过 M 点作 MN 的垂线,如图 5-24 所示。水平线代表水平距离,其比例尺与地形图相同;垂直线代表高程,其比例尺通常比平距比例尺大 $10 \sim 20$ 倍。然后沿 MN 方向线依次量取与等高线的交点 $a,b,c,d,\cdots,i,N$ 等点至 M 点的距离,按其距离自 M 点依次截取于直线 MN 上,测得 $M,a,b,c,d,\cdots,i,N$ 点在直线 MN 上的位置。再从地形图上求出各点高程,按给定比例尺绘在横轴相应各点的垂线上,最后将相邻垂线上的高程点用平滑的曲线(或折线)连接起来,即得路线 MN 方向的纵断面图。

断面经过山脊和山谷的方向变换点,如 f 和 g 之间的最高点,h 和 i 之间的最低点,其高程可按比例尺内插求得。

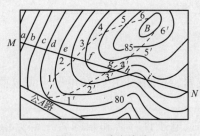

图 5-23　确定线路

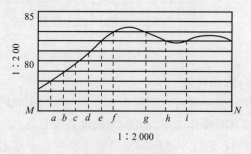

图 5-24　纵断面图

(二)按限制坡度线选择最短路线

在线路工程方案设计时,常常要根据地形图选择某一限制的线路,即设计要求在不超过某一限制坡度条件下,选定一条最短路线。

如图 5-23 所示,设从某道路边 A 点到高地 B 点选定一条公路线,要求最大坡度不超过 5% ,为满足限制坡度的要求,首先根据式(5-14)求出相邻等高线之间满足限制坡度要求的最小平距,即

$$d_{\min} = \frac{h}{i \times M} = \frac{1}{0.05 \times 2\ 000} = 0.010\ \text{m} \tag{5-14}$$

设计时,以 A 点为圆心,以 $d_{\min} = 1$ cm 为半径画圆弧交 81 m 等高线于点 1;再以 1 为圆心,以 1 cm 为半径画弧,与 82 m 等高线交于点 2;依次作法,到 B 点为止,将各点连接即行 $A - 1 - 2 - 3 - 4 - 5 - 6 - B$ 限制坡度的最短路线。若起点 A 不是正好在等高线上,应先单独求出起点 A 至第一根等高线的满足限制坡度的最小平距后,再按上述方法作图。另外,如果等高线的平距大于 $d_{\min}$,画弧时将不能与另一条等高线相交,这说明地面坡度小于限制坡度,此时要根据最短路线方向敷设。为进行方案比较,还需作出另一路径图形,如 $A,1',2',\cdots,B$。

最终路线方案的确定要根据地形图综合考虑各种因素对工程的影响,如少占耕地、避开滑坡地带、土石方工程量小等,以获得最佳方案。

(三)确定汇水面积

在修筑桥梁、涵洞或水库大坝等工程中,往往要知道汇集于这个地面的水流量的大小,以此作为设计桥涵尺寸,大坝位置、高度等的一个重要依据。汇集水流量的区域面积称为汇水面积。

雨、雪水是沿着山脊线即分水线,流向两侧的,因此汇水面积的边界线就是由一系列的山脊线连接而成。如图 5-25 所示,一条公路经过山谷,拟在 m 处架桥或修涵洞,其孔径大小应根据流经该处的水量决定,而水量与山谷的汇水面积有关。由图 5-25 看出,公路 ab 断面与该山谷相邻的山脊线 bc、cd、de、ef、fg、ga 所围成的面积就是该山谷的汇水面积。量测出面积大小,再结合气象、水文资料,便可进一步确定流经 m 处的水量。

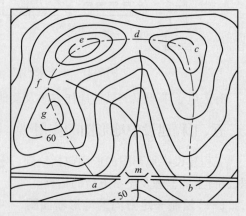

图 5-25　确定汇水面积

（四）土地整理及土石方量的估算

在建筑工程中,除对建筑物要作合理的平面布置外,往往还要对建筑区域内的自然地貌进行改造、平整,以满足建筑工程的需要。这种地貌的改造称为土地整理。利用地形图可进行土地整理的挖填土石方量的估算。下面介绍建筑场地整理成水平面时常用的几种方法。

1. 方格网法

建筑场地的整理面积较大时常用此法。图 5-26 为 1:1 000 地形图。要求将地形改造成水平面,步骤如下:

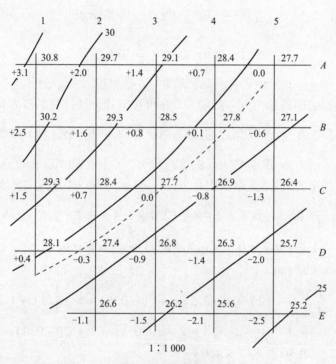

图 5-26　方格网法

(1)绘方格网并求格网点高程。在地形图上绘出工程区域内的方格网,方格网边长主要取决于地形的复杂程度、地形图的比例尺以及土石方估算的精度要求,一般取 10 m 或 20 m,然后根据等高线目估内插求出各格网点高程,标注在格网点右上方。

(2)计算场地平整的设计高程。大多数工程要求挖方量和填方量大致平衡,这时设计高程可按下述方法计算:先将每一小方格的 4 个各点的高程相加并除以 4,可求出各小方格的平均高程,再将各小方格平均高程求各除以方格总数,即得设计高程,即

$$H_{设} = \frac{1}{n} \sum_{i=1}^{n} H_i \tag{5-15}$$

式中:H_i——各小方格平均高程;

n——方格总数。

从计算设计高程的过程和图 5-26 可以看出,方格网格点高程在式(5-15)中所用到时的数具有一定的规律。方格网角点 $A1,A5,E5,E2,D1$ 的高程只用了一次,边点 $A2,A3,A4,B1,C1$ 等的高程用到两次,拐点 $D2$ 的高程用到三次,中点 $B2,B3,B4,C2$ 等的高程用到四次,因此式(5-15)可改为以下形式:

$$H_{设} = \frac{\sum H_角 + 2 \sum H_边 + 3 \sum H_拐 + 4 \sum H_中}{4n} \tag{5-16}$$

将图 5-26 中各格点的高程代入式(5-16)中,可求设计高程:

$$H_{设} = \frac{1}{4 \times 15}(138.4 + 277.7 \times 2 + 27.3 \times 3 + 221.7 \times 4)\text{m} = 27.713\ 3\ \text{m}$$

取 $H = 27.7$ m,再根据等高线内插原理,即可绘出 27.7 m 的等高线(见图 5-26 中虚线),此线为不填不挖的界线,也称为零线。

(3)计算挖填高度。用各格点高程减设计高程即得各格点的挖或填的高度,即

$$挖填高度 = 地面高程 - 设计高程 \qquad (5\text{-}17)$$

将按式(5-16)求得的设计高程和图5-26中方格网各格点的地面高程代入式(5-17),即可求出各格点的挖填高度,标注在对应格点的左下方。当求出的挖填高度为正时,表示挖方,为负时表示填方。

(4)计算挖填方量。挖填方量可根据方格网各格点的控填高度,各格点在方格网中的位置(顶点、边点、拐点或中点)以及小方格面积分别按下式计算:

$$角点:挖(填)高度 \times \frac{1}{4} 方格面积$$

$$边点:挖(填)高度 \times \frac{1}{2} 方格面积$$

$$拐点:挖(填)高度 \times \frac{3}{4} 方格面积$$

$$中点:挖(填)高度 \times 方格面积$$

将挖方和填方分别求和,即得总挖方和总填方。还可按下式分别计算总挖方和总填方:

$$总挖方总挖(填)方 = \frac{1}{4}\big[(角点挖(填)高度总和 + 边点挖(填)高度总和 \times 2 +$$
$$拐点挖(填)高度总和 \times 3 + 中点挖(填)高度总和 \times 4) \times 方格面积\big]$$

如图5-26所示的实例中,若设小方格面积为 $20\ m \times 20\ m = 400\ m^2$,则总挖(填)方量为

$$总挖方 = \frac{1}{4}\big[(3.1 + 0.0 + 0.4) + (2.0 + 1.4 + 0.7 + 2.5 + 1.5) \times 2 +$$
$$(1.6 + 0.8 + 0.1 + 0.7 + 0.0) \times 4\big] \times 400\ m^3$$
$$= 3\ 250\ m^3$$

$$总填方 = \frac{1}{4}\big\{[(-1.1) + (-2.5)] + [(-0.6) + (-1.3) + (-2.0) +$$
$$(-2.1) + (-1.5)] \times 2 + (-0.3) \times 3 + [(-0.8) + (-1.4) +$$
$$(-0.9)] \times 4\big\} \times 400\ m^3$$
$$= -3\ 190\ m^3$$

2. 断面法

在道路和管线建设中,若计算沿中线至两侧一定范围内线状地形的土石方时常用断面法。该方法是在施工场地的范围内,利用地形图以一定的间距绘出断面图,然后求出断面上由设计高程线与断面上的地面高程曲线围成的挖方面积和填方面积,计算出相邻断面间的挖(填)方量,最后求和即为总挖(填)方量。

如图5-27所示,地形图的比例尺是1:1 000,矩形范围是欲建道路的平整范围,设计高程为47 m。首先在矩形内每隔一定间距(一般为10~40 m)绘出相互平行的断面方向线1—1,2—2,…,6—6;然后按一定比例尺绘出各断面图,并将设计高程线展绘在断面图上;在断面图上,分别求出设计高程线与断面图所包围的挖方面积 A_{Wi} 和填方面积 A_{Ti} (i 表示断面编号);最后计算相邻两断面间的土方量。例如1—1和2—2两断面间的土方量为:

填方量:
$$V_T = \frac{1}{2}(A_{T1} + A_{T2})d$$

挖方量:
$$V_W = \frac{1}{2}(A_{W1} + A_{W2})d$$

同法可计算其他相邻断面的土石方量,最后求出矩形场地范围的总挖方量和总填方量。

3. 等高线法

当地面起伏较大,且仅计算挖方时,可采用等高线法。此法是先在地形图上求出各条等高线所围成的面积,然后计算相邻等高线所围面积的平均值,乘上等高距,得出各等高线之间的土方量,再求和即得总挖方量。

如图5-28所示,地形图等高距为2 m,设计高程为55 m,在图上内插绘出高程为55 m的等高线,再分别求出55 m,56 m,58 m,60 m,62 m五条等高线各自围成的面积 A_{55}, A_{56}, A_{58}, A_{60}, A_{62},即可算出等高线之间的土石方量:

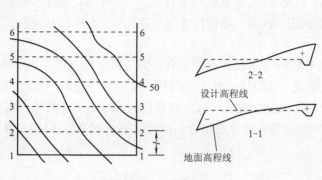

图 5-27　平均断面法

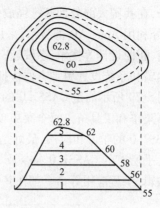

图 5-28　等高线法

$$V_1 = \frac{1}{2}(A_{55} + A_{56}) \times 1$$

$$V_2 = \frac{1}{2}(A_{56} + A_{58}) \times 2$$

$$V_3 = \frac{1}{2}(A_{58} + A_{60}) \times 2$$

$$V_4 = \frac{1}{2}(A_{60} + A_{62}) \times 2$$

$$V_5 = \frac{1}{3}A_{62} \times 0.8$$

V_5 是 62 m 等高线以上山头顶部的土方量,则总土方量为

$$\sum V = V_1 + V_2 + V_3 + V_4 + V_5$$

当需要将施工场地平整成具有一定坡度的倾斜面时,仍然可采用方格法。这时需要将倾斜面的设计等高线(在地形图上是一组平行线)绘制在地形图上,用设计等高线求方格顶点的设计高程。设计等高线与地形图上相同高程的地面等高线的交点,即为不填不挖点(又称零点),连接各零点,则得挖填边界线(零线)。

以上三种估算土石方量的方法各有特点,应根据场地地形条件及任务要求选用。当要求估算土石方量的精度较高时,往往需要实测格网图、断面图或地形图,然后估算土石方量。

活动三　数字地形图的工程应用

过去人们在纸质地形图上进行的各种量测工作,利用数字地形图同样可以完成,而且精度更高,速度更快。在 Auto CAD、南方 CASS 等软件环境下,利用数字地形图可以很容易地获取各种地形信息,如量测各个点的坐标、任意两点间距离、直线的方位角、点的高程、两点间坡度等。利用数字地形图,还可以建立数字地面模型(Digital Terrain Model,DTM)。利用 DTM 可以进行地表面积计算、DTM 体积计算,确定场地平整的填挖边界,计算挖、填方量,绘制不同比例尺的等高线地形图,绘制断面图等。

DTM 还是地理信息系统(Geographic Information System,GIS)的基础资料,可用于土地利用现状分析、土地规划管理和灾情预警分析等。在工业上,利用数字地形测量的原理建立工业品的数字表面模型,能详细地表示出表面结构复杂的工业品的形状,据此进行计算机辅助设计和制造。

随着科学技术的高速发展和社会信息化程度的不断提高,数字地形图将会发挥越来越大的作用。

一、南方 CASS7. 0 简介

南方地形地籍成图软件 CASS 是广州南方测绘仪器公司基于 AutoCAD 平台开发的 GIS 前端数据采集系统。CASS 主要应用于地形成图、地籍成图、工程测量应用三大领域。它全面面向 GIS,彻底打通了数字化成图系统与 GIS 的接口;使用骨架线实时编辑、简码用户化、GIS 无缝接口等先进技术。自 CASS 软件推

出以来,在我国大部分地区已经成为主流成图软件。CASS7.0 是以 AutoCAD 2004 或 AutoCAD 2006 为平台,充分利用 AutoCAD 的技术,采用真彩色 XP 风格界面,重新编写和优化了程序代码,加强了等高线、电子平板、断面设计等技术,系统运行更高效、更稳定。同时大量使用快捷工具按钮,全新 CELL 技术使数据浏览编辑和系统设置更加方便快捷。

图 5-29 所示的是 CASS7.0 的操作界面。CASS7.0 的操作界面主要分为三部分——顶部下拉菜单、右侧屏幕菜单和工具条。每个菜单项均以对话框或命令行提示的方式与用户交互应答,操作灵活方便。对于 CASS7.0 的学习和应用,最好是边阅读软件使用说明书边操作,应在操作的基础上来理解和运用。

几乎所有的 CASS7.0 命令及 AutoCAD 2006 的编辑命令都包含在顶部的下拉菜单中,例如文件管理、图形编辑、工程应用等命令都在其中。

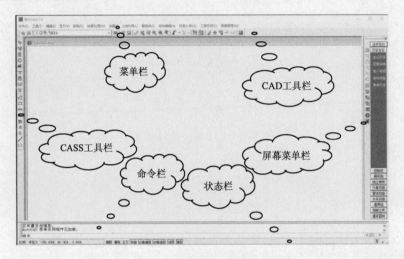

图 5-29   CASS7.0 的操作界面

二、工程应用功能操作

在数字地形图上,用 CASS7.0 软件的"工程应用"下拉菜单可以进行查询指定点坐标、查询线长、查询两点距离及方位、查询实体面积和计算表面积,指定区域的面积,计算填、挖土方量等命令的操作,这些命令位于"工程应用"菜单中,如图 5-30 所示。下面介绍工程常用应用功能的操作。

(一)查询计算与结果注记

1. 查询指定点坐标

选择"工程应用"→"查询指定点坐标"命令,然后进行以下两种操作之一:一是单击要查询的点;二是先进入点号定位方式,然后输入要查询的点号。

说明:系统左下角状态栏显示的坐标是笛卡儿坐标系中的坐标,与测量坐标系的 x 和 y 的顺序相反。用此功能查询时,系统在命令行给出的 x,y 是测量坐标系的值。

2. 查询两点距离

选择"工程应用"→"查询两点距离及方位"命令,分别单击所要查询的两点;也可以先进入点号定位方式,再输入两点的点号。

3. 查询线长

选择"工程应用"→"查询线长"命令,单击图上曲线。完成响应后,CASS7.0 会弹出提示对话框,给出查询的线长值。

4. 查询封闭对象的面积

选择"工程应用"→"查询实体面积"命令即可。

5. 注记封闭对象的面积

选择"工程应用"→"计算指定范围的面积"命令。注记图中全部封闭房屋的面积并填充斜线的操作

图 5-30   "工程应用"菜单

提示及输入如下:

①选目标/②选图层/③选指定图层的目标<1>2

选图层:jmd(输入图层名,注记图层全部封闭对象面积。)

是否对统计区域加青色阴影线?(1)是 (2)否<1>Enter

注意,CASS 将各类房屋放置在 JMD(居民地)图层;面积注记文字位于封闭对象的中央,并自动放置在 MJZJ(面积注记)图层。

6. 统计注记面积

统计全部房屋面积的方法为选择"工程应用"→"统计指定区域的面积"命令。命令提示及输入如下:

面积统计——可用:窗口(w.c)/多边形窗口(WP.CP)/…多种方式选择已计算过面积的区域

选择对象:all

选择对象:Enter

总面积=x.xxx 平方米

也可单击单个面积注记文字;当面积注记文字较分散时,可使用窗选方式选择面积注记对象,CASS7.0 自动过滤出 MJZJ 为当前图层,冻结其余图层选择。

7. 计算指定点围成的面积

在"工程应用"菜单项下,有子菜单"计算指定点所围成的面积"命令。单击待查询的实体边界线即可,要注意查询实体应该是闭合的。

选择"工程应用"→"指定点所围成的面积"命令,操作提示及输入如下:

输入点:

输入点:Enter

指定点所围成的面积=x.xxx 平方米

CASS7.0 计算出指定点围城的多边形面积结果只在命令行提示,不注记在图上。

8. 测区 DTM 表面积计算

对于整个测区 DTM 的表面积计算,只需将测区 DTM 中每个单网格的表面积求和,即

$$S = \sum_{i=1}^{N} S_i \tag{5-18}$$

在 CASS7.0 中,对于不规则地貌,其表面积很难通过常规的方法来计算。在这里可以通过建模的方法来计算,系统通过 DTM 建模,在三维空间内将高程点连接为带坡度的三角形,再通过每个三角形面积累加得到整个范围内不规则地貌的面积。

选择"工程应用"→"计算表面积"→"根据坐标文件"命令,命令区提示;

请选择:(1)根据坐标数据文件 (2)根据图上高程点:回车选1;

选择土方边界线用拾取框选择图上的复合线边界;

请输入边界插值间隔(米):<20>5 输入在边界上插点的密度;

表面积=4377.830 平方米,详见 surface.log 文件显示计算结果,surface.log 文件保存在\CASS7.O\SYSTEM 目录下面。

另外,还可以根据图上高程点计算表面积。操作的步骤与上相同,但计算的结果会有差异,因为由坐标文件计算时,边界上内插点的高程由全部的高程点参与计算得到,而由图上高程点来计算时,边界上内插点只与被选中的点有关,故边界上点的高程会影响到表面积的结果。到底由哪种方法计算合理与边界线周边的地形变化条件有关,变化越大的,越趋向于由图面上来选择。

(二)土方量计算

在工程建设中,经常要进行土方量的计算,这实际上是一个体积计算问题。由于各种实际工程项目不同,地形复杂程度不同,因此需计算体积的形体是复杂多样的。

1. 利用 DTM 计算土方量

由 DTM 来计算土方量是根据实地测定的地面点坐标(x, y, z)和设计高程,通过生成三角网来计算每一个三棱锥的填挖方量,最后累计得到指定范围内填方和挖方的土方量,并绘出填挖方分界线。

DTM 法土方计算共有两种方法:一种是进行完全计算;一种是依照图上的三角网进行计算。完全计

算法包含重新建立三角网的过程,又分"根据坐标计算"和"根据图上高程点计算"两种方法;依照图上三角网法直接采用图上已有的三角形,不再重建三角网。

在 CASS7.0 软件中,可以很方便地使用数字高程模型法进行土方量计算,具体的操作步骤如下:

DTM 法土方量计算的第一种方法:完全计算法包含重新建立三角网的过程,又分"根据坐标计算"和"根据图上高程点计算"两种方法,依照图上三角网法直接采用图上已有的三角形,不再重建三角网。下面简述三种方法的操作过程:

1)根据坐标计算

用复合线画出所要计算土方的区域,一定要闭合,但是尽量不要拟合,因为拟合过的曲线在进行土方计算时会用折线选代影响计算结果的精度。

(1)选择"工程应用"→"DTM 法土方计算"→"根据坐标文件"命令。屏幕提示:

选择边界线　　单击所画的闭合复合线。

请输入边界插值间隔(米)　　边界插值间隔设定的默认值为 20 m。

(2)屏幕上将弹出选择高程坐标文件的对话框,在对话框中选择所需坐标文件。屏幕提示:

平场面积 = ×××× 平方米　　该值为复合线围成的多边彤的水平投影面积。

平场标高(米)　　输入设计高程。

(3)回车后屏幕上显示填挖方的提示框,命令行显示:

挖方量 = ×××× 立方米,填方量 = ×××× 立方米

同时图上绘出所分析的三角网、填挖方的分界线(白色线条)。

(4)关闭对话框后系统提示:

请指定表格左下角位置:<直接回车不绘表格>

在图上适当位置单击,CASS7.0 会在该处绘出一个表格,包含平场面积、最大高程、最小高程、平场标高、填方量、挖方量和图形。

2)根据图上高程点计算

首先要展绘高程点,然后用复合线画出所要计算土方的区域,要求与根据坐标计算法相同。

(1)选择"工程应用"→"DTM 法土方计算"→"根据图上高程点计算"命令。屏幕提示:

选择边界线　　单击所画的闭合复合线

请输入边界插值间隔(米):<20>　　边界插值间隔设定的默认值为 20 m。

(2)选择高程点或控制点,此时可逐个选取要参与计算的高程点或控制点,也可拖框选择。如果输入"ALL"并按[Enter]键,将选取图上所有已经绘出的高程点或控制点。屏幕提示:

平场面积 = ×××× 平方米

平场标高(米)　　键入设计高程

回车后屏幕上显示填挖方的提示框,命令行显示:

挖方量 = ×××× 立方米,填方量 = ×××× 立方米

同时图上绘出所分析的三角网、填挖方的分界线(白色线条)。

关闭对话框后系统提示:

请指定表格左下角位置:<直接回车不绘表格>

用鼠标在图上适当位置单击,CASS7.0 会在该处绘出一个表格,包含平场面积、最大高程、最小高程、平场标高、填方量、挖方量和图形。

3)根据图上的三角形计算

对用上面的完全计算功能生成的三角网进行必要的添加和删除,使结果符合实际地形。

(1)选择"工程应用"→"DTM 法土方计算"→"依图上三角网计算"命令。屏幕提示:

平场标高(米)　　输入平整的目标高程。

请在图上选取三角网　　用鼠标在图上选取三角形,可以逐个选取也可拉框批量选取。

(2)回车后屏幕上显示填挖方的提示框,同时图上绘出所分析的三角网、填挖方的分界线(白色线条)。

注意:用此方法计算土方量时不要求给定区域边界,因为系统会分析所有被选取的三角形,因此,在选

择三角形时一定要注意不要漏选或多选,否则计算结果有误,且很难检查出问题所在。

2. 利用等高线计算土方量

具体操作方法如下:

(1)选择"工程应用"→"等高线法土方计算"命令。屏幕提示:

选择参与计算的封闭等高线   可逐个点取参与计算的等高线,也可按住鼠标左键拖框选取。但是只有封闭的等高线才有效。

回车后屏幕提示:

输入最高点高程:<直接回车不考虑最高点 >

回车后屏幕提示:

请指定表格左上角位置:<直接回车不绘制表格 >

在图上空白区域右击,系统将在该点绘出计算成果表格。

3. 方格法计算土方量

在 CASS7.0 中,可以很方便地使用方格网法进行土方量计算,具体方法如下:

系统首先将方格的四个角上的高程相加(如果角上没有高程点,通过周围高程点内插得出其高程),取平均值与设计高程相减。然后通过指定的方格边长得到每个方格的面积,再用长方体的体积计算公式得到填挖方量。因此,用这种方法算出来的土石方量与用其他方法得出的结果会有较大的差异。一般说来,这种方法得出的结果精度不太高,这是由于这种方法算法的局限性所致。但是方格网法简便直观,加上土方的计算本身对精度要求不是很高,因此这一方法在实际工作中还是非常实用的。

用方格网法计算土方量,设计面可以是水平的,也可以是倾斜的。

1)水平设计面的操作步骤

用复合线画出所要计算土方的区域,一定要闭合,但是尽量不要拟合。因为拟合过的曲线在进行土方计算时会用折线迭代,影响计算结果的精度。

(1)选择"工程应用"→"方格网法土方计算"命令。屏幕上将弹出选择高程坐标文件的对话框,在对话框中选择所需坐标文件。屏幕提示:

选择土方计算边界线   单击所画的闭合复合线。

输入方格宽度:(米) <20>   这是每个方格的边长,默认值为 20 m。由原理可知,方格的宽度越小,计算精度越高。但如果给的值太小,超过了野外采集的点的密度也是没有实际意义的。

最小高程=××××,最大高程=××××

设计面是:(1)平面(2)斜面 <1>   直接回车。

输入目标高程:(米)   输入设计高程。

回车后命令行显示:

挖方量=××××立方米,填方量=××××立方米

同时图上绘出所分析的方格网,填挖方的分界线(白色点线),并给出每个方格的填挖方,每行的挖方和每列的填方。

2)斜面设计面的操作步骤

用复合线画出所要计算土方的区域,一定要闭合,但是尽量不要拟合,因为拟合过的曲线在进行土方计算时会用折线迭代,影响计算结果的精度。

(1)选择"工程应用"→"方格网法土方计算"命令。屏幕上将弹出选择高程坐标文件的对话框,在对话框中选择所需坐标文件。屏幕提示:

选择土方计算边界线   单击所画的闭合复合线。

输入方格宽度:(米) <20>   这是每个方格的边长,默认值为 20 m。由原理可知,方格的宽度越小,计算精度越高。但如果给的值太小,超过了野外采集的点的密度也是没有实际意义的。

最小高程=××××,最大高程=××××

设计面是:(1)平面(2)斜面 <1>   选2。

点取高程相等的基准线上两点,第一点:在斜面坡底处点鼠标左键。第二点:在斜面的坡底另一端,找到一个与第一点高程相等的点,如果实在无法定点,可以估计一个近似的点。这两点的连线将构成此斜面

的所有横断面线。因此,这两点的高程应一致,否则会影响计算精度。

输入基准线设计高程:(米)　　输入上步所定两点连线的设计高程。

斜面的坡度为百分之　　输入设计斜面的坡度,相当于纵断面的坡度。

指定高程高的方向　　这一步将决定斜坡的走向,如果当指定此点后,从基准线到指定点的方向,是上升坡。

这时图上绘出所分析的方格网,每个方格顶点的地面高程和计算得到的设计高程、填挖方的分界线(白色点线),并给出每个方格的填方($r = \times\times\times$)、挖方($Ⅳ = \times\times\times$),每行的挖方和每列的填方。

(三)断面图绘制

工程设计中,当需要知道某一方向的地面起伏情况时,可按此方向直线与等高线交点求得平距与高程,绘制断面图。

为了明显地表示地面的起伏变化,高程比例尺通常取水平距离比例尺的 10~20 倍。为了正确地反映地面的起伏形状,方向线与地性线(山谷线、山脊线)的交点必须在断面图上表示出来,以使绘制的断面曲线更符合实际地貌,其高程可按比例内插求得。

在 CASS7.0 中,绘制断面图的方法有两种:一种是由图面生成;另一种是根据里程文件生成。

1. 由图面生成

由图面生成某测区的断面图有根据坐标文件和根据图上高程点两种方法,现以根据坐标文件为例:

(1)用复合线生成断面线,选择"工程应用"→"绘断面图"→"根据坐标文件"命令。

(2)选择断面线,单击上步所绘断面线,屏幕上弹出"输入高程点数据文件名"对话框,在此选择高程点数据文件。如果选"根据图上高程点",则为在图上选取高程点。

请输入采样点间距(米):<20>　　输入采样点的间距,系统的默认值为 20 m。采样点的间距的含义是复合线上两顶点之间若大于此间距,则每隔此间距内插一个点。

输入起始里程 <0.0>　　系统默认起始里程为 0。

横向比例为 1: <500>　　输入横向比例,系统的默认值为 1:500。

纵向比例为 1: <100>　　输入纵向比例,系统的默认值为 1:100。

请输入隔多少里程绘一个标尺(米) <直接回车只在两侧绘标尺>

在屏幕上出现所选断面线的断面图。

命令行提示:

是否绘制平面图? (1)否(2)是 <1>　　用于在图上绘出平面图的结果。

2. 根据里程文件生成

根据里程文件绘制断面图,里程文件格式参见 CASS《参考手册》。一个里程文件可包含多个断面的信息,此时绘断面图就可一次绘出多个断面。里程文件的一个断面信息内允许有该断面不同时期的断面数据,这样绘制这个断面时就可以同时绘出实际断面线和设计断面线。

3. 图面恢复

在进行完成绘制工作之后,可选择"工程应用"→"图面恢复"命令,删除断面图,恢复先前的图形显示。

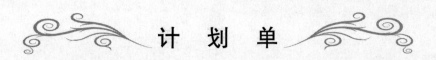

计 划 单

学习领域	建筑施工测量		
学习情境三	大比例尺地形图的应用与测量	工作任务5	大比例尺地形图的工程应用
计划方式	小组讨论、团结协作共同制订计划	计划学时	0.5
序 号	实施步骤		具体工作内容描述
制订计划说明	（写出制订计划中人员为完成任务的主要建议或可以借鉴的建议、需要解释的某一方面）		
计划评价	班 级		第 组	组长签字	
	教师签字		日 期	
	评语：			

决 策 单

学习领域	建筑施工测量			
学习情境三	大比例尺地形图的应用与测量	**工作任务5**	大比例尺地形图的工程应用	
决策学时	0.5			
	序号	方案的可行性	方案的先进性	实施难度	综合评价
	1				
	2				
	3				
	4				
方案对比	5				
	6				
	7				
	8				
	9				
	10				
	班　级		第　　组	组长签字	
	教师签字		日　期		
决策评价	评语：				

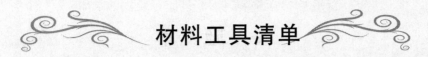

材料工具清单

学习领域	建筑施工测量					
学习情境三	大比例尺地形图的应用与测量			工作任务5	大比例尺地形图的工程应用	
清单要求	根据工作任务列出所需材料工具的名称、作用、型号及数量,标明使用前后的状况,并在说明中写明材料工具之间的相对联系或关系。					
序号	名称	作用	型号	数量	使用前状况	使用后状况
1						
2						
3						
4						
5						
6						
7						
8						
9						
10						

说明:(请简要说明各材料工具之间的相对联系或关系)

班　级		第　组	组长签字	
教师签字			日　期	
评　语				

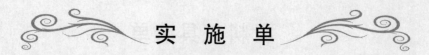

实 施 单

学习领域	建筑施工测量		
学习情境三	大比例尺地形图的应用与测量	工作任务5	大比例尺地形图的工程应用
实施方式	小组成员合作,共同研讨确定动手实践的实施步骤,每人均填写实施单	实施学时	4
序　号	实施步骤		使用资源
1			
2			
3			
4			
5			
6			
7			
8			

实施说明:

班　级		第　　组	组长签字	
教师签字			日　期	
评　语				

作 业 单

学习领域	建筑施工测量		
学习情境三	大比例尺地形图的应用与测量	工作任务5	大比例尺地形图的工程应用
实施方式	小组成员动手实践,学生自己记录、计算测量数据、绘制测设略图		

（在此绘制记录表和测设略图,不够请加附页）

班　级		第　组		组长签字	
教师签字				日　期	
评　语					

检 查 单

学习领域	建筑施工测量			
学习情境三	大比例尺地形图的应用与测量	工作任务5	大比例尺地形图的工程应用	
检查学时	0.5			
序号	检查项目	检查标准	组内互查	教师检查
1	工作程序	是否正确		
2	完成的报告的点位数据	是否完整、正确		
3	测量记录	是否正确、整洁		
4	报告记录	是否完整、清晰		
5	描述工作过程	是否完整、正确		

	班　级		第　组	组长签字	
	教师签字		日　期		
检查评价	评语：				

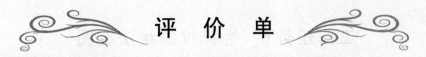

评 价 单

学习领域	建筑施工测量				
学习情境三	大比例尺地形图的应用与测量		工作任务5	大比例尺地形图的工程应用	
评价学时	0.5				
考核项目	考核内容及要求	分值	学生自评（10%）	小组评分（20%）	教师评分（70%）	实得分
计划编制（20）	工作程序的完整性	10				
	步骤内容描述	8				
	计划的规范性	2				
工作过程（45）	记录清晰、数据正确	10				
	布设点位正确	5				
	报告完整性	30				
基本操作（10）	操作程序正确	5				
	操作符合限差要求	5				
安全文明（10）	叙述工作过程应注意的安全事项	5				
	工具正确使用和保养、放置规范	5				
完成时间（5）	能够在要求的 90 min 内完成，每超时 5 min扣1 分	5				
合作性（10）	独立完成任务得满分	10				
	在组内成员帮助下完成得6分					
总分（∑）		100				

班　级		姓　名		学　号		总　评	
教师签字		第　组	组长签字			日　期	

评价评语	评语：

工作任务6　经纬仪测绘法测图

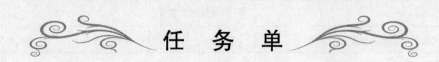

任　务　单

学习领域	建筑施工测量		
学习情境三	大比例尺地形图的应用与测量	工作任务6	经纬仪测绘法测图
任务学时	10		

布 置 任 务					
工作目标	1. 掌握测图各项准备工作、碎部点的选择、测量与绘制； 2. 掌握经纬仪测绘法测绘地形图的内容与步骤； 3. 学会根据实测结果进行地形图的绘制； 4. 能够在学习的工作中锻炼专业能力、方法能力和社会能力等职业能力。				
任务描述	欲测量某场地地形图，应先做好测图前准备工作：包括整理本测区的控制点成果和测区内可利用的资料，勾绘出测图范围，制订计划、组织人员、准备仪器及其检校，绘制坐标网格并展绘控制点；外业测量工作包括：先进行图根控制测量（包括高程控制测量和平面控制测量），然后以图根点为测站，用经纬仪测定其周围的地物、地貌的特征点的平面位置和高程；内页整理并成图：依照测量成果数据将点位按测图比例尺缩绘在图纸上，然后根据地形图图式规定的符号，勾绘出地物地貌的位置、形状和大小，形成地形图。				
学时安排	资讯	计划	决策或分工	实施	检查	评价
	2 学时	0.5 学时	0.5 学时	6 学时	0.5 学时	0.5 学时
提供资料	1. 某区域测量控制点资料； 2. 某区域地形图； 3. 工程测量规范； 4. 测量员岗位工作技术标准。				
对学生的要求	1. 具备建筑工程识图与绘图的基础知识； 2. 具备建筑工程构造的知识； 3. 具备几何方面的基础知识； 4. 具备一定的自学能力、数据计算能力、沟通协调能力、语言表达能力和团队意识； 5. 严格遵守课堂纪律，不迟到、不早退；学习态度认真、端正； 6. 每位同学必须积极参与小组讨论； 7. 每组均完成"经纬仪测绘法测图"工作的报告单。				

资 讯 单

学习领域	建筑施工测量		
学习情境三	大比例尺地形图的应用与测量	**工作任务6**	经纬仪测绘法测图
资讯学时	2		
资讯方式	在图书馆杂志、教材、互联网及信息单上查询问题;咨询任课教师		
资讯问题	问题一:地形图测绘应遵循什么原则? 描述其工作过程。		
	问题二:编制测图技术设计书包括哪些内容?		
	问题三:测图前需做好哪些准备工作?		
	问题四:什么是经纬仪测绘法? 其碎部测量的方法有哪些?		
	问题五:碎部点的选择有哪些要素? 举例描述。		
	问题六:一个测站点的测绘工作包括哪些工作内容?		
	问题七:碎部测量有哪些注意事项?		
	问题八:如何进行地物、地貌的描绘?		
	问题九:如何进行地形图的拼接、检查与整饰?		
	问题十:如何求等高线的通过点?		
	问题十一:如何勾绘等高线?		
	学生需要单独资讯的问题……		
资讯引导	1. 在本教材信息单中查找; 2. 在《测量员岗位技术标准》中查找。		

信 息 单

地形图测绘应遵循"先高级后低级、先整体后局部、先控制后碎部"的原则进行，即先进行图根控制测量(包括高程控制测量和平面控制测量)，以图根点为测站，测定其周围的地物、地貌的特征点的平面位置和高程，并按测图比例尺缩绘在图纸上，然后根据地形图图式规定的符号，勾绘出地物地貌的位置、形状和大小，形成地形图。测绘地形图的方法很多，如经纬仪测绘法、小平板仪与经纬仪联合测绘法、大平板仪测绘法、摄影测量及全站式电子测速仪测图等。本工作任务介绍用经纬仪测绘法测绘大比例尺地形图。

活动一　编制大比例尺测图的技术设计书

编制测图技术设计书是提前对一项测图工作的工作预设，是包括人力、物力、技术以及未来财务预算的一个整体规划和指导性文件。

1. 技术计划(设计)的作用

测绘工作是进行基本建设的先行步骤。技术计划(勘察纲要)是为了保证测量工作在技术上合理、可靠，在经济上节省人力、物力，有计划有步骤地开展工作，同时便于上级检查与指导，以保证及时提交精确的地形资料，满足设计的需要。

2. 设计书的编写依据

根据上级下达的测量任务书和有关部门颁发的测量规范与细则，并依据所收集的资料(包括测区踏勘等资料)来编制技术计划。

在编制技术设计之前，应预先搜集并研究测区内及测区附近已有测量成果资料，扼要说明其测量单位、施测年代、等级、精度、比例尺、规范依据、范围、平面和高程坐标系统、投影带号、标石保存情况及可以利用的程度等。

3. 技术设计的主要内容

技术计划的主要内容：任务概述，测区情况，已有资料及其分析，技术方案的设计，组织与劳动计划，仪器配备及供应计划，财务预算，检查验收计划，以及安全措施等。

测量任务书：应明确工程项目或编号，设计阶段以及测量目的，测区范围(附图)及工作量，对测量工作的主要技术要求和特殊要求，以及上缴资料的种类和日期等。

4. 测区坐标系统的使用

1)平面坐标系统

国家坐标系统：当测区范围较大，测区内或附近有国家控制点，国家坐标系统在测区的变形不超过规范的要求时，可使用国家坐标系统。

独立坐标系统：当国家坐标系统在测区的变形超过规范的规定时，不论测区范围大小都应采用独立坐标系统。测区范围较大时，采用国家点作为控制点，但应建立独立坐标系统。

投影改正：当采用国家坐标系统时，应将实测的水平边长投影至大地水准面，并归化至高斯投影平面。

2)高程系统

国家高程系统：应尽量采用国家高程系统，即 1985 国家高程基准或 1956 黄海高程系。

利用原有水准点：对于扩建和改建的工程测图，为保持两次测图的高程一致，可以利用原来的水准点高程。

5. 技术设计的编制

1)实地踏勘

凡影响测量工作安排和进展的问题，均应到测区进行实地调查，其中包括人文风俗、自然地理条件、交通运输、气象情况等。踏勘时还应核对旧有的标石和点之记。初步考虑地形控制网(图根控制网)的布设方案和必须采取的措施。

2)地形控制方案设计

根据收集的资料及现场踏勘情况，在旧有地形图(或小比例尺地形图)上拟订地形控制的布设方案，进行必要的精度估算。有时需要提出若干方案进行技术要求与经济核算方面的比较。对地形控制网的图形、施测、点的密度和平差计算等因素进行全面的分析,并确定最后采用的方案。实地选点时,在满足技术规定的条件下还容许对方案进行局部修改。

3)注意事项

测量工作的各生产过程(野外踏勘、选点、埋石、观测等)中要尽量避免工伤事故,减少仪器设备损坏,确保安全生产。测量人员要熟悉操作方法,执行安全规则,严格遵守规范细则,注意防病、防火,不断提高作业效率。

活动二　测图前的准备工作

一、整理控制点成果及资料

测图前应整理本测区的控制点成果和测区内可利用的资料,勾绘出测图范围。

二、制订计划、组织人员、准备仪器及其检校

制订好工作计划和施测方案及技术要求等,组织安排好测绘人员,对测图用的仪器应进行检验与校正,其他必要的测量工具应准备齐全。经纬仪测绘法测绘大比例尺地形图需要的仪器工具有经纬仪、视距尺、测图板、量角器和比例尺。

三、图纸准备

对于临时性测图,可选择质地较好的白图纸并将图纸直接固定在图板上进行测绘。若要长期保存使用,一般选用五色透明的聚酯薄膜。聚酯薄膜厚度为 0.07～0.10 mm,一面打毛。这种图纸经过热处理定型后,具有透明度好、伸缩性小、不怕潮湿、经久耐用、可用清水或淡肥皂水洗涤图纸上的污物等优点,并且着墨后可直接在图纸上复晒蓝图。但聚酯薄膜有易燃、易折等缺点,故在使用保管过程中应注意防火、防折。为了减少图纸变形,还可将图纸裱糊在金属板或胶合板上保存。

四、绘制坐标网格

为了准确地将图根控制点绘制在图纸上,首先要在图纸上精确的绘制 10 cm×10 cm 的直角坐标方格网。绘制坐标方格网常用对角线法、格网尺法和绘图仪法。

1. 对角线法

如图 6-1 所示,先沿图纸的四个角上绘出两条对角线交于 O 点,以其 O 点起,在对角线上量取 OA,OB,OC,OD 四段相等的长度得 A,B,C,D 四点,用直线连接各点,得矩形 $ABCD$。再从 A,B 两点起各沿 AD,BC 方向每隔 10 cm 截取一点,从 A,D 两点起各沿 AB,DC 方向每隔 10 cm 截取一点,连接各对应边的相应点,即得坐标方格网。

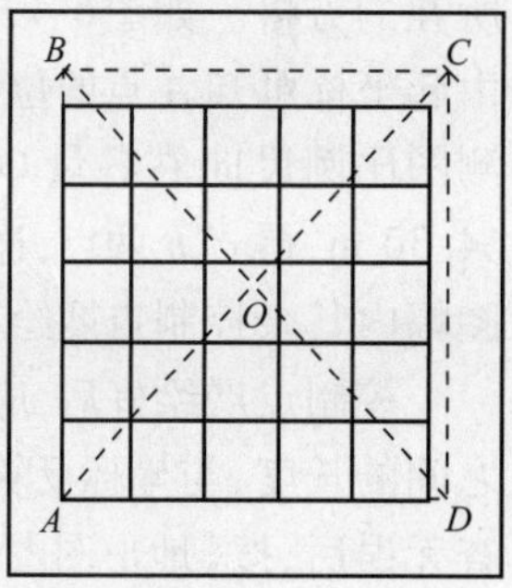

2. 格网尺法

格网尺是一种金属的直尺,如图 6-2 所示,用以绘制 50 cm×50 cm 的坐标方格网。尺上每个 10 cm 有一方孔,起始孔中的直线上刻有零点,其余各孔的斜边是以零点为圆心,分别以 10 cm,20 cm,…,50 cm 为半径的圆弧,尺段圆弧的半径为 50 cm×50 cm 正方形的对角线长度。

图 6-1　对角线法

用格网尺绘制坐标格网的步骤:将尺子放在图纸的下边缘,沿直尺边画一直线作为图廓边。在直线上适当位置选一点 o,将尺子零点对准 o 点,并使尺上各孔都通过该直线,沿五个孔的斜边画线与直线相交,并定出末点 p,如图 6-3(a)所示;将尺置于 op 直线的垂直方向上,并使零点对准 p 点,沿各孔的斜边画弧线,如图 6-3(b)所示;并将尺子置于对角线上,以零

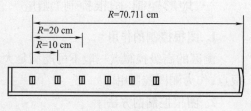

图 6-2　网格尺

点对准 o 点,如图 6-3(c)所示,沿尺子末端的斜边画弧线,与图 6-3(c)位置右上方的第一条弧线相交于 m 点,连接 p,m 得方格网右边线 pm,如图 6-3(d)所示;同法可画出方格网的左边线 on。将尺子置于图 6-3(e)所示的位置,检验 mn 的长度应等于 50 cm,并沿尺子各孔斜边画出 10 cm,20 cm,30 cm,40 cm 的弧线,再画出上边线 mn,连接各对应边的相应点,即得坐标方格网,如图 6-3(f)所示。

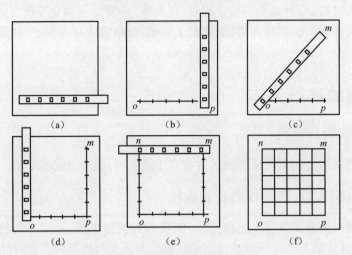

图 6-3　格网尺绘制坐标方格网

3. 绘图仪法

绘图仪法指在计算机中用绘图软件如 AutoCAD 等编辑好坐标格网图形,然后用绘图仪输出在图纸上。

坐标方格网画好后,要用直尺检查各方格网的交点是否在同一直线上,其偏离值不应超过 0.2 mm。用比例尺检查 10 cm 小方格的边长与其理论值相差不应超过 0.2 mm。小方格对角线长度(14.14 cm)误差不应超过 0.3 mm。如超过限差,应重新绘制。

五、展绘控制点

展绘控制点前,首先按图的分幅位置将坐标格网线的坐标值在相应方格网边线的外侧。(见图 6-4)。展点时,先根据控制点的坐标确定其所在的方格。如图 6-4 中控制点 A 的坐标 $x_A = 764.30$ m,$y_A = 566.15$ m,由起坐标可知 A 点的位置在 klmn 方格内。再按 y 坐标值分别从 l,k 点按测图比例尺向右各量 66.15 m,得 d,c 两点。同法,从 k,n 点向上各量 64.30 m,得 a,b 两点,连接 a,b 和 c,d,其交点即为 A 点的位置。同法将图幅内其余控制点展绘在图纸上,各点的符号应绘出。

控制点展绘好后,应进行校核。方法是用比例尺量出各相邻控制点之间的长度,与坐标反算长度相比较,其差值不应超过图上 0.3 mm。检查无误后,按《地形图图式》的规定将各点的点号和高程标注在图上相应的位置。

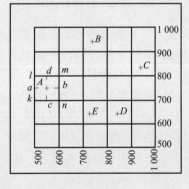

图 6-4　展点

活动三　用经纬仪测绘法测绘地形图

一、地形控制(图根控制)测量

1. 图根控制的作用

测区的高级控制点一般不可能满足大比例尺测图的需要,这时应布置适当数量的地形控制点,称为图根点,作为测图控制用。

2. 图根控制的方法

地形控制测量的方法,可根据测区的条件,布设中点多边形、线形锁,还可以根据地形隐蔽情况,布设导线、经纬仪测角交会等。

导线应尽量布设成直伸形状,相邻边长不宜相差太大,其主要技术指标可参考表6-1。

表6-1 图根点密度表

测图比例尺	每平方千米的控制点数	每幅图控制点数	相邻控制点最大边长/m
1∶5 000	4	20	540
1∶2 000	15	15	280
1∶1 000	40	10	170
1∶500	120	8	100

3. 图根控制点的数量

地形控制点(包括已知高级控制点)的个数,应根据地形的复杂、破碎程度或隐蔽情况而决定其数量。一般平坦而开阔的地区,每平方千米范围内,对于1∶2 000比例尺测图应不少于15个,1∶1 000比例尺则不少于40个,1∶500比例尺为120个。

二、碎部测量

(一) 碎部点的选择

测绘地形图时,地物、地貌的特征点称为碎部点,因此地形图的测量又称碎部测量,也就是测定碎部点的平面位置和高程并按测图比例尺缩绘在图纸上的工作。碎部点选择的是否正确恰当恰是影响成图质量和测图效率的关键因素。

1. 地物的特征点

地物的特征点指决定地物形状的地物轮廓线上的转折点、交叉点、弯曲点及独立地物的中心等,如房角点、道路转折点、交叉点、河岸线转弯点、窨井中心点等。连接这些特征点,便可得到与实地相似的地物形状。一般规定主要地物凸凹部分在图上大于0.4 mm均要表示出来。在地形图上小于0.4 m,可以用直线连接。

2. 地貌的特征点

地面上的各种地形虽然十分复杂,但可以看成由向着各个方向倾斜和具有不同坡度的面组成的多面体。而山脊线、山谷线、山脚线等地性线是多面体的棱线。因此,地貌的特征点应选在这些地形线的转折点(方向变化和坡度变化处)上。此外还应选择山头、鞍部、洼坑底部等处。根据这些特征点的高程勾绘等高线,即可将地貌在图上表示出来。在地面平坦的地方或坡度无明显变化的地区,碎部点的间距和测碎部点的最大视距和城市建筑区的最大视距,见表6-2。

表6-2 碎部点的最大间距和最大视距

测图比例尺	地貌点最大间距/m	最大视距/m			
		主要地物点		次要地物点和地貌点	
		一般地区	城市建筑区	一般地区	城市建筑区
1∶500	15	60	50	100	70
1∶1 000	30	100	80	150	120
1∶2 000	50	180	120	250	200
1∶5 000	100	300	—	350	—

(二) 测定碎部点的方法
1. 极坐标法

根据测站点上的一个已知方向,测定已知方向与所求点方向的角度和量测测站点至所求点的距离,以确定所求点位置的一种方法。

如图6-5所示,A,B为地面上两个已知测站点,在图上的相应点为a,b。欲将某房屋测绘到图纸上,置经纬仪在A点上,经整平、对中,以ab进行定向,用照准仪瞄准房屋的房角1,在图纸上绘出a1'的方向线,用视距(或用皮尺丈量)测出 A1 的距离,根据所用的测图比例尺化算,得到图上长度为 a1′,则地面上房角 1 在图上的位置为 1′。用同样的方法可测得房角 2′,3′,根据房屋的形状,在图上连接 1′,2′,3′各点便可得到房屋在图上的位置。

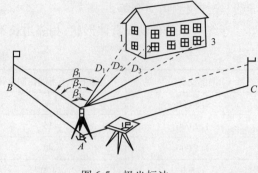

此法适用于通视良好的开阔地区,施测的范围较大。测定地物时,绝大部分特征点的位置都是独立测定的,不会产生误差的累积。少数特征点测错时,在描绘地物、地貌时一般能从对比中发现,便于现场改正。

图 6-5　极坐标法

2. 方向交会法

方向交会法又称角度交会法,是分别在两个已知测点上对同一个碎部点进行方向交会以确定碎部点位置的一种方法。

方向交会法常用于测绘目标明显、距离较远、易于瞄准的碎部点,如电杆、水塔、烟囱等地物。其优点是可不测距离而求得碎部点的位置,若使用恰当,可节省立尺点的数量,提高作业速度。

3. 高程的测定方法及注记

使用经纬仪测定碎部点平面位置的同时,用三角高程的方法测定碎部点的高程,施测完碎部点的平面位置和高程后,应立即在碎部点旁注记碎部点的高程,用小点表示,并在小点的旁边注记高程,如"·53.2"或"·48.78"等,其位数根据比例尺确定,高程应以米为单位。

三、一个测站点的测绘工作

经纬仪测绘法是将经纬仪安置在测站上,测定碎部点的方向与已知方向之间的夹角,并用视距测量方法测出测站点至碎部点的平距及碎部点的高程。绘图板安置于测站旁,根据测定数据,用量角器(又称半圆仪)和比例尺把碎部点的平面位置展绘在图纸上,并在点的右侧注明其高程。最后对照实地描绘地物和地貌。一个测站上的测绘工作步骤如下:

1. 安置仪器

如图 6-6 所示,将经纬仪安置于测站点 A 上,对中、整平,并量出仪器高度 i。

2. 定向

用经纬仪盘左位置瞄准另一控制点 B,设置水平度盘读数为 0°00′00″。B 点称为后视点,AB 方向称为起始方向或后视方向。在小平板上固定好图纸,并安置在测站附近,注意使图纸上控制边方向与地面上相应控制边方向大致相同。连接图上对应的控制点 a,b,并适当延长 ab 线,ab 即为图上起始方向线。然后用小针通过量角器圆心插在 a 点,使量角器圆心 a 固定在点上。

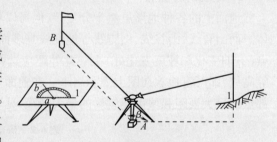

图 6-6　经纬仪测图

3. 立尺

立尺员将视距尺依次立在地物和地貌的碎部点上。立尺前,立尺员应根据实地情况及本测站实测范围,按照"概括全貌、点少、能检核"的原则选定立尺点,并与观测员、绘图员共同商定跑尺路线。比如,在平坦地区跑尺,可由近及远,再由远及近地跑尺,立尺结束时处于测站附近;在丘陵或山区,可沿地性线或等高线跑尺。

4. 观测

观测员转动经纬仪照准部,瞄准 1 点视距尺,读尺间隔、中丝读数 v、竖盘读数及水平角。同法观测周围 2,3,…各点。

5. 记录与计算

记录员将测得的尺间隔、中丝读数、竖盘读数及水平角等数据依次填入地形测量手簿(见表 6-3)中。对特殊的碎部点,如道路交叉口、山顶、鞍部等,还应在备注中加以说明,以备查用。然后根据测得数据按视距测量计算公式计算水平距离 D 和高程 H。

表 6-3　地形测量手簿

测站：A　定向点：B　　　　　　　　　　　　　仪器高 $i=1.42$　　　　指标差 $x=0''$

测站高程 $H_A=207.40$ m　　　　　　　　　　　仪器：DJ_6

点号	尺间隔 l/m	中丝读数 v/m	竖盘读数 L/(°′)	竖直角 α/(°′)	水平角 β/(°′)	水平距离 D/m	高程 H/m	备注
1	0.76	1.42	93　28	−3　28	97　00	75.7	202.81	山脚
2	0.75	2.42	93　00	−3　00	150　30	74.8	202.48	山顶

6. 展点

绘图员转动量角器，将量角器上等于水平角值（如碎部点 1 的水平角 $\beta_1=114°00'$）的刻画线对准起始方向线 ab，如图 6-7 所示。此时量角器的零方向便是碎部点 1 的位置，用铅笔在图上标定，并在点的右侧注明其高程。同法，将其余各碎部点的平面位置及高程绘于图上。

7. 绘图

参照实地情况，随测随绘，按照《地形图图式》规定的符号将地物和等高线绘制出来。地形图上的线划、符号和注记一般在现场完成。

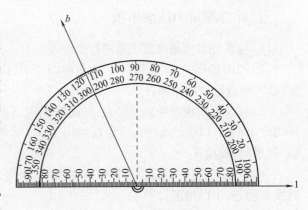

图 6-7　量角器

仪器搬到下一站时，应先观测前站所测的某些明显碎部点，以检测由两站测得该点的平面位置和高程是否相符。如相差较大，则应查明原因，纠正错误，再继续进行测绘。

四、增补测站点

地形图测绘时应充分利用已布设测定的控制点和图根点。当图根点的密度不够时，可以根据具体情况采用支导线法、内、外插点法和图解交会法增补测站点，以满足测图的需要。

1. 支导线法

如图 6-8 所示，从图根导线点 B 测定支导线点 1。其施测方法是：在 B 点用 DJ_6（或 DJ_2）经纬仪观测 BA 与 $B1$ 之间的水平夹角 β 一测回；用视距（或量距、光电测距仪测距）测定水平距离 D_{B1}；用经纬仪视距测量方法测出高差 h_{B1}；将仪器搬到 1 点，用同样的方法返测水平距离 D_{1B} 和高差 h_{1B}。距离往返的相对误差不得大于 1/200，高差往返的较差不超过 1/7 基本等高距，成果满足限差要求后，取往返距离和高差的平均值作为施测成果，并求出 1 点的高程，然后将支导线点 1 展绘于图纸上，即可作为增补的测站点的使用。表 6-4 规定了支导线的最大边长及其测量方法。

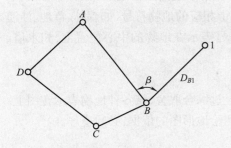

图 6-8　支导线定点

表 6-4　最大边长及测量方法

比例尺	最大边长/m	测量方法	比例尺	最大边长/m	测量方法
1:500	50	实量	1:2 000	160	实量
1:1 000	100	实量	1:2 000	120	视距
1:1 000	70	视距			

2. 内、外插点法

如图 6-9 所示，在图根点 A，B 的连线上选定点 1，称为内插点；或在 A，B 连线的延长线上选定点 2，称为外插点。用经纬仪视距测量方法从 B 点和 1 点（或 2 点）分别测出 D_{B1}，h_{B1}，D_{1B}，h_{1B}（或 D_{B2}，h_{B2}，D_{2B}，h_{2B}）。距离往返相对误差不得大于 1/200，高差往返的较差不超过 1/7 基本等高距，取往返距离和高差的平均值，依此求出 1 点（或 2 点）的高程，并展绘于图纸上，作为增补测站点使用。距离测量也可采用量距和光电测距仪测距，最大边长和测量方法应符合表 6-4 的要求。

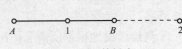

图 6-9　内、外插点

3. 图解交会法

采用交会定点的方法增补测绘点时,前方交会不得少于三个方向,1:2 000 比例尺测图时可采用后方交会,但不得少于四个观测方向。交会角应在30°~150°之间。

所有交会方向应精确交于一点。前方交会出现的示误三角形内切圆直径小于0.4 mm时,可按与交会边长成比例的原则分配,刺出点位。后方交会利用三个方向精确交出点位后,第四个方向检查误差不得超过0.3 mm。

五、碎部测量的注意事项

(1)应事先对所用仪器工具进行检验校正。

(2)测图过程中,每观测20~30个碎部点后,应检查起始方向,其归零差不得超过4′。否则,应重新定向,并检查已测的碎部点。

(3)立尺人员应将视距尺竖直,并随时观察立尺点周围的情况,弄清碎部点之间的关系,地形复杂时还需绘出草图,以协助绘图人员做好绘图工作。绘图人员要注意图面正确、整洁、注记清晰,并做到随测点,随展绘,随检查。

(4)当该站工作结束时,应检查有无漏测、测错,并将图面上的地物、地性线及等高线与实地对照,及时发现问题,予以纠正。

(5)测图工作的基本原则是"点点清、站站清、天天清"。在描绘地物、地貌时,必须遵守"看不清不绘"的原则。

六、地物、地貌的描绘

地物、地貌的描绘一般在测图现场进行,即在碎部点展绘到图纸上后,即可对照实地随时描绘地物和等高线。

(一)地物描绘

地物按《地形图图式》规定的符号描绘。如道路、河流的曲线部分要逐点连成平滑的曲线,建筑物按其轮廓将相邻点用直线连接,不能按比例描绘的地物,应按规定的非比例符号表示。

1. 测绘地物的一般原则

1)地物的分类

自然地物:河流、湖泊、森林、草地、独立岩石等。

人工地物:经过人类物质生产活动改造的地物,如房屋、高压输电线、铁路、水渠、桥梁等。

2)地物的表示原则

对于能依比例尺表示的地物,应将它们水平投影位置的几何形状相似地描绘在地形图上,如房屋、双线河流、运动场等;或者将它们的边界位置表示在图上,边界内再绘上相应的地物符号,如森林、草地、沙漠等。对于不能依比例尺表示的地物,在地形图上是以相应的地物符号表示在地物的中心位置上,如水塔、烟囱、纪念碑、单线道路、单线河流等。

3)地物的表示依据

测绘地物必须根据规定的测图比例尺,按规范和图式的要求,经过综合取舍,将各种地物表示在图上。国家测绘局和有关的勘测部门制定的各种比例尺的规范和图式是测绘地形图的依据,必须遵守。

4)地物的测定方法

地物测绘主要是将地物的形状特征点测定下来,例如,地物轮廓的转折点、交叉点,曲线上的弯曲变换点,独立地物的中心点等。连接这些特征点,便得到与实地相似的地物形状。

2. 居民地的测绘

居民地房屋的排列形式很多,农村中以散列式即不规则的排列房屋较多,城市中的房屋排列比较整齐。

测绘居民地根据所需测图比例尺的不同,在综合取舍方面就不一样。对于居民地的外围轮廓,都应准确测绘。其内部的主要街道以及较大的空地应区分出来。对散列式的居民地、独立房屋应分别测绘。房屋应注记其层数和结构。

测绘房屋时,一般只要测出房屋三个房角的位置,即可确定整个房屋的位置。

3. 道路的测绘

1)铁路

铁路符号按图式规定表示。测绘铁路时,标尺应立于铁轨的中心线上。对于 1∶2 000 或更大比例尺测图时,可测定下列点位。

(1)路堤:铁路中心线、路堤的路肩、路堤的坡底或边沟。铁路线的高程是铁轨面的高程,测出铁轨面的高程后注记在中心线上。

(2)路堑:中心线、路肩、边沟、路堑的上边缘。

铁路的直线部分立尺点可稀,曲线及道岔部分应密,这样才能正确地表达铁路的实际位置。

铁路两旁的附属建筑物如信号灯、板道房、里程碑等,都应按实际位置测出。

2)公路

(1)公路的测定方法:中心线法、边线法等。

(2)高速公路:路面宽及其附属设施,如收费站、斜坡、水沟、绿化带、栅栏或铁丝网等。

(3)等级公路:应注明路基宽和铺面宽、铺设材料、国道。

(4)等外公路:路基宽、铺设材料。

(5)大车路:指农村中比较宽的道路,有的能通行汽车,未铺设路面或简单处理。宽度不均匀时,可取其基本宽度。

(6)小路:主要指居民地之间来往的通道,田间劳动的小路一般不测绘,上山小路应视其重要程度选择测绘。如该地区小路稀少应舍去。

人行小路若与田埂重合应绘小路不绘田埂。

4. 管线的测绘

架空管线、在转折处的支架塔柱应实测,位于直线部分的可用挡距长度在图上以图解法确定。塔柱上有变压器时,变压器的位置按其与塔柱的相应位置绘出。电线和管道用规定符号表示。电力线和通信线之间的连线可不表示。地下光缆按规定符号和需要表示。

5. 水系的测绘

1)水系的界线

水系包括河流、渠道、湖泊、池塘等地物,通常无特殊要求时均以岸边为界,如果要求测出水涯线(水面与地面的交线)、洪水位(历史上最高水位的位置)及平水位(常年一般水位的位置),应按要求在调查研究的基础上进行测绘。

2)湖泊的边界

湖泊的边界经人工整理、筑堤、修有建筑物的地段是明显的,在自然耕地的地段大多不甚明显,测绘时要根据具体情况和用图单位的要求来确定以湖岸或水涯线为准。在不甚明显地段确定湖岸线时,可采用调查平水位的边界或根据农作物的种植位置等方法来定。

3)水系的定位

河流的两岸一般不太规则,在保证精度的前提下,对于小的弯曲和岸边不甚明显的地段可进行适当取舍。对于在图上只能以单线表示的小沟,不必测绘其两岸,只要测出其中心线位置即可。渠道比较规则,有的两岸有堤,测绘时可以参照公路的测法。那些田间临时性的小渠不必测出,以免影响图面清晰。

6. 植被的测绘

1)植被的测绘

测绘植被是为了反映地面的植被情况,所以,要测出各类植被的边界,用地类界符号表示其范围,再加注植被符号和说明。

2)边界的重叠

如地类界与道路、河流、拦栅等实地地物界线重合时,则可不绘出地类界,但与境界、电力线、通信线等实地地面上没有的地物界线重合时,地类界应移位绘出。

(二)地貌的描绘

测绘等高线与测绘地物一样,首先需要确定地貌特征点,然后连接地性线,得到地貌整个骨干的基本轮廓,按等高线的性质,再对照实地情况描绘等高线。不能用等高线表示的特殊地貌如陡崖、崩崖、石堆、独立石、坑穴、冲沟、雨裂等,均按规定的符号绘制。

1. 测定地貌特征点

地貌特征点是指山顶点、鞍部点、山脊线和山谷线的坡度变换点,山坡上的坡度变换点以及山脚与平地相交点等。归纳起来就是各类地貌的坡度变换点,即地貌特征点。

对这些特征点,采用极坐标法或交会法测定其在图纸上的平面位置,用小点表示,并在小点的旁边注记高程。

2. 连接地性线

测定了地貌特征点后,不能马上描绘等高线,必须先连成地性线。通常以实线连接成山脊线,以虚线连成山谷线。地性线连接情况与实地是否相符,直接影响到描绘等高线的逼真程度,应充分注意。地性线应该随着碎部点的陆续测定而随时连接,不要等到所有的碎部点测完后再去连接地性线,以免发生连错点,使等高线不能如实地反映实地地貌的形态。

3. 求等高线的通过点

可以在图上两相邻碎部点的连线上,按平距与高差成比例的关系,定出两点间各条等高线通过的位置。

如图 6-10 所示,地面上两碎部点 A,C 的高程分别为 207.4 m 和 202.8 m,且 A,C 平距为 L。若等高距为 1 m,则其间有高程为 203 m,204 m,205 m,206 m 及 207 m 五条等高线通过。根据平距与高差成比例的原理,便可定出它们在图上位置。先按比例关系目估或者按比例计算 202.8 ~ 203 m 的平距 x_1 定出高程 203 m 的点 m 和 207 ~ 207.4 m 的平距 x_2 定出高程为 207 m 的点 q,

其中平距 x_1 的计算为

$$\frac{x_1}{0.2} = \frac{L}{207.4 - 202.8}$$

则

$$x_1 = \frac{0.2 \times L}{4.6}$$

平距 x_2 的计算为

$$\frac{x_2}{0.4} = \frac{L}{207.4 - 202.8}$$

则

$$x_2 = \frac{0.4 \times L}{4.6}$$

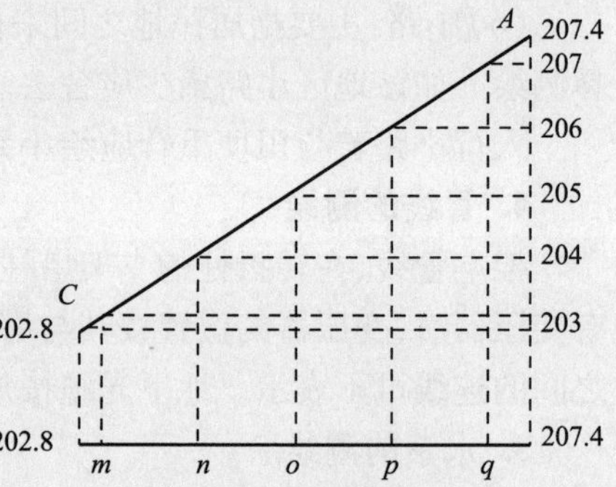

图 6-10　等高线的确定

然后将 mq 的距离四等分,定出高程为 204 m,205 m,206 m 的 n,o,p 点。

同法定出其他相邻两碎部点间等高线应通过的位置。将高程相等的相邻点连成光滑的曲线,即为等高线,如图 6-11 所示。勾绘等高线时,要对照实地情况,先画计曲线,后画首曲线,并注意等高线通过山脊线、山谷线的走向。地形图等高距应根据比例尺的大小和地面起伏情况选定。

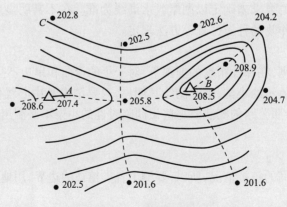

图 6-11　勾绘等高线

碎部测图中,由于同一坡度上的相邻两碎部点在图上的间隔比较近,所以也常用目估内插法来确定等高线通过的点。这样做简单、方便,也能得到比较正确的位置。

4. 勾绘等高线

在两相邻地性线之间求出等高线通过点之后,根据实在情况,将同高的点连起来,不要等到把全部等高线通过点都求出后再勾绘等高线。应一边求等高线通过点,一边勾绘等高线。勾绘时,要对照实地情况来描绘等高线,这样才能逼真地显示出地貌的形态。

5. 各种地貌的测绘

1) 山顶

山顶是山的最高部分,山顶要按实地形状描绘。山顶的形状很多,有尖山顶、圆山顶、平山顶等。各种形状的山顶等高线的表示都不一样。

(1) 尖山顶:山顶附近倾斜比较一致,尖山顶的等高线之间的平距大小相等,即使在顶部,等高线之间的平距也没有多大的变化。测绘时标尺点除立在山顶外,其周围适当立一些就够了。

(2) 圆山顶:顶部坡度比较平缓,然后逐渐变陡,等高线之间的平距在离山顶较远的山坡部分较小,越至山顶,平距逐渐增大,顶部最大。测绘时山顶最高点应立尺,山顶附近坡度逐渐变化的地方也需要立尺。

(3) 平山顶:顶部平坦,到一定范围时坡度突然变化。等高线间的平距,山坡部分较小,但不是向山顶方向逐渐变化,而是到山顶时平距突然增大。测绘时必须特别注意在山顶坡度变化处立尺,否则地貌的真实性将受到显著影响。

2) 山脊

山脊是山体延伸的最高棱线,山脊的等高线均向下坡方向凸出,两侧基本对称,山脊的坡度变化反映了山脊纵断面的起伏情况,山脊等高线的尖圆程度反映了山脊横断面的形状。山地地貌显示得像不像,主要看山脊与山谷,如果山脊测绘得真实、形象,整个山形就比较逼真。测绘山脊要真实地表现其坡度和走向,特别是大的分水线倾斜变换点和山脊、山谷转折点,应形象地表示出来。

山脊的形状可分为尖山脊、圆山脊和台阶状山脊。它们都可通过等高线的弯曲程度表现出来。尖山脊的等高线依山脊延伸方向呈尖角状;圆山脊的等高线依山脊延伸方向呈圆弧形;台阶状山脊的等高线依山脊延伸方向呈疏密不同的方形。

(1) 尖山脊:山脊线比较明显,测绘时除在山脊线上立尺外,两侧山坡也应有适当的立尺点。

(2) 圆山脊:脊部有一定的宽度,测绘时注意正确确定山脊线的实地位置,然后立尺。此外,对山脊两侧山坡也必须注意坡度的逐渐变化,恰如其分地选定立尺点。

(3) 台阶状山脊:注意由脊部至两侧山坡坡度变化的位置,测绘时,恰当地选择立尺点,才能控制山脊的宽度。不要把台阶状山脊的地貌测绘成圆山脊甚至尖山脊的地貌。

3) 山谷

山谷等高线表示的特点与山脊等高线所表示的相反。山谷的形状也可分为尖底谷、圆底谷和平底谷。

(1) 尖底谷:底部尖窄,等高线通过谷底时呈尖状。其下部常常有小溪流,山谷线较明显。测绘时,标尺点应选择在等高线的转弯处。

(2) 圆底谷:底部近于圆弧状,等高线通过谷底时呈圆弧状。圆底谷的山谷线不太明显,测绘时,应注意山谷线的位置和谷底形成的地方。

(3) 平底谷:谷底较宽,底坡平缓,两侧较陡,等高线通过谷底时在其两侧近于直角状。平底谷多系人工开辟耕地之后形成的,测绘时,标尺点应选择在山坡与谷底相交的地方,这样才能控制住山谷的宽度和走向。

4) 鞍部

鞍部是相邻两个山顶之间呈马鞍形的地方,可分为窄短鞍部、窄长鞍部和平宽鞍部。鞍部往往是山区道路通过的地方,有重要的方位作用。测绘时在鞍部的最低点必须有立尺点,以便使等高线的形状正确。鞍部附近的立尺点应视坡度变化情况选择。描绘等高线时要注意鞍部的中心位于分水线的最低位置上,并针对鞍部的特点,抓住两对同高程的等高线分别描绘,即一对高于鞍部的山脊等高线,另一对低于鞍部的山谷等高线,这两对等高线近似地对称。

5) 盆地

盆地是中间低四周高的地形,其等高线的特点与山顶相似,但其高低相反,即外圈的等高线高于内圈的等高线。测绘时,除在盆底最低处立尺外,对于盆底四周及盆壁地形变化的地方均应适当选择立尺点,才能正确显示出盆地的地貌。

6) 山坡

上述几种地貌形状之间都有山坡相连,山坡虽都是倾斜的面,但坡度是有变化的。测绘时标尺位置应选择在坡度变换的地方。坡面上的地形变化实际也就是一些不明显的小山脊、小山谷,等高线的弯曲也不大,因此,必须特别注意选择标尺点的位置,以显示出微小地貌来。

7)梯田

梯田是在高山上、山坡上及山谷中经人工改造了的地貌。梯田有水平梯田和倾斜梯田两种。梯田在地形图上以等高线、符号和高程注记(或坎上坎下的高差注记)结合的形式来表示。

测绘时要沿田坎立标尺,注意等高线的进出点和田坎坎上坎下的高差注记。描绘时应先绘田坎符号,要对照地貌情况,边测边绘等高线,以防错漏。

8)不用等高线表示的地貌

除了用等高线表示的地貌外,还有些地貌如雨裂、冲沟、悬崖、陡壁、砂崩崖、土崩崖等都不能用等高线表示。这些地貌可用测绘地物的方法,测绘其轮廓位置,用图式规定的符号表示。注意这些符号与等高线的关系不要发生矛盾。

9)地貌测绘时的注意事项

(1)主次分明。以上所述是用等高线表示几种基本地貌的测绘方法。实地的地貌是复杂的,是各种地貌要素的综合体,测绘时应区别对待,找出主要的地貌要素,用等高线逼真地表示。

(2)选择测点。测绘时立尺点的选择十分重要,在一个测站上要有统筹考虑,全盘计划。测点太疏,影响图面清晰,增加工作量;测点太疏,不能真实地反映地貌形状。

(3)团结协作。地形图的测绘是集体工作,其中每一个环节都很重要,互相之间要配合好,立尺员和绘图员之间要密切合作,每个立尺点的作用以及点子之间的联系,双方都要清楚,必要时,测绘一段时间之后立尺员应回到测站上向绘图员讲明情况,然后再继续工作。

七、地形图的拼接、检查与整饰

(一)地形图拼接

当测区面积超过一幅图的范围时,必须采用分幅测图。这样,在相邻图幅连接处,由于测量误差和绘图的影响,使得地物轮廓线、等高线往往不能完全吻合。如在图 6-12 中,相邻边的房屋、河流、等高线都有偏差,因此,在相邻图幅测绘完成后需要进行图的拼接修正。一般做法是用宽 5~6 cm 的透明纸蒙在上图幅的接图边上,用铅笔把坐标格网线、地物、地貌符号描绘在透明纸上,然后再把透明纸按坐标格网线位置蒙在下图幅衔接边上,同样用铅笔描绘地貌、地物符号。

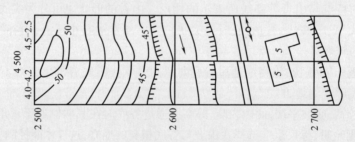

图 6-12　地形图拼接

在地形测绘中,地物点相对于控制点的点位中误差与等高线高程中误差的相应规定见表 6-5。若地物、地貌偏差不超过表 6-5 中规定的 $2\sqrt{2}$ 倍时,则可取其平均位置,在保持地物、地貌相互位置和走向正确的前提下,根据平均位置改正相邻图幅的地物、地貌位置。

表 6-5　地物点位、点间距和等高线高程中误差

地 区 类 型	图上点位中误差 /mm	图上地物点间距中误差 /mm	等高线高程中误差			
			平地	丘陵地	山地	高山地
平地、丘陵地和城市建筑区	0.5	0.4	1/3	1/2	2/3	1
山地、高山地和施测困难的旧街坊内部	0.75	0.6				

(二)地形图的检查

在测图中,测量人员应做到随测随检查。为了保证成图的质量,在地形图测完后,必须对成图质量进

行全面严格的检查。图的检查可分为室内检查和野外检查两部分。

1. 室内检查

室内检查的内容包括：对控制测量的原始数据、外业观测手簿、计算手簿以及控制点成果表进行检查，看资料是否齐全、各项限差是否符合要求等。对图面进行检查，看图面地物、地貌是否清晰易读，各种符号、注记以及描绘质量是否合乎要求，等高线与地貌特征点的高程是否相符，有无矛盾和可疑之处，图边拼接有无问题等。

2. 野外检查

如在室内检查中发现错误和疑点，不可随意修改，应加以记录，并到野外进行实地检查、核对、修改。野外检查分巡视检查和仪器设站检查。

（1）巡视检查。根据室内检查的疑点，按预定的巡视检查路线，进行实地对照查看。主要查看地物、地貌有无遗漏，等高线的勾绘是否逼真，地物取舍是否得当，图式符号运用是否正确等。

（2）仪器设站检查。根据室内检查和野外巡视检查的情况，在野外设站检查，除对以上发现的问题进行修改和补测外，还要对本测站所测地形进行检查，看原测地形图是否符合要求。仪器检查量一般为10% 左右。

（三）地形图的整饰

当原图经过拼接和检查后，还应对地物、地貌进行清绘和整饰，使图面更加合理、清晰、美观。整饰的顺序是先图内后图外，先地物后地貌，先注记后符号。图上的注记、地物以及等高线均按规定的图式进行注记和绘制，但应注意等高线不能通过注记和地物。最后，应按图式要求注明图名、图号、比例尺、坐标系统及高程系统、施测单位、测绘者及施测日期等。

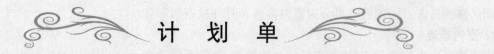

计 划 单

学习领域	建筑施工测量		
学习情境三	大比例尺地形图的应用与测量	工作任务6	经纬仪测绘法测图
计划方式	小组讨论、团结协作共同制订计划	计划学时	0.5
序　号	实施步骤		具体工作内容描述
制订计划说明	（写出制订计划中人员为完成任务的主要建议或可以借鉴的建议、需要解释的某一方面）		
计划评价	班　级		第　组	组长签字	
	教师签字			日　期	
	评语：				

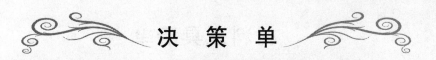

决 策 单

学习领域	建筑施工测量			
学习情境三	大比例尺地形图的应用与测量		工作任务6	经纬仪测绘法测图
决策学时	0.5			

<table>
<tr><td rowspan="11">方案对比</td><td>序号</td><td>方案的可行性</td><td>方案的先进性</td><td>实施难度</td><td>综合评价</td></tr>
<tr><td>1</td><td></td><td></td><td></td><td></td></tr>
<tr><td>2</td><td></td><td></td><td></td><td></td></tr>
<tr><td>3</td><td></td><td></td><td></td><td></td></tr>
<tr><td>4</td><td></td><td></td><td></td><td></td></tr>
<tr><td>5</td><td></td><td></td><td></td><td></td></tr>
<tr><td>6</td><td></td><td></td><td></td><td></td></tr>
<tr><td>7</td><td></td><td></td><td></td><td></td></tr>
<tr><td>8</td><td></td><td></td><td></td><td></td></tr>
<tr><td>9</td><td></td><td></td><td></td><td></td></tr>
<tr><td>10</td><td></td><td></td><td></td><td></td></tr>
</table>

	班　　级		第　　组	组长签字	
	教师签字		日　　期		

决策评价	评语：

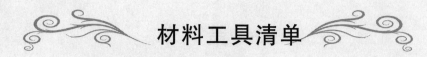

材料工具清单

学习领域	建筑施工测量		
学习情境三	大比例尺地形图的应用与测量	工作任务6	经纬仪测绘法测图
清单要求	根据工作任务列出所需材料工具的名称、作用、型号及数量,标明使用前后的状况,并在说明中写明材料工具之间的相对联系或关系。		

序号	名称	作用	型号	数量	使用前状况	使用后状况
1						
2						
3						
4						
5						
6						
7						
8						
9						
10						

说明:(请简要说明各材料工具之间的相对联系或关系)

班　级		第　组	组长签字	
教师签字			日　期	
评　语				

实 施 单

学习领域	建筑施工测量		
学习情境三	大比例尺地形图的应用与测量	工作任务6	经纬仪测绘法测图
实施方式	小组成员合作,共同研讨确定动手实践的实施步骤,每人均填写实施单	实施学时	6
序 号	实施步骤		使用资源
1			
2			
3			
4			
5			
6			
7			
8			

实施说明:

班 级		第 组	组长签字	
教师签字			日 期	
评 语				

作 业 单

学习领域	建筑施工测量		
学习情境三	大比例尺地形图的应用与测量	**工作任务 6**	经纬仪测绘法测图
实施方式	小组成员动手实践,学生自己记录、计算测量数据、绘制测设略图		

（在此绘制记录表和测设略图,不够请加附页）

班　级		第　组	组长签字	
教师签字			日　期	
评　语				

检 查 单

学习领域	建筑施工测量			
学习情境三	大比例尺地形图的应用与测量	**工作任务6**		经纬仪测绘法测图
检查学时	0.5			
序号	检查项目	检查标准	组内互查	教师检查
1	工作程序	是否正确		
2	完成的报告的点位数据	是否完整、正确		
3	测量记录	是否正确、整洁		
4	报告记录	是否完整、清晰		
5	描述工作过程	是否完整、正确		

	班 级		第 组	组长签字	
	教师签字		日 期		

检查评价	评语：

评 价 单

学习领域	建筑施工测量					
学习情境三	大比例尺地形图的应用与测量		工作任务6		经纬仪测绘法测图	
评价学时	0.5					
考核项目	考核内容及要求	分值	学生自评 （10%）	小组评分 （20%）	教师评分 （70%）	实得分
计划编制 （20）	工作程序的完整性	10				
	步骤内容描述	8				
	计划的规范性	2				
工作过程 （45）	记录清晰、数据正确	10				
	布设点位正确	5				
	报告完整性	30				
基本操作 （10）	操作程序正确	5				
	操作符合限差要求	5				
安全文明 （10）	叙述工作过程应注意的安全事项	5				
	工具正确使用和保养、放置规范	5				
完成时间 （5）	能够在要求的 90 min 内完成，每超时 5 min扣1 分	5				
合作性 （10）	独立完成任务得满分	10				
	在组内成员帮助下完成得6 分					
总分（∑）		100				

	班 级		姓 名		学 号		总 评	
	教师签字		第 组	组长签字			日 期	
评价评语	评语：							

工作任务7 数字化测图

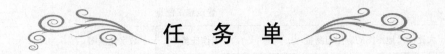

任 务 单

学习领域	建筑施工测量		
学习情境三	大比例尺地形图的应用与测量	工作任务7	数字化测图
任务学时	8		

<table>
<tr><td colspan="6" align="center">布 置 任 务</td></tr>
<tr>
<td>工作目标</td>
<td colspan="5">
1.学会现场用全站仪测量地形图及数据导出；
2.学会现场用 RTK 测量地形图碎部点及数据导出；
3.掌握数字化测图南方测绘的 CASS 软件操作使用；
4.学会根据现场草图用 CASS 软件展绘地形图；
5.能够在学习的工作中锻炼专业能力、方法能力和社会能力等职业能力。
</td>
</tr>
<tr>
<td>任务描述</td>
<td colspan="5">
欲测量某场地地形图,应先做好测图前准备工作,包括整理本测区的控制点成果和测区内可利用的资料,勾绘出测图范围,制订计划、组织人员、准备仪器及其检校,绘制坐标网格并展绘控制点;外业测量工作包括:先进行图根控制测量(包括高程控制测量和平面控制测量),然后以图根点为测站,用全站仪或 RTK 测定其周围的地物、地貌的特征点的平面位置和高程;内业整理并成图:依照测量成果数据将点位按测图比例尺缩绘在图纸上,然后根据地形图图式规定的符号,勾绘出地物地貌的位置、形状和大小,形成地形图。
</td>
</tr>
</table>

学时安排	资讯	计划	决策或分工	实施	检查	评价
	2 学时	0.5 学时	0.5 学时	4 学时	0.5 学时	0.5 学时

<table>
<tr>
<td>提供资料</td>
<td colspan="6">
1.某区域测量控制点资料;
2.全站仪说明书;
3.工程测量规范;
4.RTK 使用说明书。
</td>
</tr>
<tr>
<td>对学生的要求</td>
<td colspan="6">
1.具备建筑工程识图与绘图的基础知识;
2.具备建筑工程构造的知识;
3.具备几何方面的基础知识;
4.具备一定的自学能力、数据计算能力、沟通协调能力、语言表达能力和团队意识;
5.严格遵守课堂纪律,不迟到、不早退;学习态度认真、端正;
6.每位同学必须积极参与小组讨论;
7.每组均完成"数字化测图"工作的报告单。
</td>
</tr>
</table>

资 讯 单

学习领域	建筑施工测量		
学习情境三	大比例尺地形图的应用与测量	工作任务7	数字化测图
资讯学时	2		
资讯方式	在图书馆杂志、教材、互联网及信息单上查询问题;咨询任课教师		
资讯问题	问题一:什么是数字化测图?其测图野外采集工具可以用什么仪器?		
	问题二:全站仪数字化测图中点的表示方法是什么?		
	问题三:全站仪数字化测图的作业过程有哪几个阶段?		
	问题四:描述全站仪坐标测量的操作过程。		
	问题五:什么是数字测记法作业模式?		
	问题六:什么是数字测绘作业模式?		
	问题七:全站仪数字化测图的特点有哪些?		
	问题八:RTK 作业模式和测量原理是什么?		
	问题九:GPS-RTK 测图的作业流程包括哪些?		
	问题十:描述 RTK 技术的工程测量应用。		
	问题十一:描述 RTK 误差来源。		
	学生需要单独资讯的问题……		
资讯引导	1.在本教材信息单中查找; 2.在《测量员岗位技术标准》中查找。		

信 息 单

从广义上说,数字测图应包括:利用电子全站仪或 RTK 测量仪器进行野外数字化测图,利用手扶数字化仪或扫描数字化仪或扫描数字化仪对传统方法测绘原图进行数字化,借助解析测图仪或立体坐标测量仪对航空摄影、遥感照片进行数字化测图等技术。数字测图(Digital Surveying and Mapping,DSM)是一种全新的地形图测绘方式,利用上述技术将采集到的地形数据传输到计算机,由功能齐全的成图软件进行数据处理,并用数控绘图仪或打印机完成地形图和相关数据的输出。

活动一 全站仪数字化测图技术

常规的白纸测图其实质是图解法测图,在测图过程中,将测得的观测值——数字值按图解法转化为静态的线划地形图。全站仪数字化测图的实质是解析法测图,将地形图形信息通过全站仪转化为数字输入计算机,以数字形式存处在存储器(数据库)中形成数字地形图。

一、全站仪数字化测图中点的表示方法

地形图可以分解为点、线、面三种图形元素,其中点是最基本的图形元素。测量工作的实质是测定点位,全站仪具有三维坐标测量功能,可以在一个测站完成可视范围内若干点三维坐标的测量信息并自动保存,简捷、快速、准确、高效。在数字测图中,必须赋予测点三类信息:

(1)点的三维坐标(x,y,H)。全站仪是一种高效、快速的三维测量仪器,很容易做到这一点。

(2)点的属性。点的属性用地形编码来表示,编码应按照 GB 13923—2006《1:500、1:1 000、1:2 000 地形图要素分类与代码》进行,其由四部分组成:大类码、小类码、一级代码、二级代码,分别用一位十进制数字顺序排列。

(3)点的连接信息。测量得到的是点的点位,但表示不出此点是独立的地物,还是要与其他测点相连形成一个地物;是以直线相连还是用曲线或弧线相连。也就是说,还必须给出应连接的连接点和连接线型信息。连接点以其点号表示。线型规定:1 为直线,2 为曲线,3 为弧线,空为独立点。

二、全站仪数字化测图的作业过程

全站仪数字化测图系统的基本硬件为全站仪、电子记录手簿、微型计算机、便携式计算机、打印机、绘图仪。软件系统功能为数据的图形处理、交互方式下的图形编辑、等高线自动生成、地形图绘制等。南方公司的 CASS、清华三位公司的 EPSW 等软件已用于测绘生产中。

全站仪数字化测图分野外数据采集(包括数据编码)、计算机处理、成果输出三个阶段。数据采集是计算机绘图的基础,这一工作主要在外业期间完成。内业进行数据的图形处理,在人机交互方式下进行图形编辑的基础,生成绘图文件,由绘图仪绘制大比例尺地形图等。

(一)全站仪坐标测量

以南方 NTS-300 系列全站仪为例介绍坐标测量的步骤。通过输入仪器高和棱镜高后测量坐标时,可直接测定未知点的坐标。

1. 测站点坐标值的设置(见表 7-1)

表 7-1 测站点坐标值的设置

操 作 过 程	操 作	显 示
①在坐标测量模式下,按 F4 (P1↓)键,转到第二页功能	F4	N: 286.245 m E: 76.233 m Z: 14.568 m 测量 模式 S/A P1↓ 镜高 仪高 测站 P2↓

续表

操作过程	操作	显示
②按 F3（测站）键	F3	N→ 0.000 m E: 0.000 m Z: 0.000 m 输入 回车
③输入 N 坐标	F1 输入数据 F4	N→ 36.976 m E: 0.000 m Z: 0.000 m 输入 回车
④按同样方法输入 E 和 Z 坐标，输入数据后，显示屏返回坐标测量显示		N: 36.976 m E: 298.578 m Z: 45.330 m 测量 模式 S/A P1↓

设置仪器相对于坐标原点的坐标，仪器可自动转换和显示未知点（棱镜点）在该坐标系中的坐标。电源关闭后，将保存测站点坐标。

2. 要设置仪器高和目标高

电源关闭后，可保存仪器高，操作方法见表 7-2。

表 7-2 保存仪器高

操作过程	操作	显示
①在坐标测量模式下，按 F4（P1↓）键，转到第二页功能	F4	N: 286.245 m E: 76.233 m Z: 14.568 m 测量 模式 S/A P1↓ 镜高 仪高 测站 P2↓
②按 F2（仪高）键，显示当前值	F2	输入仪器高度 仪高: 0.000 m 输入 回车
③输入仪器高	F1 输入仪器高 F4	N: 286.245 m E: 76.233 m Z: 14.568 m 测量 模式 S/A P1↓

电源关闭后，可保存目标高，操作方法见表 7-3。

表 7-3 保存目标高

操作过程	操作	显示
①在坐标测量模式下，按 F4（P1↓）键，转到第二页功能	F4	N: 286.245 m E: 76.233 m Z: 14.568 m 测量 模式 S/A P1↓ 镜高 仪高 测站 P2↓

操作过程	操作	显示
②按 F1 (镜高)键,显示当前值	F1	输入棱镜高度 镜高: 0.000 m [输入] ⋯⋯⋯⋯⋯ [回车]
③输入棱镜高	F1 输入棱镜高 F4	N: 286.245 m E: 76.233 m Z: 14.568 m [测量] [模式] [S/A] [P1↓]

3. 进行坐标测量

要先设置测站坐标、测站高、棱镜高及后视方位角,如图7-1和表7-4所示。

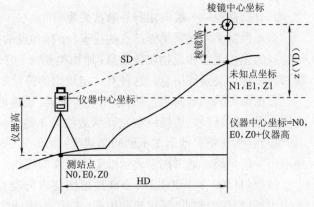

图7-1 坐标测量

表7-4 坐标测量的操作过程

操作过程	操 作	显 示
①设置已知点 A 的方向角	设置方向角	V:122°09′30″ HR:90°09′30″ [置零] [锁定] [置盘] [P1↓]
②照准目标 B,按 [坐标]键	照准棱镜 [坐标]	N* 286.245 m E: 76.233 m Z: 14.568 m [测量] [模式] [S/A] [P1↓]

在测站点的坐标未输入的情况下,(0,0,0)为默认的测站点坐标

当仪器高未输入时,仪器高以0计算;当棱镜高未输入时,棱镜高以0计算

(二)数字测记法作业模式

野外数据采集除碎部点的坐标数据外,还需要有绘图有关的其他信息,如碎部点的地形要素名称、碎部点连接线形等,通常用草图、简码记录其绘图信息,然后将测量数据传输到计算机,经过人机交互进行数据、图形处理,最后编辑成图,这种在野外一边用仪器采集点的坐标,一边记录绘图信息的方法称为测记法。测记法分为无码作业和有码作业。

1. 无码作业——草图法野外数据采集

无码作业现场不输入数据编码,而用草图记录绘图信息,绘草图人员在镜站把所测点的属性及连接关系在草图上反映出来,以供内业处理、图形编辑时用。另外,需要提醒一下,在野外采集时,能测到的点要尽量测,实在测不到的点可利用皮尺或钢尺量距,将丈量结果记录在草图上,室内用交互编辑方法成图。

具体操作如下:

(1)进入测区后,领镜(尺)员首先对测站周围的地形、地物分布情况大概看一遍,认清方向,制作含主要地物、地貌的工作草图(若在原有的旧图上标明会更准确),便于观测时在草图上标明所测碎部点的位置及点号。

(2)观测员指挥立镜员到事先选定好的某已知点上立镜定向;自己快速架好仪器,量取仪器高,启动全站仪,进入数据采集状态,选择保存数据的文件,按照全站仪的操作设置测站点、定向点,记录完成后,照准定向点完成定向工作。为确保设站无误,可选择检核点,测量检核点的坐标,若坐标差值在规定的范围内,即可开始采集数据,不通过检核则不能继续测量。

(3)上述工作完成后,通知立镜员开始跑点。每观测一个点,观测员都要核对观测点的点号、属性、镜高并存入全站仪的内存中。野外数据采集过程中,测站与测点两处作业人员必须时时联络。每观测完一点,观测员要告知绘草图者被测点的点号,以便及时对照全站仪内存中记录的点号和绘草图者标注的点号,保证两者一致。用草图或笔记记录绘图信息。草图的绘制要遵循清晰、易读、相对位置准确、比例尽可能一致的原则。

2. 有码作业——编码法野外数据采集

野外数据采集仅采集碎部点的位置(坐标和点的信息)是不能满足计算机自动成图要求的,还必须将地物点的连接关系和地物属性信息(地物类别等)记录下来。一般用按一定规则构成的符号串来表示地物属性和连接关系等信息。这种有一定规则的符号串称为数据编码。

数据编码的基本内容包括:地物要素编码(或称地物特征码、地物属性码、地物代码)、连接关系码(或连接点号、连接序号、连接线型)、面状地物填充码等。

按照《大比例尺地形图机助制图规范》(GB/T 14912—2005)的规定,野外数据采集编码的总形式为:地形码 + 信息码。地形码是表示地形图要素的代码。

按照《1:500、1:1 000、1:2 000 地形图要素分类与代码》(GB/T 13923—2006)标准,地形图要素分为九个大类:测量控制点、居民地和垣栅、工矿建(构)筑物及其他设施、交通及附属设施、管线及附属设施、水系及附属设施、境界、地貌和土质、植被。地形图要素代码由四位数字码组成,从左到右,第一位是大类码,用 1 ~ 9 表示,第二位是小类码,第三、第四位分别是一、二级代码。例如,一般房屋代码为 2110,简单房屋代码为 2120,围墙代码为 2430,高速公路代码为 4310,等级公路代码为 4320,等外公路代码为 4330等。由于国标推出比较晚,目前使用的测图系统仍然采用以前各自设计的编码方案,如果要转换为GB/T 13923—2006 规定的编码则可通过转换程序进行编码转换。

信息码是表示某一地形要素测点与测点之间的连接关系的代码。随着数据采集的方式不同,其信息编码的方法各不相同。目前,国内开发的测图软件已经很多,一般都是根据各自的需要、作业习惯、仪器设备及数据处理方法等设计自己的数据编码方案,有的全部用数字表示,有的用数字、字符混合表示,还没有形成固定的标准。当采用非标准编码形式时,经计算机处理后,要转换为符合 GB/T 13923—2006 规定的地形要素的代码。

目前测绘行业使用的数字测图系统的数据编码方案较多,从结构和输入方式上区分,主要有全要素编码、块结构编码、简编码和二维编码。通常情况下,在外业数据采集时,采用便于记忆的简编码。简编码一般由地物简码和关系码组成。

简编码是在野外作业时仅输入简单的提示性编码,经内业简码识别后,自动转换为程序内部码。CASS 系统的有码作业模式是一个有代表性的简编码输入方案。CASS 系统的野外操作码(也称为简码或简编码)可区分为类别码、关系码和独立符号码三种,每种只由 1 ~ 3 位字符组成。其形式简单、规律性强,无须特别记忆,并能同时采集测点的地物要素和拓扑关系;它也能够适应多人跑尺(镜)、交叉观测不同地物等复杂情况。

1)类别码

类别码(亦称地物代码或野外操作码)的符号及含义如表 7-5 所示。类别码是按一定的规律设计的,不需要特别记忆。有 1 ~ 3 位,第一位是英文字母,后面是范围为 0 ~ 99 的数字,如代码,F1,…,F6 分别表示特种房(坚固房)、普通房、一般房屋、……、简易房。F 取"房"字的汉语拼音首字母,0 ~ 6 表示房屋类型由"主"到"次"。另外,K0 表示直折线型的陡坎,U0 表示曲线形的陡坎;X1 表示直折线形内部道路,Q1表示曲线形内部道路。由 U、Q 的外形很容易联想到曲线。类别码后面可跟参数,如野外操作码不到三位,与参数间应有连接符"−",如有三位,后面可紧跟参数。参数有下面几种:控制点的点名、房屋的层数、陡坎的坎高等,如 Y012.5 表示以该点为圆心、半径为 12.5 m 的圆。

表 7-5　类别码的符号及含义

类　型	符号及含义
坎类(曲)	K(U)+数(0—陡坎,1—加固陡坎,2—斜坡,3—加固斜坡,4—垄,5—陡崖,6—干沟)
线类(曲)	X(Q)+数(0—实线,1—内部道路,2—小路,3—大车路,4—建筑公路,5—地类界,6—乡、镇界,7—县、县级市界,8—地区、地级市界,9—省界线)
垣栅类	W+数(0,1—宽为 0.5 m 的围墙,2—栅栏,3—铁丝网,4—篱笆,5—活树篱笆,6—不依比例围墙,不拟合,7—不依比例围墙,拟合)
铁路类	T+数[0—标准铁路(大比例尺),1—标(小),2—窄轨铁路(大),3—窄(小),4—轻轨铁路(大),5—轻(小),6—缆车道(大),7—缆车道(小),8—架空索道,9—过河电缆]
电力线类	D+数(0—电线塔,1—高压线,2—低压线,3—通信线)
房屋类	F+数(0—坚固房,1—普通房,2——般房屋,3—建筑中房,4—破坏房,5—棚房,6—简易房)
管线类	G+数[0—架空(大),1—架空(小),2—地面上的,3—地下的,4—有管堤的]
植被土质	拟合边界　B+数(0—旱地,1—水稻,2—菜地,3—天然草地,4—有林地,5—行树,6—狭长灌木林,7—盐碱地,8—沙地,9—花圃)
	不拟合边界　H+数(同上)
圆形物	Y+数(0—半径,1—直径两端点,2—圆周三点)
平行体	P+[X(0~9),Q(0~9),K(0~6),U(0~6),…]
控制点	C+数(0—图根点,1—埋石图根点,2—导线点,3—小三角点,4—三角点,5—大堆上的三角点,6—土堆上的小三角点,7—天文点,8—水准点,9—界址点)

2)关系码

关系码(亦称连接关系码)共有 4 种符号:"+""-""A $""P",它们配合描述测点间的连接关系。其中,"+"表示连接线依测点顺序进行;"-"表示连接线依相反方向顺序进行连接;"A $"表示断点识别符;"P"表示绘平行体。连接关系码的符号及含义如表 7-6 所示。

表 7-6　连接关系码的符号及含义

符　号	含　义	示　例
+	本点与上一点相连,连线依测点顺序进行	
-	本点与下一点相连,连线依测点顺序相反方向进行	
n+	本点与上 n 点相连,连线依测点顺序进行	
n-	本点与下 n 点相连,连线依测点顺序相反方向进行	
p	本点与上一点所在地物平行	
np	本点与上 n 点所在地物平行	
+A $	断点标识符,本点与上点连	
-A $	断点标识符,本点与下点连	

3)操作码规则

(1)对于地物的第一点,操作码=地物代码;

(2)连续观测某一地物时,操作码为"+"或"-",如图 7-2 所示;

(3)交叉观测不同地物时,操作码为"n+"或"n-"。其中,n 表示该点应与以上 n 个点前面的点相连(n=当前点号-连接点号-1,即跳点数)。还可用"+A $"或"-A $"标识断点,表示本点与上点或下点相连;

(4)观测平行体时,操作码为"p"或"np",如图 7-3 所示;

(5)若要对同一点赋予两类代码信息,应重测一次或重新生成一个点,分别赋予不同的代码。

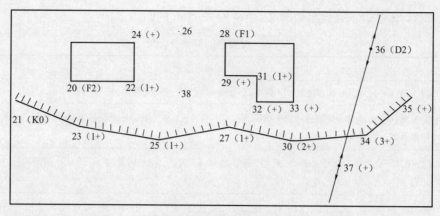

图 7-2　操作码表达图示

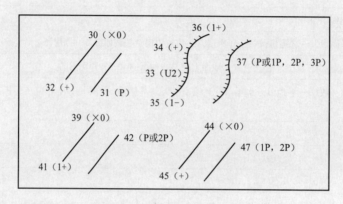

图 7-3　观测平行体操作码

（三）数字测绘作业模式

数字测绘典型的表示方法是内外业一体化的测图成图方法。它主要是将便携机和全站仪连接起来，利用测图软件，在外面边测边绘，同时为地物输入相应的属性，直接生成数字化地形图。这种方法称为电子平板法。

对于电子平板数字测图系统，数据采集与绘图同步进行，即测即绘，所显即所测。电子平板法的基本操作过程如下：

（1）利用计算机将测区的已知控制点及测站点的坐标传输到全站仪的内存中，或手工输入控制点及测站点的坐标到全站仪的内存中。

（2）在测站点上架好仪器，并把笔记本式计算机或 PDA 与全站仪用相应的电缆连接好，开机后进入测图系统；设置全站仪的通信参数；选定所使用的全站仪类型。分别在全站仪和笔记本式计算机或 PDA 上完成测站、定向点的设置工作。

（3）全站仪照准碎部点，利用计算机控制全站仪的测角和测距，每测完一个点，屏幕上都会及时地展绘显示出来。

（4）根据被测点的类型，在测图系统上找到相应的操作，将被测点绘制出来，现场成图。

（四）数字测绘成果整理

1. 数据处理和图形文件的生成

数据处理是大比例尺数字测图的一个重要环节，它直接影响最后输出的图解图的图面质量和数字图在数据库中的管理。外业记录的原始数据经计算机数据处理，生成图块文件后，在计算机屏幕上显示图形，然后在人机交互方式下进行地形图的编辑，生成数字地形图的图形文件。

数据处理分数据预处理、地物点的图形处理和地貌点的等高线处理。数据预处理是对原始记录数据作检查，删除已作废除标记的记录和与图形生成无关的记录，补充碎部点的坐标计算和修改有错误的信息码。数据预处理后生成点文件。点文件以点为记录单元，记录内容是点号、编码、点之间的连接关系码和点的坐标。

图形处理是根据点文件，将与地物有关的点记录生成地物图块文件，将与等高线有关的点记录生成等高线图块文件。地物图块文件的每一条记录以绘制地物符号为单元，其记录内容是地物编码、按连接顺序排列的地物点点号或点的 x,y 坐标值,以及点之间的连接线型码。

等高线处理是将表示地貌的离散点在考虑地性线、断裂线的条件下自动连接成三角形网络(TIN),建立起数字高程模型(DEM)。在三角形边上用内插法计算等高线通过点的平面位置 x,y,然后搜索同一条等高线上的点,依次连接排列起来,形成每一条等高线的图块记录。

图块文件经过人机交互编辑形成数字图的图形文件。图形文件根据数字图的用途不同有不同的要求。为满足计算机制图的大比例数字图形文件,就是编辑后新的图块文件,这种图形文件按一幅图为单元存储,用于绘制某一规定比例尺的地形图。

2. 地形图和测量成果报表的输出

计算机数据处理成果可分三路输出:第一路到打印机,按需要打印出各种数据(原始数据、清样数据、控制点成果等);第二路到绘图仪,绘制地形图;第三路可接数据库系统,将数据存储到数据库,并能根据需要随时取出数据绘制任何比例尺的地形图。

三、全站仪数字化测图的特点

(1)自动化程度高,数据成果易于存取,便于管理。

(2)精度高。地形测图和图根加密可同时进行,地形点到测站点的距离比常规测图可以放长。

(3)无缝接图。数字化测图不受图幅的限制,作业小组的任务可按河流、道路的自然分界来划分,以便于地形图的施测,也减少了很多常规测图的接边问题。

(4)便于使用。数字地形图不是依某一固定比例和固定的图幅大小来存储一幅图,它是以数字形式存储的1:1的数字地图。根据用户的需要,在一定比例尺范围内可以输出不同比例尺图幅大小的地形图。

(5)数字测图的立尺位置选择更为重要。数字测图按点的坐标绘制地形图符号,要绘制地物就必须有轮廓特征点的全部坐标。在常规测图中,作业员可以对照实地用简单的几何作图绘制一些规则地物轮廓,用目测绘制细小的地物和地貌形状。而数字测图对需要表示的细部也必须立尺测量。数字测图直接测量地形点的数目比常规测图有所增加。

活动二 RTK 的使用技术

RTK 是根据 GPS 的相对定位概念,建立在实时处理两个测站的载波相位的基础之上,基准站通过数据链实时地将采集的载波相位观测量和基准站坐标信息一同发送给流动站,流动站一边接收基准站的载波相位,一边接收卫星的载波相位,并组成相位差分观测值进行实时处理,能实时给出厘米级三维坐标成果。它的基本思想是:在基准站安置一台 GPS 接收机,对所有可见的 GPS 卫星进行连续观测,并将其观测数据,通过无线电传输设备,实时地发送给用户观测站。依据相对定位的原理实时解算并显示用户站的坐标信息及其精度。其作业方法是在已知点上架设 GPS 接收机一台(即基准站),正确输入坐标及转换参数等数据,启动基准站。一至多台 GPS 接收机在待测点上设置(即流动站),正确输入与基准站一样的转换参数,即可进行 RTK 测量。

由于 RTK 可以比全站仪还要快速得到地面点的三维坐标数据并存储,并且在一定范围内只需要设置一台基准站即可,同时具备比全站仪更为优越的测量优势:全天候,不受光线影响;不受障碍物影响;不受天气变化影响。因此,采用 RTK 采集测图信息更为方便、快捷,目前在数字化测图方面应用广泛,当然由于其信号干扰所限,通常是与全站仪配合使用,分区合作。其测图工作与全站仪一样分野外数据采集(包括数据编码)、计算机处理、成果输出三个阶段。

一、RTK 基本介绍

1. RTK 作业模式

(1)快速静态测量。采用这种模式,要求 GPS 接收机在用户站上静止地进行观测。在观测的过程中,连同接收基准站的同步观测数据,实时地解算整周未知数和用户站的三维坐标。用户站的 GPS 接收机在流动过程之中,可以不必保持对 GPS 卫星的连续跟踪。

(2)准动态测量。在流动过程之中,要求保持对 CPS 卫星的连续跟踪,否则进行重新初始化。

(3)动态测量,与前面相同首先要静止观测数分钟,以完成初始化,运动的接收机以预定的时间间隔采样,确定位置。在流动过程当中,要求保持对 GPS 卫星的连续跟踪。

2. RTK 测量原理

RTK 测量的原理是将一台 GPS 接收机安置在已知点上(未知点)对 GPS 卫星进行观测。将采集的载波相位观测量调制到基准站电台的载波上,再通过基准站电台发射出去,流动站在对 GPS 卫星进行观测并采集载波相位观测量的同时,经解调得到基准站的载波相位观测量,流动站的 GPS 接收机在利用 OTF(运动中求解整周模糊度)技术由基准站的载波相位观测量和流动站的载波相位观测量求解整周模糊度,最后求出厘米级精度流动站的位置。

3. RTK 系统组成

RTK 系统由 GPS 接收机设备、无线电通信设备、电子手簿、蓄电池、基站和流动站天线及连线配套设备组成。

4. RTK 特点

RTK 具有实时动态显示经可靠性检验的厘米级精度的测量成果,摆脱了由于粗差造成的返工、点与点之间通视等问题,大大地提高了工作效率,正在越来越多的测量工作中得到应用。

二、RTK 的组成及基本原理

1. RTK 的组成

RTK 主要由空间部分、地面监控系统和用户部分三部分组成。

(1)空间部分。由 24 颗卫星(记作 21 + 3 星座)分布于 6 个轨道上,这样分布存在有短暂的"间隙段"。卫星飞行的高度为 20 200 km,卫星飞行的周期为 12 个恒星时。在每颗 GPS 卫星上都有原子钟,其稳定度可达 1E-10/10 ms,它能产生标准频率为 10.23 MHz 的基准信号。每颗 GPS 星上都具有存储器,用来存储导航电文等信息,GPS 卫星上还具有双频发射机。

(2)地面监控系统。监测站:其主要任务是对 GPS 卫星进行跟踪监测同时采集有关气象数据,并将得到的有关信息传送给主控站。主控站:其主要任务是收集数据、编算导航电文、诊断状态、调度卫星。注入站:其主要任务是将导航电文和主控站发布的命令发送(注入)给 GPS 卫星。

(3)用户部分。包括用户设备天线(相位式全向型天线,用来接收卫星信号)、接收机(对卫星信号进行量测并获取所需的观测值和导航电文)、微处理(对整个用户部分进行控制)、输入与输出设备(与用户进行交流)。

一般可分为单频接收机和双频接收机,单频接收机精度达 10 mm + 2 ppm$D$,双频接收机的精度一般可达 5 mm + 1 ppm$D$。双系统接收机可同时接收 GPS 卫星的信号和 GLONASS 卫星的信号。它的优点是可提高定位精度,扩大了应用范围。

2. RTK 的基本原理

RTK 是 GPS 测量技术与数据传输技术的结合,是 GPS 测量技术中的一个新突破。

RTK 测量技术是以载波相位观测量为根据的实时差分 GPS 测量技术,其基本思想是:在基准站上设置一台 GPS 接收机,对所有可见 GPS 卫星进行连续观测,并将其观测数据通过无线电传输设备实时地发送给用户观测站。在用户站上,GPS 接收机在接收 GPS 卫星信号的同时,通过无线电接收设备接收基准站传输的观测数据,然后根据相对定位原理实时地解算整周模糊度未知数并计算显示用户站的三维坐标及其精度。

通过实时计算的定位结果,便可监测基准站与用户站观测成果的质量和解算结果的收敛情况,实时地判定解算结果是否成功,从而减少冗余观测量,缩短观测时间。

RTK 测量系统一般由以下三部分组成:GPS 接收设备、数据传输设备、软件系统。数据传输系统由基准站的发射电台与流动站的接收电台组成,它是实现实时动态测量的关键设备。

软件系统具有能够实时解算出流动站三维坐标的功能。RTK 测量技术除具有 GPS 测量的优点外,同时具有观测时间短,能实现坐标实时解算的优点,因此可以提高作业效率。

实时动态定位如采用快速静态测量模式,在 15 km 范围内,其定位精度可达 1 ~ 2 cm,可用于城市的控制测量。

RTK 测量系统的开发成功,为 GPS 测量工作的可靠性和高效率提供了保障,这对 GPS 测量技术的发展和普及具有重要的现实意义。

三、RTK 测图的作业流程

1. 收集资料

首先收集测区的控制点资料,包括坐标系及控制点;外业踏勘,视其控制点是否能作为基准点。

2. 求定测区转换参数

RTK 测量是在 WGS-84 坐标系中进行的,而各种工程测量和定位是在地方或北京 54 坐标系中进行的,它们之间存在的坐标转换是在事后处理时进行的,而 RTK 是用于实时测量,要求及时给出地方坐标或北京 54 坐标,因此,首先必须求出测区的转换参数。

计算测区的转换参数需已知点至少三个以上,且分别是 WGS-84 地心坐标、北京 54 坐标或地方坐标。该点最好选在测区四周及中心,均匀分布,能有效地控制测区。为了检验转换参数的精度和可靠性,最好利用最小二乘法选三个以上的点求解转换参数。RTK 的三种常规校正方法为单点校正、多点校正、参数校正。参数校正的坐标和高程精度相对较高且其精度较均匀,多点校正的精度及其均匀性次之,单点校正的精度及其均匀性均较差。

3. 基准站的安置和测定

基准点的安置是顺利实施 RTK 的关键程序之一。它的安置应满足下列条件:

(1)应有正确的已知坐标。

(2)地势较高且交通方便,四周通视条件好,较为开阔,有利于卫星信号的接收和数据链的发射。为了提高 GPS 测量数据的可靠性,选点时最好选在电磁波干扰比较少的地方,以保证数据传输的可靠性。

(3)周围不产生多路径效应的影响及没有其他干扰源,以防数据链丢失。

4. 野外作业

首先将测区坐标系间的转换参数输入到基准站 GPS 接收机实时动态差分的软件系统中,然后将 GPS 接收机安置在基准点上,打开接收机,输入基准点地方坐标(或北京 54 坐标)和天线高,GPS 接收机通过转换参数将基准点的地方坐标(或北京 54 坐标)转换成 WGS-84 坐标,基准站同时连续接收可视卫星信息,并通过数据发射电台将其测站坐标、观测值、卫星跟踪状态及接收机工作状态发送出去。流动站 GPS 接收机在跟踪卫星信号的同时,接收来自基准站的数据,进行处理后获该点的 WGS-84 坐标,再通过测区转换参数将 WGS-84 转换为地方坐标(或北京 54 坐标),并实时显示。

四、RTK 技术的工程测量应用

RTK 技术作为 GPS 系统中高效定位方式之一,在各种测量中有着无比的优越性。

1. 控制测量

传统的控制测量采用三角网、边角网、导线网方法来施测,不仅费时,要求点间通视,而且精度分布不均匀。采用常规的 GPS 静态测量、快速静态、伪动态方法,在外业测量过程中不能实时知道定位精度,经常导致返测;而采用 RTK 来进行控制测量,能够实时知道点位精度,如果点位精度要求满足,用户就可以停止观测,这样可以大大提高作业效率。

2. 地形测量

测地形图时,过去一般首先要在测区建立图根控制点,然后在图根控制点上架设全站仪或经纬仪配合小平板测图,或外业用全站仪和电子手簿配合地物编码,利用大比例尺测图软件来进行测图等,都要求在测站上测四周的地形地貌等碎部点,这些碎部点都与测站通视,而且一般要求至少二或三人操作。采用 RTK 时,仅需一人背着仪器在待测的地形地貌碎部点呆上 3～5 s,并同时输入特征编码即可,到内业有专业的软件接口就可以输出所采集的地形图数据。这样,用 RTK 仅需一人操作,不要求点间通视,大大提高了工作效率。

3. 工程放样

常规的放样方法很多,如经纬仪交会放样、全站仪的极坐标放样等。这些方法在操作中需要二或三人配合进行,在放样过程中还要求点间通视情况良好,在生产应用上效率不是很高;如果采用 RTK 技术放样,仅需把设计好的点位坐标输入到电子手簿中,背着 GPS 接收机,它会提醒用户走到待放样点的位置,既迅速又方便,而且放样点的精度均匀且能达到厘米级。

五、RTK 网

近年来,国际上已有少数城市建立了 RTK 网。RTK 网由几个常设基站组成,可借助用户周围的几个常设基准站实时算出移动站的坐标。当使用 RTK 网代替一个基准站时,算出的移动站坐标将更可靠。各常设站之间的距离可达 100 km。RTK 网传输数据的方法有三种:第一种方法是移动站接收机选择一组常设基准站的数据,个别国家布设的这种 RTK 网已覆盖其全境;第二种方法是采用区域改正参数,利用网中全部基站算出改正平面,再按东西方向和南北方向算出改正值,然后将一个基准站的数据和区域改正参数播发给移动站;第三种方法是采用"虚拟参考站"。

在 RTK 应用过程当中,坐标转换十分重要,GPS 接收机接收卫星信号单点定位的坐标以及相对定位解算的基线向量属于 WGS-84 大地坐标系,因为 GPS 卫星星历是以 WGS-84 坐标系为依据建立的。而实用的测量成果往往是属于某一国家坐标系或是地方坐标系(或叫局部的、参考坐标系),应用中必须进行转换。

六、RTK 误差来源

1. RTK 定位的误差

(1)同仪器和 GPS 卫星有关的误差:包括天线轨道误差、钟误差、观测误差等;

(2)同信号传播有关的误差:包括电离层误差、对流层误差、多路径效应、信号干扰等。

对固定基准站而言,同仪器和 GPS 卫星有关的误差可通过各种校正方法予以削弱,同信号传播有关的误差将随移动站至基准站的距离的增加而加大,所以 RTK 的有效作业半径是有限的(一般为 5 km 内)。

2. 同仪器和 GPS 卫星有关的误差

(1)天线相位中心变化。天线的机械中心和电子相位中心一般不重合,而且电子相位中心是变化的,它取决于接收信号的频率、方位角和高度角。天线相位中心的变化,可使点位坐标的误差一般达到 3 ~ 5 cm,因此天线相位中心的变化对 RTK 定位精度的影响非常大。实际作业中,可通过观测值的求差来削弱相位中心偏移的影响,要求接收机的天线均应按天线附有的方位标志进行定向,必要时应进行天线检验校正。

(2)轨道误差。目前,随着定轨技术的不断完善,轨道误差只有 5 ~ 10 m,其残余的影响到基线的相对误差不到 1×10^{-6} m,就短基线(<10 km)而言,对结果的影响可忽略不计,但是对 2 ~ 30 km 的基线则可达到 2 ~ 3 cm。

(3)卫星钟差。目前钟差可通过对卫星钟运行状态的连续监测而精确地确定,钟差对传播距离的影响不会超过 6 m,影响基线的相对误差约 0.1 cm ± 2 ppm,对 RTK 观测的影响可忽略不计。

(4)观测误差。主要是对中、整平及天线高量取,要求对仪器认真细心地架设,要有高度的责任心,对天线高可采用两次量取,量取部位要准确,不能有差错。

3. 同信号传播有关的误差

(1)电离层误差。电离层引起电磁波传播延迟从而产生误差,其延迟强度与电离层的电子密度密切相关,电离层的电子密度随太阳黑子活动状况、地理位置、季节变化、昼夜不同而变化,白天为夜间的 5 倍,冬季为夏季的 5 倍,太阳黑子活动最强时为最弱时的 4 倍。利用下列方法使电离层误差得到有效的削弱和消除:利用双频接收机将观测值进行线性组合来消除电离层的影响;利用两个以上观测站同步观测量求差(短基线);利用电离层模型加以改正。实际上 RTK 技术一般都考虑了上述因素和办法,但在太阳黑子爆发期内,RTK 测量无法进行。

(2)对流层误差。对流层误差同点间距离和点间高差密切相关,高度角 90° 时可使电磁波的传播路径差达 2 ~ 3 mm,当高度角为 10° 时高达 20 m。利用下列方法使对流层误差得到有效的削弱和消除:卫星高度截止角不得小于 15°;利用两个以上观测站同步观测量求差(短基线);利用对流层模型加以改正。

(3)多路径误差。多路径误差是 RTK 定位测量中最严重的误差。多路径误差取决于天线周围的环境,一般为几厘米,高反射环境下可超过 10 cm。多路径误差可通过下列措施予以削弱:选择地形开阔、不具反射面的点位;采用扼流圈天线或具有削弱多径误差的各种技术的天线;基准站附近铺设吸收电波的材料。

(4)信号干扰。信号干扰可能有多种原因,如无线电发射源、雷达装置、高压线等,干扰的强度取决于 RTK 技术的误差分析及质量控制、发射台功率和至干扰源的距离等。为了削弱电磁波辐射副作用,必须在选点时远离这些干扰源,离无线电发射台应超过 200 m,离高压线应超过 50 m。在基准站削弱天线电噪声最有效的方法是连续监测所有可见卫星的周跳和信噪比。

CASS7.0 软件操作
扫一扫

计 划 单

学习领域	建筑施工测量		
学习情境三	大比例尺地形图的应用与测量	工作任务7	数字化测图
计划方式	小组讨论、团结协作共同制订计划	计划学时	0.5
序 号	实施步骤		具体工作内容描述

制订计划说明	（写出制订计划中人员为完成任务的主要建议或可以借鉴的建议、需要解释的某一方面）

计划评价	班 级		第 组	组长签字	
	教师签字			日 期	
	评语：				

决 策 单

学习领域	建筑施工测量		
学习情境三	大比例尺地形图的应用与测量	工作任务7	数字化测图
决策学时	0.5		

方案对比	序号	方案的可行性	方案的先进性	实施难度	综合评价
	1				
	2				
	3				
	4				
	5				
	6				
	7				
	8				
	9				
	10				

决策评价	班 级		第 组	组长签字	
	教师签字			日 期	
	评语：				

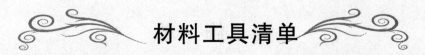

材料工具清单

学习领域	建筑施工测量		
学习情境三	大比例尺地形图的应用与测量	工作任务7	数字化测图
清单要求	根据工作任务列出所需材料工具的名称、作用、型号及数量,标明使用前后的状况,并在说明中写明材料工具之间的相对联系或关系。		

序号	名称	作用	型号	数量	使用前状况	使用后状况
1						
2						
3						
4						
5						
6						
7						
8						
9						
10						

说明:(请简要说明各材料工具之间的相对联系或关系)

班　级		第　组	组长签字	
教师签字			日　期	
评　语				

实 施 单

学习领域	建筑施工测量		
学习情境三	大比例尺地形图的应用与测量	工作任务7	数字化测图
实施方式	小组成员合作,共同研讨确定动手实践的实施步骤,每人均填写实施单	实施学时	4
序 号	实施步骤		使用资源
1			
2			
3			
4			
5			
6			
7			
8			

实施说明:

班 级		第 组		组长签字	
教师签字				日 期	
评 语					

作　业　单

学习领域	建筑施工测量		
学习情境三	大比例尺地形图的应用与测量	工作任务7	数字化测图
实施方式	小组成员动手实践,学生自己记录、计算测量数据、绘制测设略图		

(在此绘制记录表和测设略图,不够请加附页)

班　级		第　组	组长签字	
教师签字			日　期	
评　语				

检 查 单

学习领域	建筑施工测量			
学习情境三	大比例尺地形图的应用与测量	工作任务7	数字化测图	
检查学时	0.5			
序号	检查项目	检查标准	组内互查	教师检查
1	工作程序	是否正确		
2	完成的报告的点位数据	是否完整、正确		
3	测量记录	是否正确、整洁		
4	报告记录	是否完整、清晰		
5	描述工作过程	是否完整、正确		

	班 级		第 组	组长签字	
	教师签字		日 期		

检查评价

评语：

评 价 单

学习领域	建筑施工测量				
学习情境三	大比例尺地形图的应用与测量		工作任务7	数字化测图	
评价学时	0.5				
考核项目	考核内容及要求	分值	学生自评 （10%）	小组评分 （20%）	教师评分 （70%）	实得分
计划编制 （20）	工作程序的完整性	10				
	步骤内容描述	8				
	计划的规范性	2				
工作过程 （45）	记录清晰、数据正确	10				
	布设点位正确	5				
	报告完整性	30				
基本操作 （10）	操作程序正确	5				
	操作符合限差要求	5				
安全文明 （10）	叙述工作过程应注意的安全事项	5				
	工具正确使用和保养、放置规范	5				
完成时间 （5）	能够在要求的 90 min 内完成,每超时 5 min 扣 1 分	5				
合作性 （10）	独立完成任务得满分	10				
	在组内成员帮助下完成得 6 分					
总分（∑）		100				

	班　级		姓　名		学　号		总　评	
	教师签字		第　组	组长签字			日　期	

评价评语	评语:

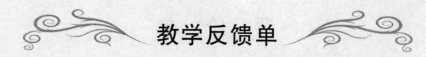

教学反馈单

学习领域	建筑施工测量			
学习情境三	大比例尺地形图的应用与测量	学时		26
序 号	调查内容	是	否	理由陈述
1	你是否喜欢这种自主学习的上课方式?			
2	你感觉自主学习是情境学习的最大的难点吗?			
3	针对其中的某个学习任务你是否喜欢自主进行资讯?			
4	制作工作计划和进行决策时你是否感到困难?			
5	你认为本学习情境的工作任务对将来的工作有帮助吗?			
6	通过本学习情境的工作任务的学习,你学会如何进行大比例尺地形图的应用与测量了吗?			
7	你能根据给定现场的情况进行地形图的观测吗?			
8	你认为利用全站仪数字化测图最大的难点是什么?			
9	通过几天来的工作和学习,你对自己的表现是否满意?			
10	你对小组成员之间的合作是否满意?			
11	你认为本学习情境还应学习哪些方面的内容?(请在下面空白处填写)			

你的意见对改进教学非常重要,请写出你的建议和意见。

被调查人签名		调查时间	

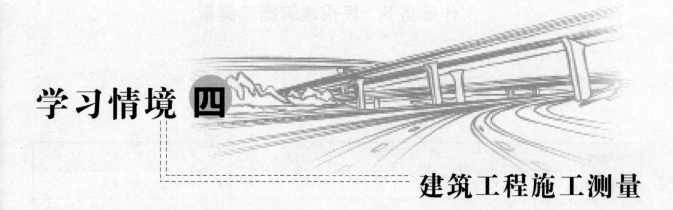

学习情境 四

建筑工程施工测量

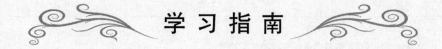

学 习 指 南

学习目标

学生在任务单和资讯问题的引导下,通过自学及咨询教师,明确工作任务的目的和实施中的关键要素(工具、材料、方法),通过学习掌握民用建筑施工测量、工业建筑施工测量、建筑物变形观测等知识,根据已有的平面、高程控制点建筑工程图纸完成现场建筑定位,细部点、轴线、标高的测设,以及建筑物的变形观测工作任务,并在学习和工作中锻炼专业能力、方法能力和社会能力等综合职业能力。

工作任务

工作任务 8　民用建筑施工测量

工作任务 9　工业建筑施工测量

工作任务 10　建筑物变形观测

学习情境描述

在假定模拟的工程施工现场,测量人员首先通过学习建筑施工测量的基本知识,掌握民用、工业建筑工程测量以及建筑物变形观测工作的基本工作内容,然后利用各种测量仪器和施测方法进行建筑物在平面与高程方面的定位,进而测设出建筑物细部轴线及各层高程标志;同时对已有建筑的变形进行观测,得出建筑物定位资料及变形观测资料成果。

工作任务8 民用建筑施工测量

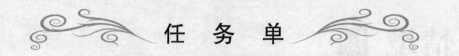

任 务 单

学习领域	建筑施工测量		
学习情境四	建筑工程施工测量	工作任务8	民用建筑施工测量
任务学时	10		
布 置 任 务			
工作目标	1. 掌握民用建筑施工测量的主要内容和基本工作； 2. 学会建筑场区总平面图、施工图等图纸中关于建筑定位、细部轴线定位的识读； 3. 能够根据所提供图纸进行建筑物的整体定位和细部轴线定位； 4. 掌握多层民用建筑物基础、墙体、楼梯以及高层建筑的施工测量； 5. 能够进行民用建筑测量数据的计算、测设略图的绘制； 6. 能够在学习的工作中锻炼专业能力、方法能力和社会能力等职业能力。		
任务描述	根据建筑场区总平面图、单体建筑施工图，测量人员根据设计图纸所确定的建筑物的整体定位位置和细部轴线定位尺寸，利用已有平面、高程控制点测设出建筑物平面位置、内部轴线位置以及各层标高控制位置。 　　1. 外业工作，主要包括包括：现场踏勘选取合适的控制点，根据计算数据进行建筑物的平面定位、细部轴线定位、建筑结构层高程定位测设； 　　2. 内业工作，主要内容包括：建筑场区总平面图、建施图的识读理解；测设方案的编制、比较、优选；测设数据的计算、测设略图的绘制。		

学时安排	资讯	计划	决策或分工	实施	检查	评价
	3 学时	0.5 学时	0.5 学时	5 学时	0.5 学时	0.5 学时

提供资料	1. 建筑场地平面布置总图、建筑施工图； 2. 工程测量规范； 3. 测量员岗位工作技术标准
对学生的要求	1. 具备建筑工程识图与绘图的基础知识； 2. 具备建筑工程构造的知识； 3. 具备几何方面的基础知识； 4. 具备一定的自学能力、数据计算能力、沟通协调能力、语言表达能力和团队意识； 5. 严格遵守课堂纪律，不迟到、不早退；学习态度认真、端正； 6. 每位同学必须积极参与小组讨论； 7. 每组均完成"民用建筑施工测量"工作的报告单。

资 讯 单

学习领域	建筑施工测量		
学习情境四	建筑工程施工测量	工作任务8	民用建筑施工测量
资讯学时	3		
资讯方式	在图书馆杂志、教材、互联网及信息单上查询问题;咨询任课教师		
资讯问题	问题一:民用建筑施工测量任务、内容和基本工作包括哪些?		
	问题二:民用建筑施工测量包括哪些准备工作? 图纸需要哪些?		
	问题三:如何进行已知角度和距离的测设?		
	问题四:建筑物定位的方法有哪些?		
	问题五:基槽开挖时控制开挖深度的方法有哪些?		
	问题六:轴线控制桩和龙门板的作用是什么? 如何设置?		
	问题七:建筑施工中,如何由下层楼板向上层传递高程? 基础皮数和墙身皮数杆的立法怎样?		
	问题八:为了保证高层建筑物沿铅垂方向建造,在施工中需要进行垂直度和水平度观测,试问两者间有何关系?		
	问题九:高层建筑物施工中如何将底层轴线投测到各层楼面上?		
	问题十:建筑物的定位依据有哪些?		
	问题十一:建筑物墙体施工测量控制要点是什么?		
	问题十二:高层建筑物轴线投测有哪些方法? 工作程序是怎样的?		
	学生需要单独资讯的问题……		
资讯引导	1. 在本教材信息单中查找; 2. 在《测量员岗位技术标准》查找。		

信 息 单

活动一　民用建筑施工测量的前期工作

一、民用建筑施工测量的主要任务

（一）民用建筑的内涵

住宅、办公楼、食堂、俱乐部、医院和学校等建筑物称为民用建筑。施工测量的主要任务是按照设计的要求，把建筑物的位置测设到地面上，并配合施工以保证工程质量。

（二）民用建筑施工测量的主要任务

民用建筑施工测量是指把图纸上已经设计好的建筑物按设计的要求测设（俗称放线或指标）到地面上，并设置各种标志作为施工依据，以衔接指导施工，保证施工质量符合设计和规范要求。其是工程测量的重要组成部分。其中，民用建筑设计指住宅、办公楼、学校和医院等建筑物，可分为单层、多层和高层建筑。目前，城市的现代化水平不断发展，建筑工艺技术不断进步，城市中的高层和高耸建筑物不断涌现，对民用建筑施工测量技术提出了更高的要求。

施工测量贯穿于整个施工过程，施工阶段不同，其方法和精度也不同。开工前进行的测量准备工作包括熟悉图纸、现场路勘、平整和清理施工现场、编制施工测量方案和建立施工控制网等；在施工过程中根据已建成的施工控制网进行主体及细部定位和放线；工程结束要进行竣工测量，高大和特殊建筑物还要进行变形监测。

施工测量和测绘地形图一样，也要遵循"从整体到局部，先控制后碎部"的原则。

二、民用建筑施工测量的主要内容和基本工作

（一）主要内容

（1）在施工前建立施工控制网。

（2）熟悉设计图纸，按设计和施工要求进行放样。

（3）检查并验收每道工序完成后应进行测量，检查是否符合设计要求。

（二）基本工作

（1）建筑物的定位和放线；

（2）基础工程测量；

（3）建筑物墙体的施工测量；

（4）建筑物楼梯的施工测量。

为了保证建筑物的相对位置及内容尺寸能满足设计要求，施工测量必须坚持"从高级到低级，从整体到局部，先控制后碎部"的原则，即首先在建筑物的施工场地，以原有设计阶段所建立的控制网为基础，建立统一的施工控制网，然后根据施工控制网来测设建筑物的轴线，再根据轴线测设建筑物的细部尺寸。

三、民用建筑施工测量的准备工作

（一）熟悉设计图纸并核对图纸

施工测量的主要依据是设计图纸，在测设前，熟悉了建筑物的设计图纸，就清楚地了解了施工建筑物与相邻地物的相对位置关系以及建筑物尺寸和施工要求等。阅读设计图纸时应仔细核对各设计图纸的有关尺寸。测设时必须具备图纸资料主要有：建筑总平面图、建筑平面图、基础平面图和基础剖面图。

1. 建筑总平面图

如图 8-1 所示，从建筑总平面图上可以查明设计建筑物与原有建筑物的平面位置和高程的关系。它

是测设建筑物总体位置的依据。

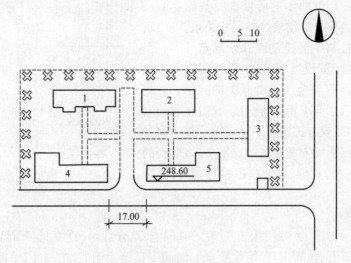

图 8-1　建筑总平面图

2. 建筑平面图

如图 8-2 所示,从建筑平面图上可以查明建筑物的总尺寸和内部各定位轴线间的尺寸关系。

3. 基础平面图

如图 8-3 所示,从基础平面图上可以查明基础边线与定位轴线的关系尺寸,以及基础布置与基础剖面位置关系。

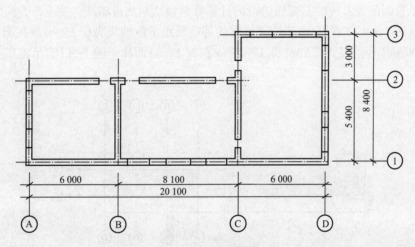

图 8-2　建筑平面图

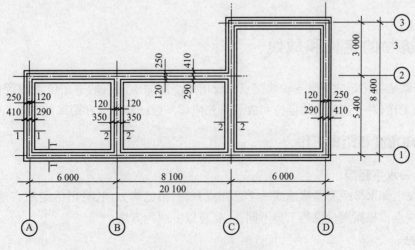

图 8-3　基础平面图

4. 基础剖面图

如图 8-4 所示,从基础剖面图上可以查明基础立面尺寸、设计标高以及基础边线与定位轴线的尺寸关系。

（二）现场踏勘并校核平面控制点和水准点

现场踏勘的目的是了解现场的地物、地貌和原有测量控制点的分布情况,并调查与施工测量有关的问题。对建筑场地上的平面控制点、水准点要进行检核,获得正确的测量起始数据和点位。如果现有控制点不足以满足施工测量需要,应制定符合精度要求的方案并增加控制点,将取得的正确数据和点位形成资料,监理、业主单位检查认可,签字后报上级相关部门备案。

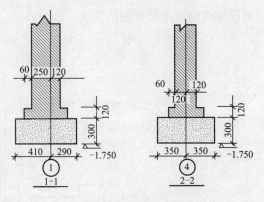

图 8-4　基础剖面图

（三）确定测设方案

在熟悉设计图纸、掌握施工计划和施工进度的基础上,结合现场条件和实际情况,拟定测设方案包括测设方法、测设步骤、采用的仪器工具、精度要求和时间安排等。例如,按图 8-1 的设计要求,拟建的 5 号楼与现有 4 号楼平行,二者南墙面平齐,相邻墙面相距 17.00 m。因此,可根据现有建筑物进行测设,拟采用经纬仪或全站仪,边长测量相对误差控制不应超过 1/2 000。

（四）准备测设数据

在每次现场测设之前,应根据设计图纸和测量控制点的分布情况,准备好相应的测设数据并对数据进行检核,除了计算必需的测设数据外,还需要从下列图纸上查取房屋内部平面尺寸的高程数据。

测设数据包括根据测设方法的需要而进行的计算数据和绘制测设略图。图 8-5 为注明测设尺寸和方法的测设略图。从图 8-5 可以看出,由于拟建房屋的外墙面距定位轴线为 0.25 m,故在测设图中将定位尺寸 17.00 m 和 3.00 m 分别加上 0.25 m(即 17.25 m 和 3.25 m)而注于图上,以满足施工后南墙面平齐等设计要求。

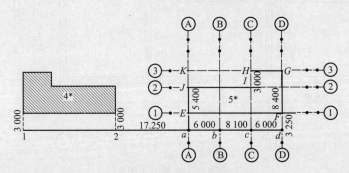

图 8-5　计算测设数据

活动二　建筑物的定位和放线

建筑的定位,就是将建筑物外廓各轴线交点测设出来。前面所述点的平面位置的定位的方法都涉及角度、距离的测设工作,对于建筑物的定位和放线首先应该掌握已知角度和距离的测设工作。

一、测设已知角度和距离工作

（一）测设已知水平距离

在地面上测设已知水平距离是从地面一个已知点开始,沿已知方向,量出给定的实地水平距离,定出这段距离的另一端点。根据测量仪器工具不同,主要有以下两种方法。

1. 钢尺测设法

(1)一般测设方法。当测设精度要求不高时,可从起始点开始,沿给定的方向和长度,用钢尺量距,定出水平距离的终点。为了校核,可将钢尺移动 10~20 cm,再测设一次。若两次测设之差在允许范围内,取它们的平均位置作为终点最后位置。

(2)精确测设方法。在实地测设已知距离与在地面上丈量两点间距离的过程正好相反。当测设精度要求较高时,应先根据给定的水平距离 D,结合尺长改正数、温度变化和地面高低,经改正计算出地面上应测设的距离 L。其计算公式为

$$L = D - (\Delta l_d + \Delta l_t + \Delta l_h) \tag{8-1}$$

式中:Δl_d——尺长改正数,$\Delta l_d = D\Delta l/l_0$;

$\quad\Delta l_t$——温度改正数,$\Delta l_t = D\alpha(t - t_0)$;

$\quad\Delta l_h$——高差改正数,$\Delta l_h = -h^2/(2D)$。

然后根据计算结果,使用检定过的钢尺,用经纬仪定线,沿已知方向用钢尺进行测设。现举例说明测设过程。

如图 8-6 所示,从 A 点沿 AC 方向在倾斜地面上测设 B 点,使水平距离 $D = 60$ m,所用钢尺的尺长方程式为

$$L = 30 \text{ m} + 0.003 \text{ m} + 12.5 \times 10^{-6} \text{ ℃}^{-1} \times 30 \times (t - 20 \text{ ℃}) \text{ m}$$

测设之前,通过概量定出终点,用水准仪测得两点之间的高差为 $h = +1.200$ m。测设时温度为 $t = 4$ ℃,测设时拉力与检定钢尺时拉力相同,均为 100 N。先求应测设距离 L 的长度。

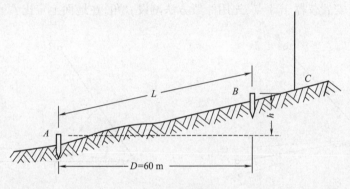

图 8-6 钢尺量距

根据已知条件,计算如下:

$$\Delta l_d = D\Delta l/l_0 = 60 \text{ m} \times 0.003 \text{ m}/30 \text{ m} = +0.006 \text{ m}$$

$$\Delta l_t = D\alpha(t - t_0) = 60 \text{ m} \times 12.5 \times 10^{-6} \text{℃}^{-1} \times (4 - 20) \text{ ℃} = -0.012 \text{ m}$$

$$\Delta l_h = -h^2/(2D) = -(1.2 \text{ m})^2/(2 \times 60 \text{ m}) = -0.012 \text{ m}$$

根据式(8-1),应测设的距离 L 为

$$L = 60 \text{ m} - [(+0.006) + (-0.012) + (-0.012)] \text{m} = 60.018 \text{ m}$$

实地测设时,用经纬仪定线,沿 AC 方向,并使用检定时拉力,用钢尺实量 60.018 m,标定出 B 点。这样,AB 的水平距离正好为 60 m。

2. 光电测距仪测设法

由于光电测距仪和全站仪的普及,目前水平距离的测设,尤其是长距离的测设多采用光电测距仪或全站仪进行。

用测距仪器放样已知水平距离与用钢尺放样已知水平距离的方式一致,先用跟踪法放出另外一端点,再精确测定其长度,最后进行改正。

如图 8-7 所示,安置光电测距仪于 A 点,瞄准并锁定已知方向,沿此方向指挥立镜员使反光棱镜在已知方向上移动,使仪器显示值略大于测设的距离,定出 C' 点。在 C' 点安置反光棱镜,测出竖直角 α 及斜距 L(必要时加测气象改正),计算水平距离 $D' = L\cos\alpha$,求出

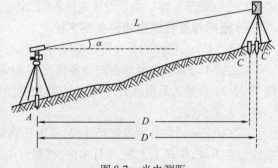

图 8-7 光电测距

D' 与应测设的水平距离 D 的差值,将差值通知立镜员,由立镜员根据差值的符号在实地用钢尺沿测设方向将 C' 改正至 C 点,并用木桩标定其点位。为了检核,应将反光镜安置于 C 点,实测 AC 距离,其不符值应在限差之内,否则应再次进行改正,直至规定限差为止。由于光电测距仪的普及,目前水平距离的测设,尤其是长距离的测设多采用光电测距仪。值得指出,有些光电测距仪(或全站仪)本身具有距离放样功能,给距离测设带来方便。

(二)测设已知水平角

测设水平角是根据一个已知方向和角顶位置,按给定的水平角值,把该角的另一方向在实地上标定出来。根据精度要求不同,测设方法有如下两种:

1. 一般测设方法

当测设精度要求不高时,可用盘左盘右取中的方法,得到欲测设的角度。如图 8-8 所示,安置仪器于 A 点,先以盘左位置照准 B 点,使水平度盘读数为零,松开制动螺旋,旋转照准部,使水平度盘读数为 β,在此视线方向上定出 C'。再用盘右位置重复上述步骤,测设 β 角定出 C'' 点。取 C' 和 C'' 的中点 C,则 $\angle BAC$ 就是要测设的 β 角。

2. 精确测设方法

当测设水平角精度要求较高时,需采用垂线支距改正的精确方法。其基本原理是在一般测设的基础上进行垂线改正,从而提高测设精度。

(1)如图 8-9 所示,安置仪器于 A 点,先用一般方法测设 β 角,在地面上定出 C 点。

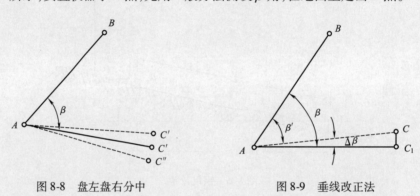

图 8-8　盘左盘右分中　　　　图 8-9　垂线改正法

(2)用测回法观测 $\angle BAC$,测回数可视精度要求而定,取各测回角值的平均值 β' 作为观测结果,计算出已知角值 β 与平均值 β' 的差值: $\beta - \beta' = \Delta\beta$。

(3)根据 AC 长度和 $\Delta\beta$ 计算其垂直距离 CC_1:

$$CC_1 = AC \cdot \tan\Delta\beta = AC \cdot \frac{\Delta\beta}{\rho} \tag{8-2}$$

(4)过 C 点作 AC 的垂直方向,向外量出 CC_1 即得 C_1 点,则 $\angle BAC_1$ 就是精确测定的 β 角。注意 CC_1 的方向,要根据 $\Delta\beta$ 的正负号定出向里或向外的方向,如 $\Delta\beta$ 为正,则沿 AC 的垂直方向向外量取,反之向内量取。

二、建筑物的定位

建筑的定位,就是将建筑物外廓各轴线交点(如图 8-5 中的 E,F,G,H,I,J)测设在地面上,然后再根据这些点进行细部放样。由于设计条件不同,定位方法主要有下述四种。

(一)根据与原有建筑物的关系定位

如图 8-5 所示,拟建的 5 号楼根据原有 4 号楼定位。

(1)先沿 4 号楼的东西墙面向外各量出 3.00 m,在地面上定出 1,2 两点作为建筑基线,在 1 点安置经纬仪,照准 2 点,然后沿视线方向,从 2 点起根据图中注明尺寸,测设出各基线点 a,c,d,并打下木桩,桩顶钉小钉以表示点位。

(2)在 a,c,d 三点分别安置经纬仪,并用正倒镜测设 90°,沿 90° 方向测设相应的距离,以定出房屋各轴线的交点 E,F,G,H,I,J 等,并打木桩,桩顶钉小钉以表示点位。

(3)用钢尺检测各轴线交点间的距离,其值与设计长度的相对误差不应超过1/2 000,如果房屋规模较大,则不应超过 1/5 000,并且将经纬仪安置在 E,F,G,K 四角点,检测各个直角,其角值与 90° 之差不应超过 40″。

(二)根据建筑方格网定位

在建筑场地已测设有建筑方格网,可根据建筑物和附近方格网点的坐标,用直角坐标法测设。如图 8-10 和表 8-1 所示,由 A,B 点的坐标值可算出建筑物的长度和宽度:

$$a = 278.53 \text{ m} - 236.00 \text{ m} = 42.53 \text{ m}$$
$$b = 355.27 \text{ m} - 343.00 \text{ m} = 12.27 \text{ m}$$

测设建筑物定位点 A,B,C,D 的步骤:

(1)先把经纬仪安置在方格点 M 上,照准 N 点,沿视线方向自 M 点用钢尺量取 A 与 M 点的横坐标差得 A' 点,再由 A' 点沿视线方向量建筑物长度 42.53 m 得 B' 点。

(2)然后安置经纬仪于 A',照准 N 点,向左测设 90°,并在视线上量取 $A'A$,得 A 点,再由 A 点继续量取建筑物的长度 12.27 m,得 D 点。

(3)安置经纬仪于 B' 点,同法定出 B,C 点,为了校核,应用钢尺丈量 AB,CD 及 BC,AD 的长度,看其是否等于设计长度以及各角是否为 90°。

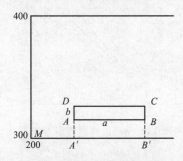

图 8-10　根据建筑方格网定位

表 8-1　建筑物各点坐标值

点	x/m	y/m
A	343.00	236.00
B	343.00	278.53
C	355.27	278.53
D	355.27	236.00

(三)根据规划道路红线定位

规划道路的红线点是城市规划部门所测设的城市道路规划用地与单位用地的界址线,新建筑物的设计位置与红线的关系应得到政府部门的批准,因此靠近城市道路的建筑物设计位置应以城市规划道路的红线为依据。

如图 8-11 所示,A,BC,MC,EC,D 为城市规划道路红线点,其中,$A—BC$、$EC—D$ 为直线段,BC 为圆曲线起点,MC 为圆曲线中点,EC 为圆曲线终点,IP 为两直线段的交点,该交角为 90°,M,N,P,Q 为设计高层建筑的轴线(外墙中线)的交点,规定 $M—N$ 轴应离道路红线 $A—BC$ 为 12 m,且与红线相平行;$N—P$ 轴线离道路红线 $D—EC$ 为 15 m。

测设时,在红线上从 IP 点得 N' 点,再量建筑物长度 MN 得 M' 点。在这两点上分别安置经纬仪,测设 90°,并量 12 m,得 M,N 点,并延长建筑物宽度 NP 得到 $P、Q$ 点。再对 M,N,P,Q 进行检核。

(四)使用全站仪根据测量控制点坐标定位

在建筑物场地附近如果有测量控制点利用,应根据控制点及建筑物定位点的设计坐标,利用计算公式反算出交会角或距离后,因地制宜采用极坐标法或角度交会法将建筑物主要轴线测设到地面上。目前广泛使用全站仪,直接使用全站仪的坐标放样功能,使建筑物的定位更为简单。下面以宾得 202DN 全站仪简单描述坐标放样的基本原理和操作过程。

(1)如图 8-12 所示,将全站仪安置在测站点位置对中整平操作后进入全站仪坐标放样模式,按照模式步骤输入建站点数据及后视点、待放样点坐标数据,瞄准后视点上安置的棱镜,先在待放样点的大致位置立棱镜对其进行观测,测出当前棱镜位置的坐标。

(2)全站仪会自动将实测当前坐标与放样点 p 的坐标相比较,如图 8-13 所示,计算出其差值。距离差值 d_D 和角度差 d_{HR} 或纵向差值 Δx 和横向差值 Δy。

(3)根据显示的 d_D,d_{HR} 或 $\Delta x、\Delta y$,转动全站仪的照准部逐渐找到角度为零放样点的方向(或按照规定使角度误差在 ±2″ 范围之内)并锁定,然后沿着该方向安设测距棱镜并实时测距,直至距离为零(或按照规定距离误差在 ±5 mm 范围内时)位置即为待测点 p,如图 8-14 所示。

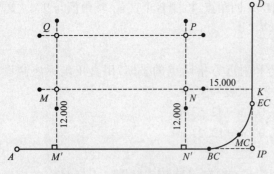

图 8-11　根据规划道路红线定位

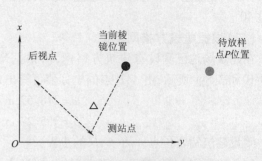

图 8-12　全站仪建站及粗测

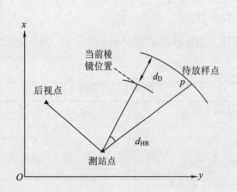

图 8-13　实测当前坐标与放样点 p 的坐标比较

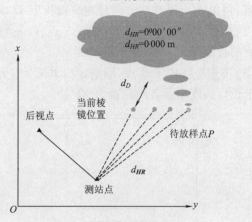

图 8-14　坐标放样过程示意图

三、建筑物放线

建筑物的放线,是指根据已定位的外墙轴线交点桩详细测设出建筑物的其他各轴线交点的位置,用木桩(桩上钉小钉)标定出来,称为中心桩,据此按基础宽和放坡宽用白灰线撒出基槽开挖边界线。

由于基槽开挖后,角桩和中心桩将被挖掉,为了便于在施工中恢复各轴线位置,应把各轴线延长到槽外安全地点,并做好标志,其方法有设置轴线控制桩和设置龙门板两种。

(一)设置轴线控制桩

轴线控制桩设置在基槽外基础轴线的延长线上,作为开槽后各施工阶段确立轴线位置的依据,在多层楼房施工中,控制桩同样是向上投测轴线的依据。轴线控制桩离基槽外边线的距离根据施工场地的条件而定,一般为 2 ~ 4 m。如果场地附近有已建的建筑物,也可将轴线投设在建筑物的墙上,并做好标志,以此来代替栓桩。栓桩是指为恢复控制桩而设置的定位辅助桩,通常采用角度交会或者距离交会法设置。为了保证控制桩的精度,施工中将控制桩与定位桩一起测设,有时先测设控制桩,再测设定位桩。

(二)设置龙门板

在一般民用建筑中,为了施工方便,在基槽开挖边线外一定距离处钉设龙门板,如图 8-15 所示。钉设龙门板的步骤如下:

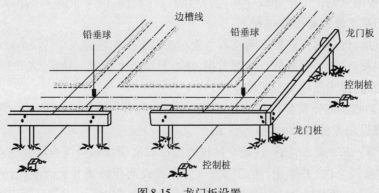

图 8-15　龙门板设置

（1）在建筑物四角和隔墙两端基槽开挖边线以外的 1～1.5 m 处(根据土质情况和挖槽深度确定)钉设龙门板,龙门桩要钉得竖直、牢固,木桩侧面与基槽平行。

（2）根据建筑场地的水准点,在每个龙门桩上测设 ±0.000 m 标高线,在现场条件不许可时,也可测设比 ±0.000 m 高或低一定数值的线。

（3）在龙门桩上测设同一高程线,钉设龙门板,这样,龙门板的顶面标高就在一个水平面上了。龙门板标高测定的容许误差一般为 ±5 mm。

（4）根据轴线桩,用经纬仪将墙、柱的轴线投到龙门板顶面上,并钉上小钉标明,称为轴线投点,也称轴线钉,投点容许误差为 ±5 mm。

（5）用钢尺沿龙门板顶面检查轴线钉之间的间距,经检核其精度应达到 1/2 000～1/5 000,合格后,以轴线钉为准,将墙宽、基槽开挖线标定在龙门板上,最后根据基槽上口宽度拉线,用石灰撒出开挖边线,此时注意按规定考虑放坡的尺寸要求。

机械化施工时,一般只测设控制桩而不设龙门板和龙门桩。

活动三　建筑物基础施工测量

一、建筑物基槽与基坑抄平

(一)地面上点的高程测设

高程测设就是根据附近的水准点,将已知的设计高程测设到现场作业面上。在建筑设计和施工中,为了计算方便,一般建筑物的室内地坪用 ±0 表示,基础、门窗等的标高都是以 ±0 为依据确定的。

假设在设计图纸上查得建筑物的室内地坪高程为 $H_设$,而附近有一水准点 A,其高程为 H_A,现要求把 $H_设$ 测设到木桩 B 上。如图 8-16 所示,在木桩 B 和水准点 A 之间安置水准仪,在 A 点上立尺,读数为 a,则水准仪视线高程为

$$H_i = H_A + a$$

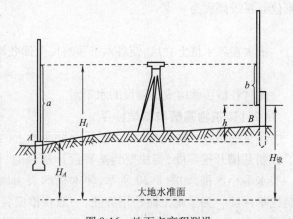

图 8-16　地面点高程测设

根据视线高程和地坪设计高程可算出 B 点尺上应有的读数为

$$b_应 = H_i - H_设$$

然后将水准尺紧靠 B 点木桩侧面上下移动,直到水准尺读数为 $b_应$ 时,沿尺底在木桩侧面画线,此线就是测设的高程位置。

(二)高程传递

建筑施工中的开挖基槽或修建较高建筑,需要向低处或高处传递高程,此时可用悬挂钢尺代替水准尺。

1. 向下传递

如图 8-17 所示,欲根据地面水准点 A,在坑内测设点 B,使其高程为 $H_设$。为此,在坑边架设一吊杆,杆顶吊一根零点向下的钢尺,尺的下端挂一重量相当于钢尺检定时拉力的重物,在地面上和坑内各安置一台水准仪,分别在尺上和钢尺上读得 a,b,c,则 B 点水准尺读数 d 应为:

$$d = H_A + a - (b - c) - H_设 \tag{8-3}$$

改变钢尺悬挂位置,再次观测,以便校核。

2. 向上传递

向建筑物上部传递高程时,可采用如图 8-18 所示方法。若欲在 B 处设置高程 $H_设$,则可在该处悬挂钢尺,使零端在上,上下移动钢尺,使水准仪的前视读数为

$$b = H_设 - (H_A + a) \tag{8-4}$$

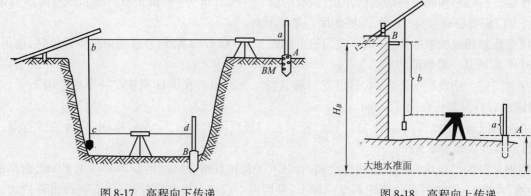

图 8-17　高程向下传递　　　　　　　　图 8-18　高程向上传递

则钢尺零刻线所在的位置即为欲测设的高程。

改变仪器高度,再次观测,以便校核。

(三)测设水平面

工程施工中,欲使某施工平面满足规定的设计高程 $H_设$,如图 8-19 所示,可先在地面上按一定的间隔长度测设方格网,用木桩标定各方格网点。然后,根据上述高程测设的基本原理,由已知水准点 A 的高程 H_A 测设出高程为 $H_设$ 的木桩点。测设时,在场地与已知点 A 之间安置水准仪,读取 A 尺上的后视读数 a,则仪器视线高程为

$$H_i = H_A + a$$

依次在各木桩上立尺,使各木桩顶的尺上读数均为

$$b_应 = H_i - H_设$$

此时各桩顶就构成了测设的水平面。

(四)建筑物基槽与基坑抄平

建筑物轴线放样完毕后,按照基础平面图上的设计尺寸,在地面放出灰线的位置上进行开挖。为了控制基槽开挖深度,当快挖到基底设计标高时,可用水准仪根据地面上 ±0.000 m 点在槽壁上测设一些水平小木桩,如图 8-20 所示,使木桩的表面离槽底的设计标高为一固定值(如 0.500 m),用以控制挖槽深度。为了施工时使用方便,一般在槽壁各拐角处,深度变化处和基槽壁上每隔 3～4 m 测设一水平桩,并沿桩顶面拉直线绳作为清理基底和打基础垫层时控制标高的依据。水平桩高程测设的允许误差为 ±10 mm。

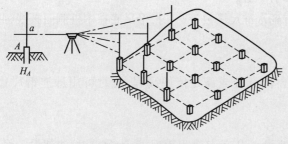

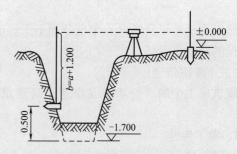

图 8-19　水平面的测设　　　　　　　　图 8-20　基槽与基坑抄平

为砌筑建筑物基础,所挖基槽呈深坑状的叫基坑。若基坑过深,用一般方法不能直接测定坑底标高时,可用悬挂的钢尺代替水准尺,用高程传递的方法将地面点的高程传递到深坑内。

二、基础垫层中线的测设

基础垫层打好后,根据龙门板上的轴线钉或轴线控制桩,用经纬仪或用拉绳挂锤球的方法,把轴线投测到垫层上,如图 8-21 所示,并用墨线弹出墙中心线和基础边线,以便砌筑基础。由于整个墙身砌筑以此线为准,这是确定建筑物位置的关键环节,所以要严格校核后方可进行砌筑施工。

三、基础墙体标高的控制

房屋基础墙(±0.000 m以下的砖墙)的高度是利用基础皮数杆来控制的。基础皮数杆是一根木制的杆子,如图8-22所示,在杆上事先按照设计尺寸,将砖、灰缝厚度画出线条,并标明±0.000 m和防潮层等的标高位置。立皮数杆时,可先在立杆处打一木桩,用水准仪在木桩侧面定出一条高于垫层标高某一数值(如10 cm)的水平线,然后将皮数杆高度与其相同的一条线与木桩上的水平线对齐,并用大铁钉把皮数杆与木桩钉在一起,作为基础墙的标高依据。

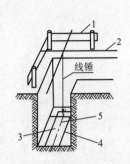 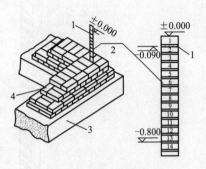

图8-21　投测基础轴线
1—龙门板;2—轴线;3—垫层;4—基础边线;5—基础墙中心线

图8-22　基础皮数杆
1—防潮层;2—皮数杆;3—垫层;4—大放脚

四、基础墙体顶面标高的检查

基础施工结束后,应检查基础面的标高是否符合设计要求(也可检查防潮层)。可用水准仪测出基础面上若干点的高程与设计高程进行比较,允许误差为±10 mm。

活动四　建筑物墙体施工测量

一、墙体定位

在基础工程结束后,应对龙门板(或控制桩)进行认真检查复核,以防基础施工时,由于土方及材料的堆放与搬运产生碰动移位。复核无误后,可利用龙门板或控制桩将轴线测设到基础或防潮层等部位的侧面,如图8-23所示。这样就确定了上部砌体的轴线位置,施工人员可以照此进行墙体的砌筑,也可作为向上投测轴线的依据。

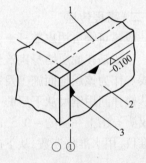

图8-23　墙体定位
1—墙中心线;2—外墙基础;3—轴线标志

二、墙体各部位标高控制

在墙体砌筑施工中,墙身上各部位的标高通常是用皮数杆来控制和传递的。

皮数杆应根据建筑物剖面图画有每块砖和灰缝的厚度,并注明墙体上窗台、门窗洞口、过梁、雨篷、圈梁、楼板等构件高度位置,如图8-24所示。在墙体施工中,用皮数杆可以控制墙身各部位构件的准确位置,并保证每皮砖灰缝厚度均匀,每皮砖都处在同一水平面上。

皮数杆一般都立在建筑物拐角和隔墙处,如图8-24所示。立皮数杆时,先在地面上打一木桩,用水准仪测出±0.000标高位置,并画一横线作为标志;然后,把皮数杆上的±0.000线与木桩上±0.000对齐,钉牢。皮数杆钉好后要用水准仪进行检测,并用垂球来校正皮数杆的竖直。

为了施工方便,采用里脚手架砌砖时,皮数杆应立在墙外侧;如采用外脚手架时,皮数杆应立在墙内侧;如系框架或钢筋混凝土柱间墙时,每层皮数杆可直接画在构件上,而不立皮数杆。

三、建筑物的轴线投测和高程传递

(一)轴线投测

一般建筑在施工中,常用悬吊垂球法将轴线逐层向上投测。其作法是:将较重垂球悬吊在楼板或桩顶边缘,当垂球尖对准基础上(或墙底部)定位轴线时,线在楼板或桩顶边缘的位置即为楼层轴线端点位置,画一短线作为标志;同样投测轴线另一端点,两端的连线即为定位轴线。同法投测其他轴线,再用钢尺校核各轴线间距,然后继续施工,并把轴线逐层自下向上传递。为减少误差累积,宜在每砌二或三层之后,用经纬仪把地面上的轴线投测到楼板或柱上,以校核逐层传递的轴线位置是否正确。悬吊垂球简便易行,不受场地限制,一般能保证施工质量。但是,当有风或建筑物层数较多时,用垂球投测轴线误差较大。

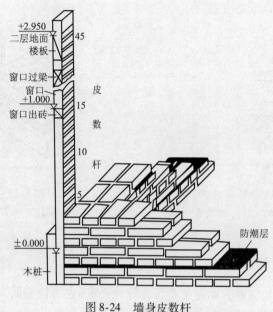

图 8-24 墙身皮数杆

(二) 高程传递

一般建筑物可用皮数杆来传递高程。对于高程传递要求较高的建筑物,通常用钢尺直接丈量来传递高程。一般是在底层墙身砌筑到 1.5 m 高后,用水准仪在内墙面上测设一条高出室内地坪线 +0.5 m 的水平线。作为该层地面施工及室内装修时的标高控制线。对于二层以上各层,同样在墙身砌到 1.5 m 后,一般从楼梯间用钢尺从下层的 +0.5 m 标高线向上量取一段等于该层层高的距离,并作标志。然后,再用水准仪测设出上一层的 +0.5 m 的标高线。这样用钢尺逐层向上引测。根据具体情况也可用悬挂钢尺代替水准仪,用水准仪读数,从下向上传递高程。

活动五　建筑物楼梯的施工测量

建筑物楼梯的施工方法包括工厂预制现场装配法,还有采用现场浇筑法。无论采用哪种方法施工,在放线时应该把楼梯的休息平台以及楼梯的坡度线放出来,作为装配或者现浇施工的依据。

一、预制式楼梯安装放线

首先,应从 500 线上量取砖墙的实际砌筑高度,检查休息平台的下平标高是否符合设计要求,如符合便可吊装休息平台板就位,其高度允许偏差为 ±10 mm。

待第二块休息平台板安装后,需要在两块休息平台板之间试放楼梯木样板,如图 8-25 所示,在修正第二块平台板时,注意其标高的准确性。因为有时楼层地面的做法与楼梯间的做法不一样,休息平台板可能比楼板稍高,否则做地面时会出现高度差,将无法弥补。

二、现浇式楼梯放线

在施工时,当砖墙砌筑到第一块休息平台板时,放线人员应配合砌筑工人在侧墙上预留出休息平台板上梁和板的支座孔洞,如图 8-26 所示。同样在第二块休息平台板处预留出孔洞。当楼梯间墙体砌完后,要在墙面上弹出楼梯坡度线以及踏步线,作为木工支立楼梯模板的依据。

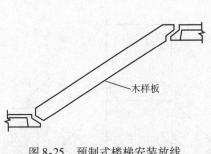

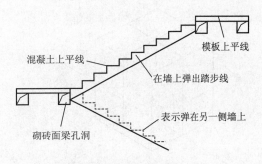

图 8-25　预制式楼梯安装放线　　　　图 8-26　现浇式楼梯放线

当由砖墙支承踏步模板时,应在砖墙上预留斜槽。这时放样人员应在休息平台板处立上皮数杆,然后在皮数杆上挂线,使砌筑工人砌墙预留斜槎时有所依据。同时应将斜槎用干砖顶住,否则因砖墙偏心受压,有可能会发生偏斜或者倒塌事故。

活动六　高层建筑施工测量

一、高层建筑施工测量的特点

高层建筑物的特点是建筑物层数多、高度高、建筑结构复杂、设备和装修标准较高,因此,在施工过程中对建筑物各部位的水平位置、垂直度及轴线尺寸、标高等的精度要求都十分严格,同时质量检测的允许偏差也有非常严格的要求。例如,层间标高测量偏差和竖向测量偏差均不应超过 ± 3 mm,建筑全高(H)测量偏差和竖向偏差也不超过 $3H/10~000$,且 30 m $< H \leqslant 60$ m 时,不应大于 ± 10 mm;60 m $< H \leqslant 90$ m 时,不应大于 ± 15 mm;90 m $< H$ 时,不应大于 ± 20 mm。

此外,由于高层建筑工程量大,多设地下工程,又多为分期施工,且工期长,施工现场变化大,为保证工程的整体性和局部施工的精度要求,实施高层建筑施工测量,事先必须谨慎仔细地制定测量方案,选用适当的仪器,并拟出各种控制和检测的措施以确保放样的精度。

高层建筑施工测量的主要任务是轴线投测和高程传递,以控制建筑物的垂直偏差和各层的高度。

二、轴线投测

轴线的竖向传递的方法很多,如沿柱的中线逐层传递的方法比较简单,但是容易产生累积误差,因此此法多用于多层建筑的施工测量中。对于高层建筑常用的轴线投测方法有经纬仪投测法、垂准线投测法等。

(一)经纬仪投测法——外控法

当施工场地比较宽阔时,多使用此法。施测时主要是将经纬仪安置在高层建筑物附近进行竖向投测,故此法也叫经纬仪竖向投测法。如图 8-27 所示,把经纬仪安置在中心轴线控制桩 A_1, A_1', B_1, B_1' 上,严格整平仪器,用望远镜照准墙脚上已弹出的轴线 a_1, a_1', b_1 和 b_1' 点,用盘左盘右两个竖盘位置向上投测在第二层楼面上,并取其中点得 a_2, a_2', b_2 和 b_2' 点,并依据 a_2, a_2', b_2 和 b_2' 点,精确定出 $a_2~a_2'$ 和 $b_2~b_2'$ 两线的交点 O_2,然后再以 $a_2 O~a_2'$ 和 $b_2 O~b_2'$ 为准在楼面上测设其他轴线。同法依次逐层向上投测。当楼层逐渐增高,而控制桩离建筑物较近,投测时望远镜的仰角太大,再以原控制桩投测,不但操作不便,同时投测的精度也随仰角的增加而降低。为此,需将原轴线控制桩延长至更远或附近大楼屋面上便于投测的地方,如图 8-28 所示(图中的 A_2, A_2' 为 A 轴投测的控制桩)。具体作法是:将经纬仪安置在已经投测上去的较高层(如第十层)楼面轴线 $a_{10} O_{10}$ a_{10}' 及 $b_{10} O_{10} b_{10}'$ 上,照准地面上原有的轴线控制桩 A_1, A_1', B_1, B_1' 用盘左和盘右两个竖盘位置将轴线延长到远处 A_2, A_2', B_2, B_2' 点,并用标志固定其位置,如图 10-17 所示的 A_2, A_2' 即为 A 轴新投测的控制桩。更高各层的中心轴线可将经纬仪安置于 A_2, A_2', B_2, B_2' 点,照准 $a_{10}, a_{10}', b_{10}, b_{10}'$,按上述方法依次逐层投测,直至工程结束。

(二)垂准线投测法——内控法

在建筑物密集的建筑区,施工场地窄小,无法在建筑物以外的轴线上安置经纬仪时,多用此法。施测时在建筑物底层测设室内轴线控制点,用垂准线原理将其竖直投测到各层楼面上,作为各层轴线测设的依据,故此法也叫垂准线投测法。

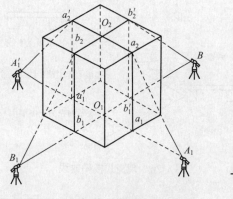

图 8-27　经纬仪竖向投测法—外控法

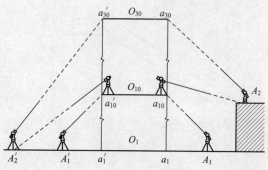

图 8-28　逐层投测

室内轴线控制点的布置视建筑物的平面形状而定,对一般平面形状不复杂的建筑物,可布设成 L 形或矩形。内控点应设在角点的柱子近旁,其连线与柱子设计轴线平行,相距约 0.5 ~ 0.8 m。内控制点应选择在能保持通视(不受构架梁等的影响)和水平通视(不受柱子等影响)的位置。当基础工程完成后,根据建筑物场地平面控制网,校测建筑物轴线控制桩后,将轴线内控点测设到底层地面上,并埋设标志,作为竖向投测轴线的依据。为了将底层的轴线点投测到各层楼面上,在点的垂直方向上的各层楼面应预留约 200 mm × 200 mm 的传递孔。并在孔周用砂浆做成 20 mm 高的防水斜坡,以防投点时施工用水通过传递孔流落在仪器上。依竖向投测使用仪器的不同,又分为以下三种投测方法。

1. 吊线坠法

吊线坠法是使用直径 0.5 ~ 0.8 mm 的钢丝悬吊 10 ~ 20 kg 特制的大垂球,以底层轴线控制点为准,通过预留孔直接向各施工层投测轴线。每个点的投测应进行两次,两次投点的偏差,在投点高度小于 5 m 时不大于 3 mm,高度在 5 m 以上时不大于 5 mm,即可认为投点无误,取用其平均位置,将其固定下来。然后检查这些点间的距离和角度,如与底层相应的距离、角度相差不大时,可作适当调整。最后根据投测上来的轴线控制点加密其他轴线。施测中,如果采用的措施得当,如防止风吹和震动等,使用线坠引测铅直线是既经济、简单,又直观、准确的方法。

2. 天顶准直法

天顶准直法是使用能测设铅直向上方的仪器进行竖向投测。常用的仪器有激光铅直仪、激光经纬仪和配有 90°弯管目镜的经纬仪等。采用激光铅直仪或激光经纬仪进行竖向投测是将仪器安置在底层轴线控制点上,进行严格整平和对中(用激光经纬仪需将望远镜指向天顶)。在施工层预留孔中央设置用透明聚酯膜片绘制的靶,起辉激光器,经过光斑聚焦,使在接收靶上接收成一个最小直径的激光光斑。接着水平旋转仪器,检查光斑有无划圆情况,以保证激光束铅直,然后移动靶心使其与光斑中心垂直,将接收靶固定,则靶心即为欲铅直投测的轴线点。

3. 天底准直法

天底准直法是使用能测设铅直向下方向的垂准仪器进行竖向投测。测法是:把垂准经纬仪安置在浇筑后的施工层上,用天底准直法,通过在每层楼面相应于轴线点处的预留孔,将底层轴线点引测到施工层上。

在实际工作中,可将有光学对点器的经纬仪改装成垂准仪。有光学对点器的经纬仪竖轴是空心的,故可将竖轴中心的光学对中器物镜和转向棱镜以及支架中心的圆盖卸下,在经检核后,当望远镜物镜向下竖起时,即可测出天底准直方向。但改装工作必须由仪器专业人员进行。

三、高程传递

在高程建筑施工中,高程要由下层传递到上层,以使上层建筑的施工高程符合设计要求。

高层建筑底层 ±0.000 m 标高点可依据施工场地内的水准点来测设。±0.000 m 的高程传递,一般用钢尺沿结构外墙、边柱和楼梯间等向上竖直量取,即可把高程传递到施工层上。用这种方法传递高程时,一般高层建筑至少由三处底层标高点向上传递,以便于相互校核和适应分段施工的需要。由底层传递上来的同一层几个标高点,必须用水准仪进行校核,检查各标高点是否在同一水平面上,其误差应不超过 ±3 mm。

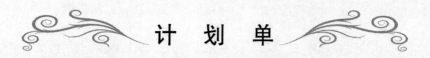

计 划 单

学习领域	建筑施工测量		
学习情境四	建筑工程施工测量	工作任务8	民用建筑施工测量
计划方式	小组讨论、团结协作共同制订计划	计划学时	0.5
序 号	实施步骤		具体工作内容描述
制订计划说明	（写出制订计划中人员为完成任务的主要建议或可以借鉴的建议、需要解释的某一方面）		
计划评价	班 级		第 组	组长签字	
	教师签字		日 期	
	评语：				

决 策 单

学习领域	建筑施工测量			
学习情境四	建筑工程施工测量	**工作任务8**		民用建筑施工测量
决策学时	0.5			

	序号	方案的可行性	方案的先进性	实施难度	综合评价
方案对比	1				
	2				
	3				
	4				
	5				
	6				
	7				
	8				
	9				
	10				

	班 级		第 组	组长签字	
	教师签字			日 期	

决策评价	评语：

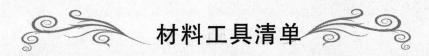

材料工具清单

学习领域	建筑施工测量					
学习情境四	建筑工程施工测量			工作任务8		民用建筑施工测量
清单要求	根据工作任务列出所需材料工具的名称、作用、型号及数量,标明使用前后的状况,并在说明中写明材料工具之间的相对联系或关系。					
序号	名称	作用	型号	数量	使用前状况	使用后状况
1						
2						
3						
4						
5						
6						
7						
8						
9						
10						

说明:(请简要说明各材料工具之间的相对联系或关系)

班 级		第 组	组长签字	
教师签字			日 期	
评 语				

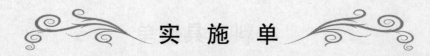

实 施 单

学习领域	建筑施工测量		
学习情境四	建筑工程施工测量	工作任务8	民用建筑施工测量
实施方式	小组成员合作,共同研讨确定动手实践的实施步骤,每人均填写实施单	实施学时	5
序　号	实施步骤		使用资源
1			
2			
3			
4			
5			
6			
7			
8			

实施说明:

班　级		第　　组	组长签字	
教师签字			日　　期	
评　语				

作 业 单

学习领域	建筑施工测量		
学习情境四	建筑工程施工测量	工作任务 8	民用建筑施工测量
实施方式	小组成员动手实践,学生自己记录、计算测量数据、绘制测设略图		

（在此绘制记录表和测设略图,不够请加附页）

班　级		第　组	组长签字	
教师签字			日　期	
评　语				

检 查 单

学习领域	建筑施工测量			
学习情境四	建筑工程施工测量		工作任务 8	民用建筑施工测量
任务学时	0.5			
序号	检查项目	检查标准	组内互查	教师检查
1	工作程序	是否正确		
2	完成的报告的点位数据	是否完整、正确		
3	测量记录	是否正确、整洁		
4	报告记录	是否完整、清晰		
5	描述工作过程	是否完整、正确		

	班　级			第　组	组长签字	
	教师签字			日　期		
检查评价	评语：					

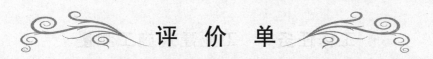

评 价 单

学习领域	建筑施工测量					
学习情境四	建筑工程施工测量			工作任务8	民用建筑施工测量	
评价学时	0.5					
考核项目	考核内容及要求	分值	学生自评（10%）	小组评分（20%）	教师评分（70%）	实得分
计划编制（20）	工作程序的完整性	10				
	步骤内容描述	8				
	计划的规范性	2				
工作过程（45）	记录清晰、数据正确	10				
	布设点位正确	5				
	报告完整性	30				
基本操作（10）	操作程序正确	5				
	操作符合限差要求	5				
安全文明（10）	叙述工作过程应注意的安全事项	5				
	工具正确使用和保养、放置规范	5				
完成时间（5）	能够在要求的 90 min 内完成，每超时 5 min 扣 1 分	5				
合作性（10）	独立完成任务得满分	10				
	在组内成员帮助下完成得 6 分					
总分（∑）		100				

班 级		姓 名		学 号		总 评	
教师签字		第 组	组长签字			日 期	

评价评语	评语：

工作任务9 工业建筑施工测量

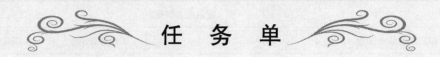

任 务 单

学习领域	建筑施工测量		
学习情境四	建筑工程施工测量	工作任务9	工业建筑施工测量
任务学时	8		

布 置 任 务

工作目标	1. 掌握工业建筑工程施工测量的准备工作及内容、原则； 2. 掌握工业厂房控制测设的方法； 3. 掌握厂房基础施工测量的方法； 4. 掌握柱子、吊车梁、屋架等的厂房结构的安装测量方法和烟囱、水塔等构筑物施工测量的全过程； 5. 能够在学习的工作中锻炼专业能力、方法能力和社会能力等职业能力。					
任务描述	根据厂区总平面图、厂房建施图等图纸,测量人员理解设计图纸所确定的工业厂房的整体定位位置和细部轴线定位尺寸,利用已有平面、高程控制点制定合理测量方案并测设出厂房平面位置、内部轴线位置以及柱、屋顶标高控制位置。 　　1. 外业工作,主要内容包括：现场踏勘选取合适的控制点,根据计算数据进行工业厂区建筑物的平面定位、细部轴线定位、柱子、吊车梁、屋架等的厂房结构的安装测量； 　　2. 内业工作,主要内容包括：工业厂区总平面图、建施图、基础图、梁柱安装图的识读理解；测设方案的编制、比较、优选；测设数据的计算、测设略图的绘制。					
学时安排	资讯	计划	决策或分工	实施	检查	评价
	2学时	0.5学时	0.5学时	4学时	0.5学时	0.5学时
提供资料	1. 工业厂区总平面图、建施图、基础图、梁柱安装图； 2. 工程测量规范； 3. 测量员岗位工作技术标准。					
对学生的要求	1. 具备建筑工程识图与绘图的基础知识； 2. 具备建筑工程构造的知识； 3. 具备几何方面的基础知识； 4. 具备一定的自学能力、数据计算能力、沟通协调能力、语言表达能力和团队意识； 5. 严格遵守课堂纪律,不迟到、不早退；学习态度认真、端正。 6. 每位同学必须积极参与小组讨论； 7. 每组均完成工业厂房柱中心测设计算数据及测设略图。					

资 讯 单

学习领域	建筑施工测量		
学习情境四	建筑工程施工测量	工作任务9	工业建筑施工测量
资讯学时	2		
资讯方式	在图书馆杂志、教材、互联网及信息单上查询问题;咨询任课教师		
资讯问题	问题一:在工业建筑的定位放线中,现场已有建筑方格网作为控制,为何还要测设矩形控制网?		
	问题二:杯形基础定位放线有哪些要求? 如何检验是否满足要求?		
	问题三:试述柱基的放样方法。		
	问题四:如何进行柱子的竖直校正? 应注意哪些问题?		
	问题五:试述吊车梁的吊装测量工作。吊车梁吊装后,有哪些检验项目?		
	问题六:烟囱施工测量有何特点? 怎样制定施测方案?		
	问题七:如何在施工测量中保证烟囱、水塔等细长高耸构筑物在施工中的垂直度满足要求?		
	问题八:在厂房基础施工测量中,柱基中心线的测设和基础标高控制方法有哪些? 分别怎样进行?		
	学生需要单独资讯的问题……		
资讯引导	1. 在本教材信息单中查找; 2. 在《测量员岗位技术标准》中查找。		

信 息 单

活动一 工业厂房施工测量控制网的建立

一、工业建筑施工测量的准备工作

工业建筑中以厂房为主体,分单层和多层。目前,我国较多采用预制钢筋混凝土柱装配式单层厂房。施工中的测量工作包括:厂房矩形控制网测设,厂房柱列轴线放样,杯形基础施工测量,厂房构件与设备的安装测量等。进行放样前,除做好与民用建筑相同的准备工作外,还应做好以下两项工作。

（一）制定厂房矩形控制网放样方案及计算放样数据

对于一般中、小型工业厂房,在其基础的开控线以外约 1.5～4 m,测设一个与厂房轴线平行的矩形控制网,即可满足放样的需要。对于大型厂房或设备基础复杂的厂房,为了使厂房各部分精度一致,须先测设主轴线,然后根据主轴线测设矩形控制网。对于小型厂房,也可采用民用建筑定位的方法进行控制。

厂房矩形控制网的放样方案,是根据厂区平面图、厂区控制网和现场地形情况等资料制定的。主要内容包括确定主轴线、矩形控制网、距离指示桩的点位、形式及其测设方法和精度要求等。在确定主轴线点及矩形控制网的位置时,必须保证控制点能长期保存,因此要避开地上和地下管线,并与建筑物基础开控边线保持 1.5～4 m 的距离。距离指示桩的间距一般等于柱子间距的整数倍,但不超过所用钢尺的长度。如图 9-1 所示,矩形控制网 R,S,P,Q 四个点可根据厂区建筑方格网用直角坐标法进行放样,故其四个角点的坐标是按四个房角点的设计坐标加减 4 m 算得的。

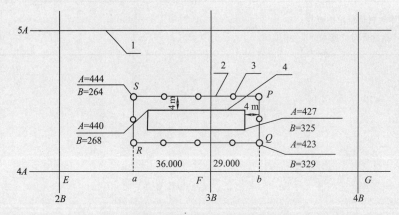

图 9-1 厂房矩形控制网

1—建筑方格网;2—厂房矩形控制网;3—距离指标桩;4—车间外墙

（二）绘制放样略图

图 9-1 是根据设计总平面图和施工平面图,按一定的比例绘制的放样略图。图上标有厂房矩形控制网两个对角点 S,Q 的坐标,及 R,Q 点相对于方格网点下的平面尺寸数据。

二、工业建筑施工测量的主要内容和原则

（一）主要内容

(1)在施工前建立施工控制网;

(2)熟悉设计图纸,按设计和施工要求进行放样;

(3)检查并验收,每道工序完成后应进行测量,检查是否符合设计要求。

（二）施工测量的原则

为了保证建筑物的相对位置及内容尺寸能满足设计要求,施工测量必须坚持"从高级到低级,从整体到局部,先控制后碎部"的原则。首先在建筑物的施工场地,以原有设计阶段所建立的控制网为基础,建立统一的施工控制网,然后根据施工控制网来测设建筑物的轴线,再根据轴线测设建筑物的细部尺寸。

活动二　厂房控制网的测设

一、单一厂房矩形控制网的测设

对于中、小型厂房而言,测设成一个四边围成的简单矩形控制网即可满足放线需要。

现介绍依据建筑方格网,按直角坐标法建立厂房控制网的方法。如图 9-2 所示,E,F,G,H 是厂房边轴线的交点,F,H 两点的建筑坐标已在总平面图中标明。P,Q,R,S 是布设在基坑开控边线以外的厂房控制网的四个角桩,称为厂房控制桩。控制网的边与厂房轴线相平行。测设前,先根据 F,H 的建筑坐标推算出控制点 P,Q,R,S 的建筑坐标,然后以建筑方格网点 M,N 为依据,计算测设数据。

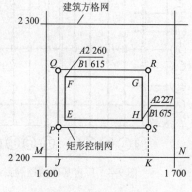

图 9-2　建筑方格网

测设时,根据放样数据,从建筑方格网点 M 起始,通过丈量,在地面上定出 J,K 两点,然后将经纬仪分别安置在 J,K 点上,采用直角坐标法测设出厂房控制点 P,Q,R,S,并用大木桩标定。最后实测 $\angle Q$ 和 $\angle R$,其与 90° 比较,误差不应超过 10″;精密丈量 QR 的距离,与设计长度进行比较,其相对误差不应超过 1/10 000。

二、大型工业厂房矩形控制网的测设

对于大型工业厂房、机械化传动性较高或有连续生产设备的工业厂房,需要建立有主轴线的较为复杂的矩形控制网。主轴线一般选定与厂房的柱列轴线相重合,以方便后面的细部放样。主轴线的定位点及控制网的各控制点应与建筑物基础的开控线保持 2 ~ 4 m 的距离,并能长期使用和保存。控制网的边线上,除厂房控制桩外,还应增设距离指示桩。桩位宜选在厂房柱列轴线或主要设备的中心线上,其间距一般为 18 m 或 24 m,以便于直接利用指示桩进行厂房的细部测设。图 9-3 所示为某大型厂房的矩形控制网,主轴线 AOB 和 COD 分别选在厂房中间部位的柱列轴线Ⓑ和⑧轴上,P,Q,R,S 为控制网的四个控制点。

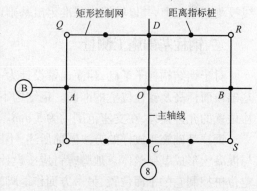

图 9-3　大型厂房的矩形控制网

测设时,首先将长轴线 AOB 测定于地面,再以长轴线为依据测设短轴 COD,并对短轴进行方向改正,使两轴线严格正交,交角的限差为 ± 5″。主轴线方向确定后,从 O 点起始,用精密丈量的方法定出轴线端点,使主轴线长度的相对误差不超过 1/50 000。主轴线测定后,可测设矩形控制网,即通过主轴线端点测设 90°,交会出控制点 P,Q,R,S。最后丈量控制网边线,其精度应与主轴线相同。若量距和角度交会得到的控制点位置不一致,应进行调整。边线量距时应同时定出距离指示桩。

活动三　厂房基础施工测量

厂房矩形控制网建立之后,根据控制桩和距离指示桩,用钢尺沿控制网边线逐段丈量出各柱列轴线端点的位置,并设置轴线控制桩,作为柱基放样的依据,如图 9-4 所示。

一、混凝土杯形基础施工测量

(一)混凝土杯形基础的放样

杯形基础的放样应以柱列轴线为基线,按图纸中基础与柱列轴线的关系尺寸进行。

现以图 9-5 所示Ⓐ轴与④轴交点处的基础详图为例,说明混凝土杯形基础的放样方法。将两架经纬仪分别安置在Ⓐ轴与④轴一端的控制桩上,瞄准各自轴线另一端的控制桩,交会出的轴线交点作为该基础的定位点。再在基坑边线外 1 ~ 2 m 处的轴线方向上打入四个小桩作为基坑定位桩,如图 9-5 所示,并在

桩上拉细线绳,最后用特制的T形尺,按基础详图的尺寸和基坑放坡尺寸 a 放出开控边线,并撒白灰标出,如图9-6所示。

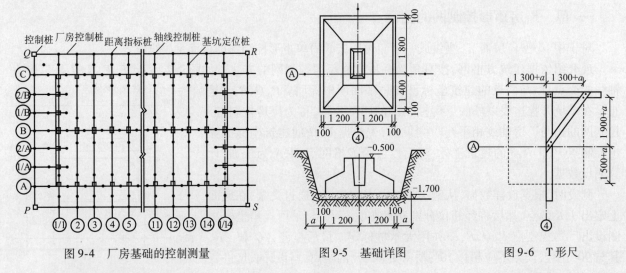

| 图9-4 厂房基础的控制测量 | 图9-5 基础详图 | 图9-6 T形尺 |

（二）基坑抄平

基坑挖到接近坑底设计标高时,在坑壁的四个角上测设相同高程的水平桩。桩的上表面与坑底设计标高一般相差0.3~0.5 m,用作修正坑底和垫层施工的高程依据。

（三）基础模板定位

基础的混凝土垫层完成并达到一定的强度后,由基坑定位小木桩顶面的轴线钉拉细线绳,用垂球将轴线投测到垫层上,并以轴线为基准定出基础边界,弹出墨线,作为立模板的依据。

二、钢柱基础施工测量

对于钢结构柱子基础,顶面通常设计为一平面,通过锚栓将钢柱与基础联成整体。施工时应注意保证基础顶面标高及锚栓位置的准确。钢结构下面支承面的允许偏差,高度为 ±2 mm,倾斜度为1/1 000,锚栓位置的允许偏差,在支座范围内为5 mm。

钢柱基础施工放样的方法同前所述,不同处是柱子基础中在浇灌混凝土之前需要埋设地脚螺钉,使之与混凝土形成基础整体。地脚螺钉应按设计要求埋设在相对于基础中心线的关系位置上。一方面用基础定位桩控制它的平面位置,另一方面作地脚螺钉顶部高程放样。

在实际工作中,设置地脚螺钉的方法很多。常见的一种是将地脚螺钉按对柱基中心线的关系尺寸直接与基础中的钢筋连接在一起焊牢,并保证高程的准确。

三、混凝土柱子基础、柱身、平台施工测量

混凝土柱子基础、柱身、平台称整体结构柱基础,它是指柱子与基础平台结为一整体,先按基础中心线挖好基坑,安放好模板,在基础与柱身钢筋绑扎后,浇灌基础混凝土至柱底,然后安置柱子(柱身)模板。其基础部分的测量工作与前面所述相同。柱身部分的测量工作主要是校正柱子模板中心线及柱身铅直。由于是现浇现灌,测量精度要求较高。

活动四 厂房构件安装测量

一、柱子的安装测量

（一）测量精度要求

在厂房构件安装中,首先应进行牛腿柱的吊装,柱子安装质量的好坏对以后安装的其他构件(如吊车梁、吊车轨道、屋架等)的安装质量产生直接影响,因此必须严格遵守下列限差要求:

（1）柱脚中心线与柱列轴线之间的平面尺寸容许偏差为 ±5 mm;

（2）牛腿面的实际标高与设计标高的容许误差，当柱高在 5 m 以下时为 ±5 mm，5 m 以上时为 ±8 mm；

（3）柱的垂直度容许偏差为柱高的 1/1 000，且不超过 20 mm。

（二）安装前的准备工作

1. 基础杯口顶面弹线和柱身弹线

柱的平面就位及校正是利用柱身的中心线和基础杯口顶面的中心定位线进行对位实现的，因此，柱子安装前，应根据轴线控制桩用经纬仪将柱列轴线投测到基础杯口顶面，并弹出墨线。当图纸要求轴线从杯口中心通过时，所弹墨线就是中心定位线；当柱列轴线不通过杯口中心时，还应以轴线为基准加弹中心定位线，并用红油漆画上"▲"标志，作为柱子校正的照准目标。同时，还要在杯口内壁测设一条标高线，作为杯口底面找平之用，如图 9-7 所示。

另外，在柱的三个侧面上弹出柱中心线，并在每条线的上端和近杯口处画上"▲"，如图 9-8 所示。

2. 柱长的检查及杯口底面找平

柱的牛腿顶面需要支承吊车梁和钢轨，吊车运行要求严格控制轨道的水平度，因此柱子安装时应确保牛腿顶面符合设计标高。

设牛腿顶面至柱子底面的柱身设计长度为 l，基础杯口底面设计标高为 H_1，牛腿面设计标高为 H_2，如图 9-9 所示，则三值间有如下关系：

$$H_2 = H_1 + l$$

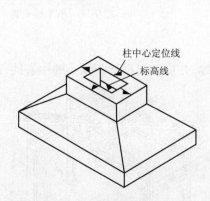

图 9-7 柱在基础安装放样

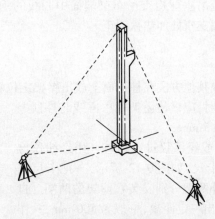

图 9-8 柱安装轴线测量

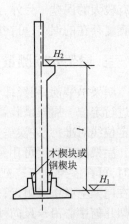

图 9-9 安装测量

构件制作时总是或多或少地存在制作误差，使柱的实际尺寸和设计尺寸不一致。同样基础杯底标高也存在施工误差。柱子安装后，牛腿顶面的实际标高将与设计标高不符。要解决这个问题，通常是在浇筑混凝土时有意使杯口底面标高比设计标高低 2~5 cm。安装前用钢尺对每一根柱量取牛腿顶面对柱底的实际长度 l'，再根据 H_2 和 l' 计算出杯口底面的实际需要标高 H_1'，即

$$H_1' = H_2 - l'$$

然后根据杯口内壁的标高线，用砂浆水泥或细石混凝土找平使杯底达到 H_1' 标高。

（三）柱子安装时的测量工作

在柱子被吊入基础杯口，柱脚已经接近杯底时，应停止吊钩的下落，使柱子在悬吊状态下进行就位。就位时，将柱中心线与杯口顶面的定位中心对齐，并使柱身概略垂直后，在杯口处插入木楔块或钢楔块（见图 9-9）。柱身脱离吊钩柱脚沉到杯底后，还应复查中线的对位情况，再用水准仪检测柱身上已标定的 ±0.000 线。判定高程定位误差。这两项检测均符合精度要求之后将楔块打紧，使柱初步固定，然后进行竖直校正。

如图 9-10 所示，在基础纵、横柱列轴线上，与柱子的距离不小于 1.5 倍柱高的位置，各安置一台经纬仪，瞄准柱下部的中心线，固定照准部，再仰视柱顶，当两个方向上柱中心线与十字丝的竖丝均重合时，说明柱子是竖直的；若不重合，则应在两个方向先后进行垂直度调整，直到重合为止。

实际安装工作中，一般是先将成排的柱吊入杯口并初步固定，然后再逐根进行竖直校正。在这种情况下，应在柱列轴线的一侧与轴线成 15°左右的 β 角方向上安置仪器进行校正。仪器在一个位置可先后校正几根柱子（见图 9-10）。

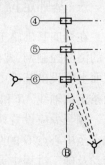

图 9-10 一镜多校

二、吊车梁安装测量

吊车梁安装时,测量工作的主要任务是使安置在柱子牛腿上的吊车梁的平面位置、顶面标高及梁端面中心线的垂直度均符合设计要求。

吊装之前应先做好两个方面的准备工作:一是在吊车梁的顶面和两端面上弹出梁中心线;二是将吊车轨道中心线引测到牛腿面上。引测方法如图 9-11 所示,先在图纸上查出吊车轨道中心线与柱列轴线之间的距离 e,再分别依据④轴线和⑧轴线两端的控制桩,采用平移轴线的方法,在地面测设出轨道中心线 $A'A'$ 和 $B'B'$。将经纬仪分别安置在 $A'A'$ 和 $B'B'$ 一端的控制点上,照准另一控制点,仰起望远镜,将轨道中心线测设到柱的牛腿面上,并弹出墨线。上述工作完成后可进行吊车梁的安装。

吊车梁被吊起并已接近牛腿面时,应进行梁端面中心线与牛腿面上的轨道中心线的对位,两线平齐后,将梁放置在牛腿上。平面定位完成后,应进行吊车梁顶面标高检查。检查时,先在柱子侧面测设出一条 ±50 cm 的标高线,用钢尺自标高线起沿柱身向上量至吊车梁顶面,求得标高误差。由于安装柱子时,已根据牛腿顶面至柱底的实际长度对杯底标高进行了调整,因而吊车梁标高一般不会有较大的误差。另外,还应吊垂球检查吊车梁端面中心线的垂直度。标高和垂直度存在的误差,可在梁底支座处加垫铁纠正。

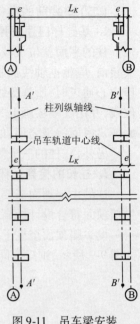

图 9-11　吊车梁安装

三、屋架安装测量

屋架吊装前,用经纬仪或其他方法在柱顶面上放出屋架定位轴线,并应弹出屋架两端头的中心线,以便进行定位。屋架吊装就位时,应该使屋架的中心线与柱顶上的定位线对准,允许误差为 ±5 mm。

屋架的垂直度可用锤球或经纬仪进行检查。用经纬仪检查时,可在屋架上安装三把卡尺,如图 9-12 所示,一把卡尺安装在屋架上弦中点附近,另外两把分别安装在屋架的两端。自屋架几何中心沿卡尺向外量出一定距离,一般为 500 mm,并作标志。然后在地面上距屋架中心线同样距离处安置经纬仪,观测三把卡尺上的标志是否在同一竖直面内,若屋架竖向偏差较大,则用机具校正,最后将屋架固定。

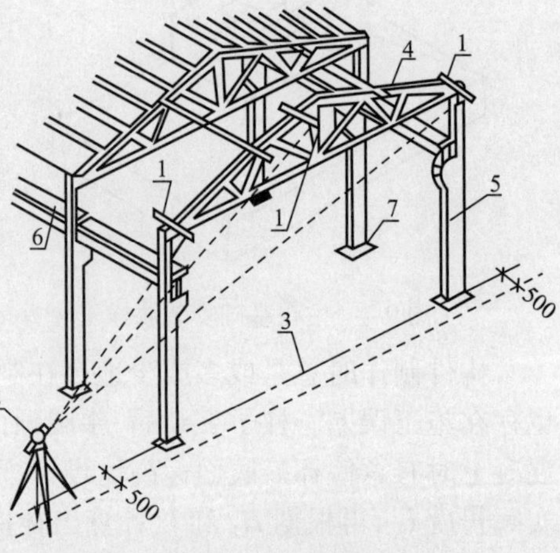

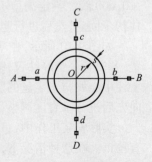

图 9-12　屋架安装
1—卡尺;2—经纬仪;3—定位轴线;4—屋架;
5—柱;6—吊木架;7—基础

活动五　烟囱、水塔施工测量

烟囱和水塔的施工测量相近似,现以烟囱为例加以说明。烟囱是截圆锥形的高耸建筑物,其特点是作为主体的筒身高度很大,一般有几十米至二三百米。相对筒身而言,基础的平面尺寸较小,因而整体稳定性较差。上述特点决定了烟囱施工测量的主要工作是严格控制筒身中心线的垂直偏差,保证筒身的垂直,以减小偏心带来的不利影响。

一、基础定位

在烟囱基础施工测量中,应先进行基础定位。如图 9-13 所示,利用场地已有的测图控制网、建筑方格网或原有建筑物,采用直角坐标法或极坐标法,先在地面上测设出基础中心点 O。然后将经纬仪安置在 O 点,测设出在 O 点正交的两条定位轴线 AB 和 CD,其方向的选择以便于观测和保存点位为准则。轴线的每一侧至少应设置两个轴线控制桩,用以在施工过程中投测筒身的中心位置。桩点至中心点 O 的距离以不小于烟囱高度的 1.5 倍为宜。为便于校核桩位有无变动及施工过程中灵活方便地投测,也可适当多设置几个轴线控制桩。控制桩应牢固耐久,并妥善保护,以便长期使用。

图 9-13　基础测量

二、基础施工测量

如图 9-13 所示,定出烟囱中心 O 后,以 O 为圆心,以 $R = r + s$(r 为烟囱底部半径,s 为基坑的放坡宽度)为半径,在地面上用皮尺画圆,并撒灰线,标明控坑范围。

当基坑挖到接近设计标高时,与房屋建筑基础工程施工测量中基槽开挖深度控制一样,在基坑内壁测设水平控制桩,用于检查挖土深度和浇灌混凝土垫层控制,同时在基坑边缘的轴线上钉四个小木桩,如图 9-13 中的 a,b,c,d,用于修坡和确定基础中心。

浇灌混凝土基础时,应在烟囱中心位置埋设角钢,根据定位小木桩,用经纬仪准确地在角钢顶面测出烟囱的中心位置,并刻上"十"字丝,作为筒身施工时控制烟囱中心垂直度和控制烟囱半径的依据。

三、筒身主体的施工测量

烟囱筒身向上砌筑时,筒身中心线、半径、收坡要严格控制。不论是砖烟囱还是钢筋混凝土烟囱,筒身施工时都需要随时将中心点引测到施工作业面上,引测的方法常采用吊锤线法和激光导向法。前者操作简单、经济,但精度较低,一般用于高度不超过 70 m 的烟囱;后者精度较高,但操作复杂,所需施工场地大。

(一)吊锤线法

如图 9-14 所示,吊锤线法是在施工作业面上安置一根断面较大的方木,另设一带刻划的木杆插与方木铰结在一起。尺杆可绕铰结点转动。铰结点下设置的挂钩上用钢丝吊一个质量为 8 ~ 12 kg 的大锤球,烟囱越高使用的锤球应越重。投测时,先调整钢丝的长度,使锤球尖与基础中心点标志之间仅存在很小的间隔。然后调整作业面上的方木位置,使锤球尖对准标志的"十"字交点,则钢丝上端的方木铰结点就是该工作面的筒身中心点。在工作面上,根据相应高度的筒身设计半径转动木尺杆画圆,即可检查筒壁偏差和圆度,作为指导下一步施工的依据。烟囱每升高一步架,要用锤球引测一次中心点,每升高 5 ~ 10 m 还要用经纬仪复核一次。复核时把经纬仪先后安置在各轴线控制点上,照准基础侧面上的轴线标志,用盘左、盘右取中的方法,分别将轴线投测到施工面上,并做标志。然后按标志拉线,两线交叉点即为烟囱中心点。它应与锤球引测的中心重合或偏差不超过限差,一般不超过所砌高度的 1/1 000。依经纬仪投测的中心点为准,作为继续向上施工的依据。

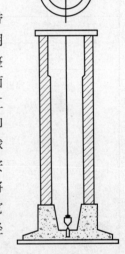

图 9-14 吊锤线法

吊锤线法是一种垂直投测的传统方法,使用简单。但易受风的影响,有风时吊锤线发生摆动和倾斜,随着筒身增高,对中的精度会越来越低。

(二)激光导向法

高大的钢筋混凝土烟囱常采用滑升模板施工,若仍采用吊锤线或经纬仪投测烟囱中心点,无论是投测精度还是投测速度,都难以满足施工要求。采用激光铅直仪投测烟囱中心点,能克服上述方法的不足。投测时,将激光铅直仪安置在烟囱底部的中心标志上,在工作台中央安置接收靶,烟囱模板滑升 25 ~ 30 cm浇灌一层混凝土,每次模板滑升前后各进行一次观测。观测人员在接收靶上可直接得到滑模中心对铅垂线的偏离值,施工人员依此调整滑模位置。在施工过程中,要经常对仪器进行激光束的垂直度检验和校正,以保证施工质量。

四、筒身高程测量

要测量烟囱砌筑的高度,一般是先用水准仪在烟囱底部的外壁上测设出某一高度(如 +0.500 m)的标高线,然后以此线为准,用钢尺直接向上量取。筒身四周水平,应经常用水平尺检查上口水平,发现偏差应随时纠正。

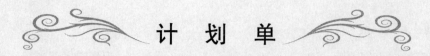

计 划 单

学习领域	建筑施工测量		
学习情境四	建筑工程施工测量	工作任务9	工业建筑施工测量
计划方式	小组讨论、团结协作共同制订计划	计划学时	0.5
序　号	实施步骤		具体工作内容描述
制订计划 说明	（写出制订计划中人员为完成任务的主要建议或可以借鉴的建议、需要解释的某一方面）		
计划评价	班　级		第　组	组长签字	
	教师签字		日　期	
	评语：				

决　策　单

学习领域	建筑施工测量			
学习情境四	建筑工程施工测量		工作任务 9	工业建筑施工测量
决策学时	0.5			
方案对比	序号	方案的可行性	方案的先进性	实施难度	综合评价
	1				
	2				
	3				
	4				
	5				
	6				
	7				
	8				
	9				
	10				
决策评价	班　级		第　组	组长签字	
	教师签字		日　期		
	评语：				

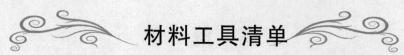

材料工具清单

学习领域	建筑施工测量					
学习情境四	建筑工程施工测量			工作任务9	工业建筑施工测量	
清单要求	根据工作任务列出所需材料工具的名称、作用、型号及数量,标明使用前后的状况,并在说明中写明材料工具之间的相对联系或关系。					
序号	名称	作用	型号	数量	使用前状况	使用后状况
1						
2						
3						
4						
5						
6						
7						
8						
9						
10						

说明:(请简要说明各材料工具之间的相对联系或关系)

班　级		第　组	组长签字	
教师签字			日　期	
评　语				

实 施 单

学习领域	建筑施工测量		
学习情境四	建筑工程施工测量	工作任务9	工业建筑施工测量
实施方式	小组成员合作,共同研讨确定动手实践的实施步骤,每人均填写实施单	实施学时	4
序　号	实施步骤		使用资源
1			
2			
3			
4			
5			
6			
7			
8			

实施说明:

班　级		第　组	组长签字	
教师签字			日　期	
评　语				

作 业 单

学习领域	建筑施工测量		
学习情境四	建筑工程施工测量	工作任务 9	工业建筑施工测量
实施方式	小组成员动手实践,学生自己记录、计算测量数据、绘制测设略图		

（在此绘制记录表和测设略图,不够请加附页）

班　级		第　组	组长签字	
教师签字			日　期	
评　语				

检 查 单

学习领域	建筑施工测量			
学习情境四	建筑工程施工测量		工作任务9	工业建筑施工测量
检查学时	0.5			
序号	检查项目	检查标准	组内互查	教师检查
1	工作程序	是否正确		
2	完成的报告的点位数据	是否完整、正确		
3	测量记录	是否正确、整洁		
4	报告记录	是否完整、清晰		
5	描述工作过程	是否完整、正确		

班　级		第　组	组长签字	
教师签字		日　期		

检查评价

评语：

评 价 单

学习领域	建筑施工测量					
学习情境四	建筑工程施工测量		**工作任务9**		工业建筑施工测量	
评价学时	0.5					
考核项目	考核内容及要求	分值	学生自评 （10%）	小组评分 （20%）	教师评分 （70%）	实得分
计划编制 （20）	工作程序的完整性	10				
	步骤内容描述	8				
	计划的规范性	2				
工作过程 （45）	记录清晰、数据正确	10				
	布设点位正确	5				
	报告完整性	30				
基本操作 （10）	操作程序正确	5				
	操作符合限差要求	5				
安全文明 （10）	叙述工作过程应注意的安全事项	5				
	工具正确使用和保养、放置规范	5				
完成时间 （5）	能够在要求的 90 min 内完成，每超时 5 min扣1分	5				
合作性 （10）	独立完成任务得满分	10				
	在组内成员帮助下完成得6分					
总分（Σ）		100				

班　级		姓　名		学　号		总　评	
教师签字		第　组		组长签字		日　期	

评价评语	评语：

工作任务10　建筑物变形观测

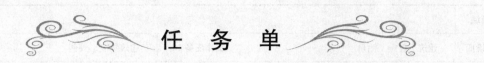

任 务 单

学习领域	建筑施工测量		
学习情境四	建筑工程施工测量	工作任务10	建筑物变形观测
任务学时	12		

布 置 任 务

工作目标	1. 掌握建筑物变形观测的目的和特点、内容、要求； 2. 学会建筑物沉降观测的知识，掌握精密水准测量的相关知识； 3. 掌握建筑物倾斜观测方法； 4. 学会建筑物水平位移与裂缝观测及竣工测量的内容和方法； 5. 能够编绘竣工总平面图； 6. 能够在学习的工作中锻炼专业能力、方法能力和社会能力等职业能力。
任务描述	在模拟环境中根据建筑物类型合理确定其变形观测技术要求，利用已有控制点结合实地情况加密现场观测控制点，合理布设变形观测标志，进行建筑物变形观测，编制变形观测资料；进行竣工测量。 　1. 外业工作，主要内容包括：现场踏勘选取合适的已有控制点加密现场观测控制点，布设变形观测标志，进行建筑物变形观测，填写观测记录； 　2. 内业工作，主要内容包括：确定建筑物观测技术要求，规划观测加密控制点和观测标志具体位置，整理观测资料，并对建筑物变形做出评价；绘制竣工图。

学时安排	资讯	计划	决策或分工	实施	检查	评价
	5 学时	0.5 学时	0.5 学时	5 学时	0.5 学时	0.5 学时

提供资料	1. 建筑场地平面布置总图、建筑施工图； 2. 工程测量规范； 3. 测量员岗位工作技术标准。
对学生的要求	1. 具备建筑工程识图与绘图的基础知识； 2. 具备建筑工程构造的知识； 3. 具备几何方面的基础知识； 4. 具备一定的自学能力、数据计算能力、沟通协调能力、语言表达能力和团队意识； 5. 严格遵守课堂纪律，不迟到、不早退；学习态度认真、端正； 6. 每位同学必须积极参与小组讨论； 7. 每组均完成变形观测资料的编绘和竣工测量图的绘制。

资 讯 单

学习领域	建筑施工测量		
学习情境四	建筑工程施工测量	**工作任务10**	建筑物变形观测
资讯学时	5		
资讯方式	在图书馆杂志、教材、互联网及信息单上查询问题;咨询任课教师		
资讯问题	问题一:建筑物变形观测测量的意义是什么? 变形观测主要包括哪些内容?		
	问题二:布设沉降观测水准点和沉降观测点各应注意哪些问题?		
	问题三:精密水准测量应用什么仪器设备? 描述如何进行作业。		
	问题二:沉降观测的方法有何规定? 沉降观测精度如何规定?		
	问题三:什么是沉降观测时"三固定"? 为什么在沉降观测时要做到"三固定"?		
	问题四:在塔式建筑物的倾斜观测中,若只有经纬仪,能进行倾斜观测吗? 若可以,简述其方法。		
	问题五:如何进行建筑物的裂缝观测?		
	问题六:如何进行建筑物的位移观测?		
	问题七:沉降观测的时间和次数是如何确定的?		
	问题八:测定建筑物倾斜的方法有哪些? 分别如何进行?		
	问题九:位移观测的方法有几种? 分别如何进行?		
	问题十:竣工测量的意义是什么? 都包括哪些工作内容?		
	学生需要单独资讯的问题……		
资讯引导	1. 在本教材信息单中查找; 2. 在《测量员岗位技术标准》查找。		

信　息　单

活动一　建筑物变形观测的内容及技术要求

一、建筑物变形观测的目的和定义

在建筑物修建过程中,建筑物的基础和地基所承受的荷载会不断增加,从而引起基础及其回层地层变形,而建筑物本身因基础变形及外部荷载与内部应力的作用,也要发生变形。这种变形在一定范围内,可视为正常现象,但超过某一限度就会影响建筑物的正常使用,会对建筑物的安全产生严重影响,或使建筑物产生倾斜,或造成建筑物开裂,甚至造成建筑物整体坍塌。因此,为了建筑物的安全使用,研究变形的原因和规律,在建筑物的设计、施工和运行管理期间需要进行建筑物的变形观测。

所谓变形观测,就是对建筑物(构筑物)及其地基或一定范围内岩体和土体的变形(包括水平位移、沉降、倾斜、挠度、裂缝等)进行的测量工作。

二、建筑物变形观测的特点、内容

(一)变形观测的特点

变形观测通过对变形体的动态监测,获得精确的观测数据,并对监测数据进行综合分析,及时对异常变形可能产生的危害进行预报,以便采取必要的技术手段和措施,避免造成严重后果,其具有如下特点:

(1)根据变形观测等级确定观测精度;

(2)重复观测工作,测量时间跨度大,重复周期较长;

(3)数据复杂,变形量小,需要严密数据处理方法。

(二)变形观测的内容

建筑物变形观测的内容主要包括:

(1)建筑物的沉降观测:建筑物的重量会使地基受荷载而扰动,引起建筑物沉降。

(2)建筑物的倾斜观测:建筑物地基承载能力不均衡,致使建筑物在平面上不均匀沉降,产生建筑物产生倾斜现象。

(3)建筑物的位移观测:由于横向力作用于建筑物地基或者建筑物地基逐渐缺少某一方向的横向力,使建筑物产生水平移动。

(4)建筑物的裂缝观测:由于沉降与水平位移的共同作用达到一定程度,使建筑物产生裂缝,甚至倒塌。

三、建筑物变形观测的要求

变形观测能否达到预定的目的要受到很多因素的影响,其中最基本的因素是观测点的布设、观测的精度与频率,以及每次观测所进行的时间。通常在建筑物的设计阶段,在调查建筑物地基负载性能、研究自然因素对建筑物变形影响的同时,就应着手拟订变形观测的方案,并将其作为工程建筑物的一项设计内容,以便在施工时将标志和设备埋置在设计位置。从建筑物开始施工就进行观测,一直持续到变形终止。

变形观测的精度要求取决于该建筑物设计的允许变形值的大小和进行观测的目的。如果观测的目的是使变形值不超过某一允许的数值而确保建筑物的安全,则观测的中误差应小于允许变形值的 $1/10 \sim 1/20$;如果观测目的是研究其变形过程,则中误差应比这个数值小得多。一般来讲,从使用的目的出发,对建筑物观测应能反映 $1 \sim 2$ mm 的沉降量。表 10-1 为变形观测的等级划分及精度要求。

表 10-1　变形观测的等级划分及精度要求　　　　　　　　　　　　　　单位:mm

变形测量等级	垂直位移测量		水平位移测量	适用范围
	变形点的高程中误差	相邻变形点高差中误差	变形点的点位中误差	
一等	±0.3	±0.1	±1.5	变形特别敏感的高层建筑、工业建筑、重要古建筑、精密工程设施、高耸建筑物等
二等	±0.5	±0.3	±3.0	变形比较敏感的高层建筑、古建筑、高耸建筑物、重要工程设施和重要建筑场地的滑坡监测等
三等	±1.0	±0.5	±6.0	一般性高层建筑、工业建筑、高耸建筑物、滑坡监测
四等	±2.0	±1.0	±12.0	观测精度要求较低的建筑物、滑坡监测

观测的频率决定于变形值的大小和变形速度,以及观测的目的。通常观测的次数应既能反映出变化的过程,又不遗漏变化的时刻。在施工阶段,观测频率应大些,一般有三天、七天、半月三种周期,到了竣工投产以后,频率可小一些,一般有一个月、两个月、三个月、半年及一年等不同的周期。除了系统的周期观测以外,有时还要进行紧急观测(临时观测)。

活动二　建筑物沉降观测

建筑物的沉降观测是用水准测量的方法,周期性地观测建筑物上的沉降观测点和水准基点之间的高差变化值,来确定建筑物本身在垂直方向上的位移量的工作。

一、水准点的布设

(一)水准点的布设要求

水准点是沉降观测的基准点,所有建筑物及其基础的沉降均根据它来确定,因此它的构造与埋设必须保证稳定不变和长久保存。

(1)水准点应埋设在建筑物变形影响范围之外,一般距离基坑开挖边线 50 m 左右,且不受施工影响的地方。

(2)水准点应布设在施工受振区以外,并避免埋设在低洼积水处或松软土地带,离开公路、地下管道至少 5 m。

(3)可按二、三等水准点标石规格埋设标志,埋设深度至少在当地标准冻深线以下 0.5 m。也可在稳定的建筑物上设立墙上水准点。

(4)为了互相检核,水准点最少应布设三个。

(5)对于拟测工程规模较大者,基点要统一布设在建筑物的周围,便于缩短水准路线,提高观测精度。

(6)城市地区的沉降观测水准基点可用二等水准与城市水准点连测,也可以采用假定高程。

(二)精密水准测量的设备

1. 电子水准仪

1994 年,蔡司厂研制出了电子水准仪 DiNi10/20;同年,拓普康厂研制出了电子水准仪 DL101/102。目前水准测量精度较高,没有其他方法可以取代。GPS 技术只能确定大地高,大地高要换算成工程上的正高,还需要知道高程异常,确定高程异常就少不了精密水准测量。

电子水准仪具有测量速度快、读数客观、能减轻作业劳动强度、精度高、测量数据便于输入计算机和容易实现水准测量内外业一体化的特点,因此它投放市场后很快受到用户青睐。电子水准仪定位在中精度和高精度水准测量范围,分为两个精度等级,中等精度的标准差为 1.0 ~ 1.5 mm/km,高精度的为 0.3 ~ 0.4 mm/km。如蔡司 DiNi 12 电子水准仪是德国蔡司厂生产的第三代电子水准仪,其每千米往返测高差中误差为 ±0.3 mm,可用于国家一、二等水准测量和变形监测等高精度测量。

电子水准仪是以自动安平水准仪为基础,在望远镜光路中增加了分光镜和探测器(CCD),并采用条码标尺和图像处理电子系统而构成的光机电测一体化的高科技产品。其采用普通标尺时,又可像一般自动安平水准仪一样使用。它与传统仪器相比有以下特点:

（1）读数客观。不存在误差、误记问题，没有人为读数误差。

（2）精度高。视线高和视距读数都是采用大量条码分划图像经处理后取平均得出来的，因此削弱了标尺分划误差的影响。多数仪器都有进行多次读数取平均的功能，可以削弱外界条件影响。不熟练的作业人员业也能进行高精度测量。

（3）速度快。由于省去了报数、听记、现场计算的时间以及人为出错的重测数量，测量时间与传统仪器相比可以节省1/3左右。

（4）效率高。只需调焦和按键就可以自动读数，减轻了劳动强度。视距还能自动记录，检核，处理并能输入电子计算机进行后处理，可实线内外业一体化。

电子水准仪学习使用非常简单，它有着结构清楚界面友好的操作菜单和功能输入键，确保在任何天气条件下都能清晰地读取条码尺的数据，绝无任何人为误差（读数误差、记录误差、计算误差等），所有的测量和记录，计算都非常迅速正确。电子水准仪无缝数据传输并可方便地将数据传至计算机中，使工作更为方便。电子水准仪可方便输入点号、点名、线名、线号以及代号信息，使用户节省50%的时间和花费。

中纬 ZDL700 电子水准仪如图 10-1 所示。

电子水准仪有丰富快捷的软件，可完成二等到四等水准测量的精度要求。内置多种测量模式的测量程序，具有质量高、可靠性强及操作简单的优点。

2. 精密水准仪

精密水准仪的结构精密，性能稳定，测量精度高。其基本构造也是主要由望远镜、水准器和基座三部分组成（见图 10-2）。与普通的 DS_3 型水准仪相比，它具有如下主要特征：

（1）望远镜的光学性能好，放大率高，一般不小于 40 倍。

（2）水准管的灵敏度高，其分划值为 $10''/2 \, mm$，比 DS_3 型水准仪的水准管分划值提高了一倍。

（3）仪器结构精密，水准管轴和视准轴关系稳定，受温度影响较小。

（4）精密水准仪采用光学测微器读数装置，从而提高了读数精度。

（5）精密水准仪配有专用的精密水准尺。

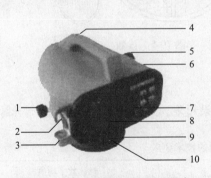

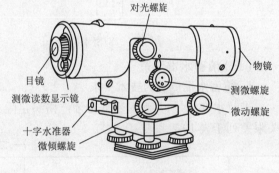

图 10-1　中纬 ZDL700 电子水准仪

1—水平微动螺旋；2—电池仓；3—圆水准器；4—瞄准器；
5—调焦螺旋；6—提把；7—目镜；8—显示屏；9—机座；10—机座脚螺旋

图 10-2　精密水准仪

精密水准仪的光学测微器读数装置主要由平行玻璃板、测微分划尺、传导杆、测微螺旋和测微读数系统组成，如图 10-3 所示。当转动测微螺旋时，传导杆推动平行玻璃板前后倾斜，视线透过平行玻璃板产生平行移动，移动数值可由测微器反映出来，移动数值由读数显微镜在测微尺上读出。测微尺上 100 分格与标尺上 1 个分格（1 cm 或 0.5 cm）相对应，所以测微时能直接读到 0.1 mm（或 0.05 mm），读数精度提高。

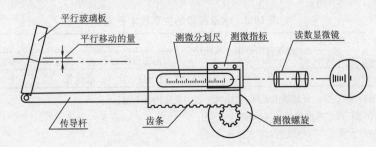

图 10-3　光学测微器读数装置

图 10-4 所示为精密水准仪配有的精密水准尺,该尺全长 3 m,尺面平直并附有足够精度的圆水准器。在木质尺身中间有一凹槽,内装膨胀系数极小的因瓦合金带,标尺的分划是在合金带上,分划值为 5 mm,它有左右两排分划,每排分划之间的间隔是 10 mm,但两排分划彼此错开 5 mm,所以实际上左边是单数分划,右边是双数分划,注记是在两旁的木质尺面上,左面注记的是米数,右面注记的是分米数,整个注记为 0.1~5.9 m,分划注记比实际数值大了一倍,所以,用这种水准尺进行水准测量时,必须将所测得的高差值除以 2 才得到实际的高差值。

精密水准仪的操作方法与普通 DS₃ 水准仪基本相同,不同之处主要是读数方法有所差异。精平时,转动微倾螺旋使符合水准水泡两端的影像精确符合,此时视线水平。再转动测微器上的螺旋,使横丝一侧的楔形丝准确地夹住整分划线。其读数分为两部分:厘米以上的数按标尺读数,厘米以下的数在测微器分划尺上读取,估读到 0.01 mm。如图 10-5 所示,在标尺上读数为 1.97 m,测微器上读取 1.52 mm,整个读数为 1.971 52 m,而实际读数应是它的一半,即 0.985 76 m。

图 10-4 精密水准尺

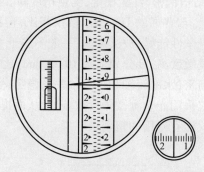

图 10-5 读数

(三)精密水准测量

1. 精密水准测量的技术要求

进行水准测量,其观测数据必须严格满足限差要求,如果超限,必须重测。现将一、二等水准测量的有关限差列于表 10-2 和表 10-3。

表 10-2 一、二等水准测量的技术要求

等级	视线长度		前后视距差/m	前后视距累计差/m	视线高度(下丝读数)/m	基辅分化读数差/mm	基辅分化所得高差之差/mm	上下丝读数平均值与中丝读数之差		水准路线测段往返测高差不符值/mm
	仪器类型	视距/m						0.5 cm分化标尺/mm	1 cm分化标尺/mm	
一	S05	≤30	≤0.5	≤1.5	≥0.5	0.3	≤0.4	≤1.5	≤3.0	≤±2√k
二	S1	≤50	≤1.0	≤3.0	≥0.3	0.4	≤0.6	≤1.5	≤3.0	≤±4√k
	S05	≤50								

注:K——测段、区段或路线长度(km)。

资料来源:引自《国家一、二等水准测量规范》。

表 10-3 水准测量的主要技术要求

等级	每千米高差全中误差/mm	路线长度/km	水准仪型号	水准尺	观测次数		往返较差、附合或环线闭合差	
					与已知点联测	附合或环线	平地/mm	山地/mm
二等	2	—	DS₁	因瓦	往返各一次	往返各一次	4√L	—

注:①结点之间或结点与高级点之间,其路线的长度,不应大于表中规定的 0.7 倍;
　　②L 为往返测段,附合或环线的水准路线长度(km);
　　③数字水准仪测量的技术要求和同等级的光学水准仪相同;
　　④工程测量规范没有"一等"。

资料来源:引自《工程测量规范》。

高差观测值的精度是根据往返测高差不符值来评定的,因为往返测高差不符值集中反映了水准测量各种误差的共同影响,这些误差对水准测量精度的影响,不论其性质和变化规律都是极其复杂的,期中有偶然误差的影响,也有系统误差的影响。

2. 精密水准测量作业要求

根据各种误差的性质及其影响规律,水准规范中对精密水准测量的实施做出了各种相应的规定,目的在于尽可能消除或减弱各种误差对观测成果的影响。

(1)观测前 30 min,应将仪器置于露天阴影处,使仪器与外界气温趋于一致;观测时应用测伞遮蔽阳光;迁站时应罩以仪器罩。

(2)仪器距前、后视水准标尺的距离应尽量相等,其差应小于规定的限值:二等水准测量中规定,一测站前、后视距差应小于 1.0 m,前、后视距累积差应小于 3 m。这样,可以消除或削弱与距离有关的各种误差对观测高差的影响,如 i 角误差和垂直折光等影响。

(3)对气泡式水准仪,观测前应测出倾斜螺旋的置平零点,并作标记,随着气温变化,应随时调整置平零点的位置。对于自动安平水准仪的圆水准器,须严格置平。

(4)同一测站上观测时,不得两次调焦;转动仪器的倾斜螺旋和测微螺旋,其最后旋转方向均应为旋进,以避免倾斜螺旋和测微器隙动差对观测成果的影响。

(5)在两相邻测站上,应按奇、偶数测站的观测程序进行观测,对于往测奇数测站按"后前前后"、偶数测站按"前后后前"的观测程序在相邻测站上交替进行。返测时,奇数测站与偶数测站的观测程序与往测时相反,即奇数测站由前视开始,偶数测站由后视开始。这样的观测程序可以消除或减弱与时间成比例均匀变化的误差对观测高差的影响,如 i 角的变化和仪器的垂直位移等影响。

(6)在连续各测站上安置水准仪时,应使其中两脚螺旋与水准路线方向平行,而第三脚螺旋轮换置于路线方向的左侧与右侧。

(7)每一测段的往测与返测,其测站数均应为偶数,由往测转向返测时,两水准标尺应互换位置,并应重新整置仪器。在水准路线上每一测段仪器测站安排成偶数,可以削减两水准标尺零点不等差等误差对观测高差的影响。

(8)每一测段的水准测量路线应进行往测和返测,这样,可以消除或减弱性质相同、正负号也相同的误差影响,如水准标尺垂直位移的误差影响。

(9)一个测段的水准测量路线的往测和返测应在不同的气象条件下进行,如分别在上午和下午观测。

(10)使用补偿式自动安平水准仪观测的操作程序与水准器水准仪相同。观测前对圆水准器应严格检验与校正,观测时应严格使圆水准器气泡居中。

(11)水准测量的观测工作间歇时,最好能结束在固定的水准点上,否则,应选择两个坚稳可靠、光滑突出、便于放置水准标尺的固定点作为间歇点加以标记,间歇后,应对两个间歇点的高差进行检测,检测结果如符合限差要求(对于二等水准测量,规定检测间歇点高差之差应≤1.0 mm),就可以从间歇点起测。若仅能选定一个固定点作为间歇点,则在间歇后应仔细检视,确认没有发生任何位移,方可由间歇点起测。

3. 精密水准测量观测程序要求

对于一、二等精密水准测量,往测奇数站和返测偶数站的观测程序(即后前前后)为:

(1)后视,基本分划,上、下丝和中丝读数;

(2)前视,基本分划,中丝和上、下丝读数(注意:先中丝,后上、下丝);

(3)前视,辅助分划,中丝读数;

(4)后视,辅助分划,中丝读数。

往测偶数站和返测奇数站的观测程序(即前后后前)为:

(1)前视,基本分划,上、下丝和中丝读数;

(2)后视,基本分划,中丝和上、下丝读数(注意:先中丝,后上、下丝);

(3)后视,辅助分划,中丝读数;

(4)前视,辅助分划,中丝读数。

4. 平差计算

采用南方平差易 PA2005 计算,同工作任务 1 相关内容所述,只是技术限差需要重新输入。

二、沉降观测点的布设

(一)沉降观测点位置的选择

沉降观测点是设立在建筑物等变形体上,能反映其变形沉降的特征的点。沉降观测点一般应布设在可全面、准确地反映变形体的沉降情况的位置,埋设时要与建筑物连接牢靠。对于建筑物,可将观测点设在建筑物四角点、中点、转角处;沿外墙间隔 10～15 m 布设一个观测点;设有沉降缝的建筑物,在其两侧布设观测点;对于宽度大于 15 m 的建筑物,在其内部有承重墙和支柱时,应尽可能布设观测点。对于一般的工业建筑,除了在转角、承重墙及柱子上布设观测点外,在主要设备基础、基础形式改变处、地质条件改变处应布设观测点。

(二)沉降观测点的要求

观测点应埋设稳固,不易破坏,能长期保存。点的高度,朝向等要便于立尺和观测。观测点的埋设形式如图 10-6 和图 10-7 所示。图 10-6(a)、(b)分别为承重墙和柱上的观测点,图 10-7 为基础上的观测点。

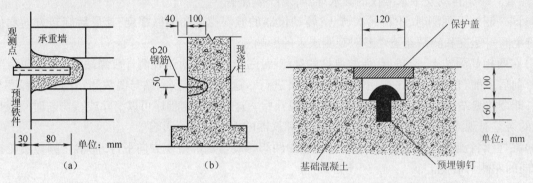

图 10-6　墙、柱上观测点　　　　　　图 10-7　基础上观测点

三、沉降观测

(一)沉降观测的时间和次数

沉降观测的时间和次数应根据建筑物(构筑物)的特征、变形速率、观测精度和工程地质条件等因素综合考虑,并根据沉降量的变化情况适当调整。

当埋设的观测点稳固后,即可进行第一次观测。施工期间,一般建筑物每 1～2 层楼面结构浇注完就观测一次。如果中途停工时间较长,应在停工时或复工前各观测一次。竣工后应根据沉降的快慢来确定观测的周期,每月、每季、每半年、每年观测一次,以每次沉降量在 5～10 mm 为限,否则要增加观测次数,直至沉降量小于 0.01 mm 为止。观测周期确定可参照表 10-4。

表 10-4　沉降观测周期表

沉降速度/(mm·日⁻¹)	观测周期	沉降速度/(mm·日⁻¹)	观测周期
>0.3	半个月	0.02～0.05	六个月
0.1～0.3	一个月	0.01～0.02	一年
0.05～0.1	三个月	<0.01	停止

(二)沉降观测方法及工作要求

1. 沉降观测方法

一般性高层建筑物或大型厂房,应采用精密水准测量方法,按国家二等水准技术要求施测,将个观测点布设成闭合环或附和水准路线联测到水准基点上。对中小型厂房和建筑物,可采用三等水准测量的方法(方法同四等水准测量方法一致,限差不同)施测。

2. 工作要求

为提高观测精度,可采用"三固定"的方法,即固定人员,固定仪器,固定水准基点、施测路线、镜位与转点。观测时前、后视宜使用同一根水准尺,视线长度小于 50 m,前、后视距大致相等。

(三)沉降观测的精度

由于观测水准路线较短,其闭合差一般不会超过 1～2 mm。二等水准测量高差闭合差容许值为 $\pm 0.6\sqrt{n}$ mm,n 为测站数,同一后视点两次后视读数之差不应超过 ± 1 mm。三等水准测量高差闭合差容许值为 $1.4\sqrt{n}$ mm,同一后视点两次后视读数之差不应超过 ± 2 mm。闭合差可按测站平均分配。

(四)成果整理

每次观测结束后,应及时整理观测记录。先检查记录的数据和计算是否正确,精度是否合格,然后调整闭合差,推算各沉降观测点的高程。接着计算各观测点本次沉降量。(本次观测高程减上次观测高程和累计沉降量。本次观测高程减第一次观测高程)计算结果、观测日期和荷载情况,一并记入沉降量观测记录表 10-5 内。

表 10-5 沉降量观测记录表

观测次数	观测时间	各观测点的沉降情况							施工进展情况	荷载情况 $p/(\text{kg}\cdot\text{m}^{-2})$
		1			2			…		
		高程/m	本次下沉/mm	累计下沉/mm	高程/m	本次下沉/mm	累计下沉/mm	…		
1	2013. 1. 15	50. 454	0	0	50. 473	0	0	…	一层	
2	2013. 2. 20	50. 448	−6	−6	50. 467	−6	−6	…	二层	35
3	2013. 3. 12	50. 443	−5	−11	50. 462	−5	−11	…	三层	55
4	2013. 4. 22	50. 440	−3	−14	50. 458	−4	−15	…	四层	65
…	…	…	…	…	…	…	…	…	…	…

为了更形象地表示沉降、荷载和时间之间的相互关系,同时也为了预估下一次观测点的大约数字和沉降过程是否渐趋稳定或已经稳定,可绘制荷载、时间、沉降量关系曲线图,简称沉降曲线图,如图 10-8 所示。

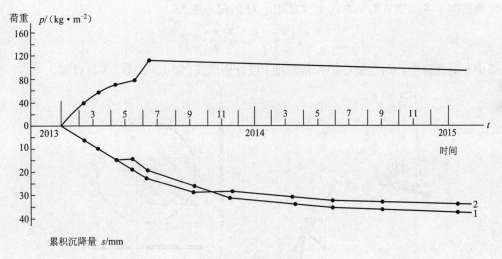

图 10-8 沉降曲线图

活动三 建筑物倾斜观测

建筑物受施工和使用阶段的荷载偏差会使基础产生不均匀沉降,基础的不均匀沉降会导致建筑物倾斜,如果倾斜不大不会影响使用,一旦超出限值就会危及建筑物的安全,因此必须在施工及使用过程中对建筑物进行倾斜观测。测定建筑物倾斜的方法有两类:一类是直接测定建筑物的倾斜,最简单的是悬吊重球的方法,根据其偏差值可直接确定建筑物的倾斜,但有时无法在建筑物上固定重球;另一类是通过测量建筑物基础的相对沉降确定建筑物的倾斜度。

一、一般建筑物的倾斜观测-经纬仪投测法

如图 10-9 所示,在房屋顶部设置观测点 M,在离房屋建筑墙面大于其高度 1.5 倍的固定测站上(设一标志)安置经纬仪,瞄准 M 点,用盘左和盘右分中投点法将 M 点向下投影定出 N 点,做一标志。用同样的方法,在与原观测方向垂直的另一方向,定出上观测点 P 与下投影点 Q。相隔一段时间后,在原固定测站上安置经纬仪,分别瞄准上观测点 M 与 P,仍用盘左和盘右分中投点分别得 N' 和 Q',若 N 与 N',Q 和 Q' 不重合,说明建筑物发生倾斜。用尺量出倾斜位移分量 ΔA 和 ΔB,然后求得建筑物的总倾斜位移量,即

$$\Delta = \sqrt{\Delta A^2 + \Delta B^2} \tag{10-1}$$

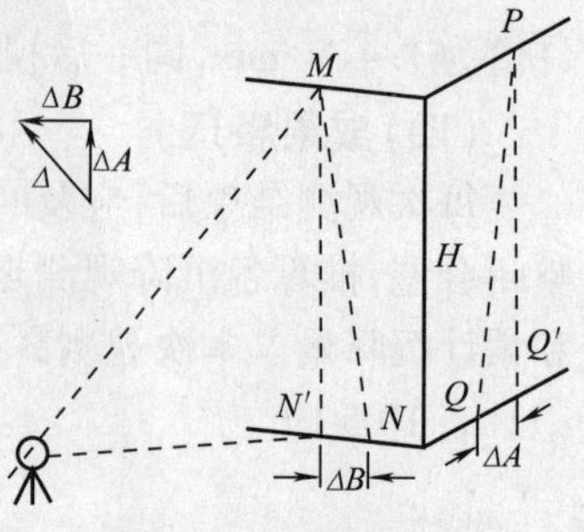

图 10-9 经纬仪投测法

建筑物的倾斜度 i 由下式表示:

$$i = \frac{\Delta}{H} = \tan \alpha \tag{10-2}$$

式中:H——建筑物高度;

α——倾斜角。

二、塔式建筑物的倾斜观测－偏心距法

水塔、电视塔烟囱等高耸构筑物的倾斜观测是测定其顶部中心对底部中心的偏心距,即为其倾斜量。

如图 10-10(a)所示,在烟囱底部横放一根水准尺,然后在标尺的中垂线方向上安置经纬仪。经纬仪距烟囱的距离尽可能大于烟囱高度 H 的 1.5 倍。用望远镜将烟囱顶部边缘两点 A 和 A' 及底部边缘两点 B 和 B' 分别投到水准尺上,得读数为 y_1,y_1' 及 y_2,y_2',如图 10-10(b)所示。烟囱顶部中心 O 对底部中心 O' 分别在 y 方向上的偏心距为

$$\Delta = \frac{y_1 + y_1'}{2} - \frac{y_2 + y_2'}{2}$$

同法可测得与 y 方向垂直的 x 方向上顶部中心 O 的偏心距为

$$\Delta = \frac{x_1 + x_1'}{2} - \frac{x_2 + x_2'}{2}$$

则顶部中心对底部中心的点偏心距和倾斜度 i 可分别用式(10-1)和式(10-2)计算。

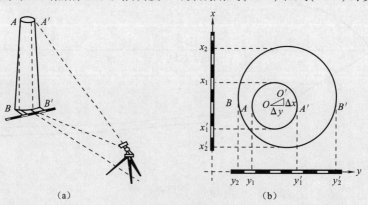

(a) (b)

图 10-10 偏心距法

三、倾斜仪观测

倾斜仪具有连续读数、自动记录和数字传输及精度较高的特点,在倾斜观测中应用较多。常见的倾斜仪主要有水平摆倾斜仪、电子倾斜仪、气泡式倾斜仪等。

如图 10-11 所示,气泡式倾斜仪有一个高灵敏度的气泡水准管 e 和一套精密的测微器组成。测微器中包括测微杆 g、读数盘 h 和指标 k。气泡水准管 e 固定在支架 a 上,a 可绕 c 点转动。a 下装一弹簧片 d,在底板 b 下为置放装置 m。将倾斜仪安置在需要的位置上,转动读数盘,使测微杆向上(向下)移动,直至

水准管气泡居中为止。此时在读数盘上读数,即可得出该处的倾斜度。

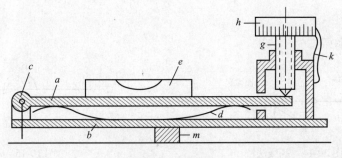

图 10-11 倾斜仪

我国制造的气泡式倾斜仪灵敏度为 2″,总的观测范围为 1°。气泡式倾斜仪适用于观测较大的倾斜角或量测局部地区的变形,例如测定设备基础和平台的倾斜。

为了实现倾斜观测的自动化,可用如图 10-12 所示的电子水准器。它是在普通的玻璃管水准器(内装酒精和乙醚的混合液,并留有空气气泡)的上、下面装上三个电极 1,2,3,形成差动电容器的一种装置。此电容器的差动桥式电路见图 10-13 所示,u 为输入的高频交流电压,差动电容器 C_1 和 C_2 构成桥路的两臂,Z_1 和 Z_2 为阻抗,$R_载$ 为负载电阻。电子水准器的工作原理是当玻璃管水准器倾斜时,气泡向旁边移动 x,使 C_1 和 C_2 中介质的介电常数发生变化,引起桥路两臂的电抗发生变化,因而桥路失去平衡,可用测量装置将其记录下来。

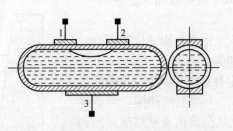

图 10-12 电子水准器

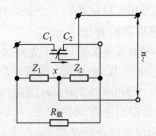

图 10-13 电路示意图

这种电子水准器可固定地安置在建筑物或设备的适当位置上,就能自动地进行倾斜观测,因而适用于动态观测。当测量范围在 200″ 以内时,测定倾斜值的中误差在 0.2″ 以下。

活动四　建筑物位移与裂缝观测

一、位移观测

位移观测指根据平面控制点测定建筑物(构筑物)的平面位置随时间的变化移动的大小及方向。根据场地条件,可用基线法、小角法和交会法等测量水平位移。

(一)基线法

基线法的原理是在垂直于水平位移方向上建立一条基线,在建筑物(构筑物)上埋设一些观测标志,定期测定各观测标志偏离基准线的距离,从而求得水平位移量。如图 10-14 所示,A 和 B 为两个稳固的工作基点,其连线即为基准线方向。P 为观测点。观测时,将经纬仪安置于一端工作基点 A 上,瞄准另一端工作基点 B(后视点),此视线方向即为基准线方向,通过测微尺测量观测点 P 偏离视线的距离变化,即可得到水平位移差。

(二)小角法

小角法测量水平位移的原理与基线法基本相同,只不过小角法是通过测定目标方向线的微小角度变化来计算得到位移量。

如图 10-15 所示,将经纬仪安置于工作基点 A,在后视点 B 上安置观测觇牌,在建筑物上设置观测标志 P,可以用红油漆在墙体上涂三角符号作为观测标志。用测回法观测 $\angle BAP$ 的角值,设第一次观测角值为 β,第二次观测角值为 β',两者之差 $\Delta\beta = \beta' - \beta$,则 P 点的位移量 δ 为

$$\delta = \frac{\Delta\beta}{\rho}D \tag{10-3}$$

式中:ρ——206 265″;

D——A,P 之间的距离。

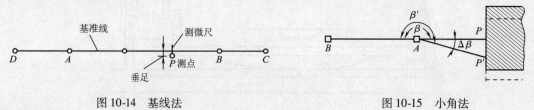

图 10-14　基线法　　　　　　　　　　　　　　图 10-15　小角法

(三)交会法

当受建筑物及地形限制,不能采用基线法或小角法时,也可采用前方交会定点的方法来测出水平位移量。观测时尽可能选择较远的稳固的目标作为定向点,观测点埋设适用于不同方向照准的标志。

前方交会通常采用 J1 经纬仪用全圆方向测回法进行观测。观测点偏移值的计算常不直接采取计算各观测点的坐标,用比较不同观测周期的坐标来求出位移值的方法;而是根据观测值的变化直接计算位移值。一般来说,当交会边长在 100 m 左右时,用 J1 型经纬仪测六个测回,位移值测定中误差将不超过 1 mm。

二、裂缝观测

工程建筑物发生裂缝时,为了解其现状和掌握其发展情况,应该进行观测,以便根据观测资料分析其产生裂缝的原因和它对建筑物安全的影响,及时采取有效措施加以处理。

(一)裂缝观测的方法

当建筑物多处发生裂缝时,应先对裂缝进行编号,分别观测其位置、走向、长度和宽度等,如图 10-16 所示,用两块白铁皮,一块为正方形,边长为 150 mm 左右,另一块大小 50 mm × 200 mm,将它们分别固定在裂缝的两侧,并使长方形铁片一部分紧贴在正方形铁皮上,然后在两块铁皮上涂上红油漆。当裂缝继续发展时,两块铁皮被逐渐拉开,正方形白铁皮上就会露出未被红油漆涂到的部分,其宽度即为裂缝增大的宽度,可用尺子直接量出。

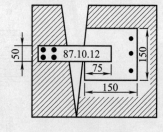

图 10-16　列缝观测

(二)裂缝观测的成果整理

观测完毕后,应汇总观测成果,成果中应包括:

(1)裂缝分布图。将裂缝画在建筑结构图上并标明位置及编号。

(2)对重要的裂缝应绘制大比例尺平面图,并在图上注明观测结果,将重要的成果在同一图上注明以进行比较。

(3)记录并绘制裂缝的发展过程图。

活动五　竣工测量

竣工测量指工程建设竣工、验收时所进行的测量工作。它主要是对施工过程中设计有所更改的部分,直接在现场指定施工的部分,以及资料不完整无法查对的部分,根据施工控制网进行现场实测,或加以补测。其提交的成果主要包括:竣工测量成果表和竣工总平面图、专业图、断面图,以及碎部点坐标、高程明细表。

一、竣工测量的意义

竣工测量的目的和意义可概括为以下几个方面:

(1)在工程施工建设中,一般都是按照设计总图进行,但是,由于设计的更改、施工的误差及建筑物的变形等原因,使工程实际竣工位置与设计位置不完全一致。因而需要进行竣工测量,反映工程实际竣工位置。

(2)在工程建设和工程竣工后,为了检查和验收工程质量,需要进行竣工测量,以提供成果、资料作为检查、验收的重要依据。

(3)为了全面反映设计总图经过施工以后的实际情况,并且为竣工后工程维修管理运营及日后改建、扩建提供重要的基础技术资料,应进行竣工测量,在其基础上编绘竣工总平面图。

二、编绘竣工总平面图的方法

竣工总平面图主要是根据竣工测量资料和各专业图测量成果综合编绘而成的。比例尺一般为1：1 000，并尽可能绘制在一张图纸上，重要碎部点要按坐标展绘并编号，以便与碎部点坐标、高程明细表对照。地面起伏一般用高程注记方法表示。

编绘竣工总平面图的具体方法如下：

（一）准备

1. 绘制坐标方格网

在图纸上绘制坐标方格网，一般用两脚规和比例尺展绘在图上，其精度要求与地形测图的坐标格网相同。

2. 展绘控制点

（1）将施工控制点按坐标值展绘在图上，展点对邻近的方格而言，其容许误差为0.3 mm。

（2）展绘设计总平面图。根据坐标格网，将设计总平面图的图面内容按其设计坐标，用铅笔展绘于图纸上，作为底图。

（3）展绘竣工总平面图。一是根据设计资料展绘；二是根据竣工测量资料或施工检查测量资料展绘。

（二）现场实测

对于直接在现场指定位置施工的工程及多次变更设计而无法查对的工程，竣工现场的竖向布置、围墙和绿化情况，施工后尚保留的大型临时设施以及竣工后的地貌情况，都应根据施工控制网进行实测，加以补充。实测的内容有：

1. 碎部点坐标测量

如房屋角点、道路交叉点等。实测出选定碎部点的坐标。重要建筑物房角和各类管线的转折点、井中心、交叉点、起止点等均应用解析法测出其坐标。

2. 各种管线测绘

地下管线应在回填土前准确测出其起点、终点、转折点的坐标。对于上水道的管顶、下水道的管底、主要建筑物的室内地坪，井盖、井底，道路变坡点等要用水准仪测量其高程。

3. 道路测量

要正确测出道路圆曲线的元素，如交角、半径、切线长和曲线长等。

（三）分类竣工总平面图的编绘

厂区地上和地下所有建筑物、构筑物绘在一张竣工总平面图上时，如果线条过于密集而不醒目，则可根据工程的密集与复杂程度，按工程性质分类采用分类编图，如综合竣工总平面图，厂区铁路、道路竣工总平面图，工业管线竣工总平面图和分类管道竣工总平面图等。比例尺一般采用1：1 000。如不能清楚地表示某些特别密集的地区，也可局部采用1：500的比例尺。这些分类总图主要是满足相应专业管理和维修之用，它是各专业根据竣工测量资料和总图编绘而成的。在图中除了要详尽反映本专业工程或设施的位置、特征点坐标、高程及有关元素，还要绘出有关厂房、道路等位置轮廓，以便反映它们之间的关系。

（四）综合竣工平面图的编绘

综合竣工总平面图是设计总平面图在施工后实际情况的全面反映。综合竣工总平面图的编绘与分类竣工总平面图的编绘最好都随着工程的陆续竣工相继进行编绘。一面竣工、一面利用竣工测量成果编绘综合竣工总平面图，使竣工图能真实反映实际情况。

综合竣工总平面图的编绘的资料来源有：实测获得；从设计图上获得；从施工中的设计变更通知单中获得；从竣工测量成果中获得。

综合竣工总平面图上应包括建筑方格网点、水准点、厂房、辅助设施、生活福利设施、架空与地下管线、铁路等建筑物或构筑物的坐标和高程，以及厂区内空地和未建区的地形。有关建筑物、构件物的符号应与设计图例相同，有关地形图的图例应使用国家地形图图式符号。

三、竣工总平面图的附件

竣工总平面图编绘好以后，随竣工总图一并提交的还应有控制测量成果表及控制点布置图、施工测量外业资料、施工期间进行的测量工作和各个建（构）筑物沉降和变形观测的说明书；设计图纸文件、原始地形图、地质资料；设计变更资料、验收记录；大样图、剖面图等。

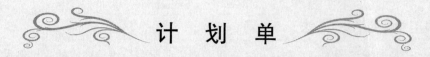

计 划 单

学习领域	建筑施工测量		
学习情境四	建筑工程施工测量	工作任务10	建筑物变形观测
计划方式	小组讨论、团结协作共同制订计划	计划学时	0.5
序　号	实施步骤		具体工作内容描述
制订计划说明	（写出制订计划中人员为完成任务的主要建议或可以借鉴的建议、需要解释的某一方面）		
	班　级		第　组	组长签字	
	教师签字			日　期	
计划评价	评语：		

决 策 单

学习领域	建筑施工测量			
学习情境四	建筑工程施工测量		**工作任务 10**	建筑物变形观测
决策学时	0.5			
方案对比	序号	方案的可行性	方案的先进性	实施难度	综合评价
	1				
	2				
	3				
	4				
	5				
	6				
	7				
	8				
	9				
	10				
决策评价	班　级		第　　组	组长签字	
	教师签字		日　期		
	评语：				

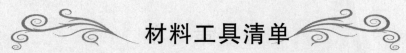

材料工具清单

学习领域	建筑施工测量					
学习情境四	建筑工程施工测量			工作任务10		建筑物变形观测
清单要求	根据工作任务列出所需材料工具的名称、作用、型号及数量,标明使用前后的状况,并在说明中写明材料工具之间的相对联系或关系。					
序号	名称	作用	型号	数量	使用前状况	使用后状况
1						
2						
3						
4						
5						
6						
7						
8						
9						
10						

说明:(请简要说明各材料工具之间的相对联系或关系)

班　级		第　组	组长签字	
教师签字			日　期	
评　语				

实　施　单

学习领域	建筑施工测量		
学习情境四	建筑工程施工测量	工作任务10	建筑物变形观测
实施方式	小组成员合作,共同研讨确定动手实践的实施步骤,每人均填写实施单	实施学时	5
序　号	实施步骤		使用资源
1			
2			
3			
4			
5			
6			
7			
8			

实施说明:

班　级		第　组	组长签字	
教师签字			日　期	
评　语				

作 业 单

学习领域	建筑施工测量		
学习情境四	建筑工程施工测量	工作任务10	建筑物变形观测
实施方式	小组成员动手实践,学生自己记录、计算测量数据、绘制测设略图		

（在此绘制记录表和测设略图,不够请加附页）

班　　级		第　　组	组长签字	
教师签字			日　　期	
评　　语				

检 查 单

学习领域	建筑施工测量			
学习情境四	建筑工程施工测量	**工作任务10**	建筑物变形观测	
任务学时	0.5			
序号	检查项目	检查标准	组内互查	教师检查
1	工作程序	是否正确		
2	完成的报告的点位数据	是否完整、正确		
3	测量记录	是否正确、整洁		
4	报告记录	是否完整、清晰		
5	描述工作过程	是否完整、正确		

检查评价	班 级		第 组	组长签字	
	教师签字		日 期		
	评语：				

评 价 单

学习领域	建筑施工测量				
学习情境四	建筑工程施工测量		**工作任务10**	建筑物变形观测	
评价学时	1				

考核项目	考核内容及要求	分值	学生自评 （10%）	小组评分 （20%）	教师评分 （70%）	实得分
计划编制 （20）	工作程序的完整性	10				
	步骤内容描述	8				
	计划的规范性	2				
工作过程 （45）	记录清晰、数据正确	10				
	布设点位正确	5				
	报告完整性	30				
基本操作 （10）	操作程序正确	5				
	操作符合限差要求	5				
安全文明 （10）	叙述工作过程应注意的安全事项	5				
	工具正确使用和保养、放置规范	5				
完成时间 （5）	能够在要求的 90 min 内完成，每超时 5 min 扣 1 分	5				
合作性 （10）	独立完成任务得满分	10				
	在组内成员帮助下完成得 6 分					
总分（∑）		100				

	班　级		姓　名		学　号		总　评	
	教师签字		第　组	组长签字			日　期	
评价评语	评语：							

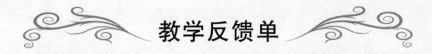

教学反馈单

学习领域	建筑施工测量			
学习情境四	建筑工程施工测量	工作任务10		建筑物变形观测
学时	30			
序　号	调查内容	是	否	理由陈述
1	你是否已经适应或者喜欢这种上课方式？			
2	与传统教学方式比较，你认为目前这种方式适合吗？			
3	针对每个工作任务你是否学会了如何进行资讯？			
4	你在做计划和进行决策时感到困难吗？			
5	你认为本学习情境对你将来的工作是否有帮助？			
6	通过本学习情境的工作任务的学习，你掌握了进行建筑工程施工测量的方法吗？			
7	你能否独立完成工业建筑相关的施工测量工作？			
8	你学会变形观测相关的测量方法了吗？			
9	通过几天来的工作和学习，你对自己的表现是否满意？			
10	你对小组成员之间的合作是否满意？			
11	你认为本学习情境还应学习哪些方面的内容？（请在下面空白处填写）			

你的意见对改进教学非常重要，请写出你的建议和意见。

被调查人签名		调查时间	